高职高专计算机技能型紧缺人才培养规划教材

计算机应用技术专业

计算机电路基础

耿 壮 主 编

冉莉莉 赵红梅 张长洲 编

人民邮电出版社

北京

图书在版编目（CIP）数据

计算机电路基础/耿壮主编．—北京：人民邮电出版社，2005.8（2016.9 重印）
高职高专技能型紧缺人才培养规划教材．计算机应用技术专业
ISBN 978-7-115-13342-7

Ⅰ．计… Ⅱ．耿… Ⅲ．电子计算机—电子电路—高等学校：技术学校—教材
Ⅳ. TP331

中国版本图书馆 CIP 数据核字（2005）第 066934 号

内 容 提 要

本书对电路分析、模拟电路和数字电路的内容进行精选和重组，使其更适合于计算机专业的教学需求。电路分析部分以直流电路为主，介绍理想元器件、KCL、KVL 基本定律和几种主要的分析方法，同时介绍正弦交流电路和一阶动态电路的基本知识；模拟电路部分仅对基本放大电路做概念性介绍，使学生建立起放大的概念并对放大电路有基本的了解；数字电路部分重点介绍逻辑代数、集成门电路、组合和时序电路的分析方法以及典型数字集成电路的应用。

本书适合作为高职高专院校计算机及相关专业的教材，也可供相关的培训班使用。

高职高专计算机技能型紧缺人才培养规划教材
计算机应用技术专业

计算机电路基础

◆ 主　编　耿　壮
　　编　　冉莉莉　赵红梅　张长洲
　　责任编辑　赵慧君

◆ 人民邮电出版社出版发行　　北京市丰台区成寿寺路 11 号
　　邮编　100164　电子邮件　315@ptpress.com.cn
　　网址　http://www.ptpress.com.cn
　　三河市海波印务有限公司印刷
◆ 开本：787×1092　1/16
　　印张：14.5　　　　　　　　2005 年 8 月第 1 版
　　字数：337 千字　　　　　　2016 年 9 月河北第 16 次印刷
　　　　　　ISBN 978-7-115-13342-7/TP

　　　　　　　　定价：25.00 元
读者服务热线：(010)81055256　印装质量热线：(010)81055316
反盗版热线：(010)81055315

高职高专计算机技能型紧缺人才培养

规划教材编委会名单

丛书出版前言

目前，人才问题是制约我国软件产业发展的关键。为加大软件人才培养力度和提高软件人才培养质量，教育部继在 2003 年确定北京信息职业技术学院等 35 所高职院校试办示范性软件职业技术学院后，又同时根据《教育部等六部门关于实施职业院校制造业和现代服务业技能型紧缺人才培养培训工程的通知》（教职成［2003］5 号）的要求，组织制定了《两年制高等职业教育计算机应用与软件技术专业领域技能型紧缺人才培养指导方案》。示范性软件职业技术学院与计算机应用与软件技术专业领域技能型紧缺人才培养工作，均要求在较短的时间内培养出符合企业需要、具有核心技能的软件技术人才，因此，对目前高等职业教育的办学模式和人才培养方案等做较大的改进和全新的探索已经成为学校的当务之急。

据此，我们认为做一套符合上述一系列要求的切合学校实际的教学方案尤为重要。遵照教育部提出的以就业为导向，高等职业教育从专业本位向职业岗位和就业为本转变的指导思想，根据目前高等职业教育院校日益重视学生将来的就业岗位，注重培养毕业生的职业能力的现状，我们联合北京信息职业技术学院等几十所高职院校和普拉内特计算机技术（北京）有限公司、福建星网锐捷网络有限公司、北京索浪计算机有限公司等软件企业共同组建了计算机应用与软件技术专业领域技能型紧缺人才培养教学方案研究小组（以下简称研究小组）。研究小组对承担计算机应用与软件技术专业领域技能型紧缺人才培养培训工作的 79 所院校的专业设置情况做了细致的调研，并调查了几十所高职院校计算机相关专业的学生就业情况以及目前软件企业的人才市场需求状况，确定首批开发目前在高职院校开设比较普遍的计算机软件技术、计算机网络技术、计算机多媒体技术和计算机应用技术等 4 个专业方向的教学方案。

同时，为贯彻教育部提出的要与软件企业合作开展计算机应用与软件技术专业领域技能型紧缺人才培养培训工作的精神，使高等职业教育培养出的软件技术人才符合企业的需求，研究小组与许多软件企业的专家们进行了反复研讨，了解到目前高职院校的毕业生的实际动手能力和综合应用知识方面较弱，他们和企业需求的软件人才有着较大的差距，到企业后不能很快独当一面，企业需要投入一定的成本和时间进行项目培训。针对这种情况，研究小组在教学方案中增加了"综合项目实训"模块，以求强化学生的实际动手能力和综合应用前期所学知识的能力，探索将企业的岗前培训内容前移到学校的教学中的实验之路，以此增强毕业生的就业竞争力。

在上述工作的基础上，研究小组于 2004 年多次组织召开了包括企业专家、教育专家、学校任课教师在内的各种研讨会和方案论证会，对各个专业按照"岗位群→核心技能→知识点→课程设置→各课程应掌握的技能→各教材的内容"一步步进行了认真的分析和研讨：

• 列出各专业的岗位群及核心技能。针对教育部提出的以就业为导向，根据目前高职高专院校日益关心学生将来的就业岗位的现状，在前期大量调研的基础上，首先提炼各个专业的岗位群。如对某专业的岗位群进行研究时，首先罗列此专业的各个岗位，以便能正确了解每个岗位的职业能力，再根据职业能力进行有意义的合并，形成各个专业的岗位群，再对每个岗位群总结和归纳出其核心技能。

- 根据岗位群及核心技能做出教学方案。在岗位群及核心技能明确的前提下，列出此岗位应该掌握的知识点，再依据这些知识点推出应该学习的课程、学时数、课程之间的联系、开课顺序并进行必要的整合，最终形成一套科学完整的教学方案。

为配合学校对技能型紧缺人才的培养工作，在研究小组开发上述 4 个专业的教学方案的基础上，我们组织编写了这套包含计算机软件技术、计算机网络技术、计算机多媒体技术及计算机应用技术等 4 个专业的教材。本套教材具有以下特点。

- 注重专业整体策划的内涵。对各专业系列教材按照"岗位群→核心技能→知识点→课程设置→各课程应掌握的技能→各教材的内容"的思路组织开发教材。
- 按照"理论够用为度"的原则，对各个专业的基础课进行了按需重新整合。
- 各专业教材突出了实训的比例，注重案例教学。每本教材都配备了实验、实训的内容，部分专业的教材配备了综合项目实训，使学生通过模拟具体的软件开发项目了解软件企业的运行环境，体验软件的规范化、标准化、专业化和规模化的开发流程。

为了方便教学，我们免费为选用本套教材的老师提供部分专业的整体教学方案及教学相关资料。

- 所有教材的电子教案。
- 部分教材的习题答案。
- 部分教材中实例制作过程中用到的素材。
- 部分教材中实例的制作效果以及一些源程序代码。

本套教材以各个专业的岗位群为出发点，注重专业整体策划，试图通过对系列教材的整体构架，探索一条培养技能型紧缺人才的有效途径。

经过近两年的艰苦探索和工作，本套教材终于正式出版了，我们衷心希望，各位关心高等职业教育的读者能够对本套教材的不当之处给予批评指正，提出修改意见，也热切盼望从事高等职业教育的教师以及软件企业的技术专家和我们联系，共同探讨计算机应用与软件技术专业的教学方案和教材编写等相关问题。来信请发至 panchunyan@ptpress.com.cn。

编 者 的 话

作为学习计算机电路的基础课程，本书包含电路分析、电子技术，尤其是数字电子技术等知识。本书在内容的选择上，除注重为学生学习计算机硬件提供必要的理论支撑外，还注重培养学生数字电子技术相对独立的技能。

本书将电路分析、模拟电子技术、数字电子技术进行按需重新整合，大大删减了电路分析和模拟电子技术两部分的内容，力求突出计算机专业的特点。电路分析部分以直流电路为主，介绍单一参数的理想元器件、KCL、KVL 基本定律和几种主要的分析方法，同时介绍了正弦交流电路和一阶动态电路的基本知识；模拟电子技术部分仅对基本放大电路做概念性介绍，使学生建立起放大的概念并对放大电路有一个感性的认识，同时增加与开关电路的对比，加深对开关电路的理解。数字电子技术部分是本书的重点。

同时，本书还着眼于应用。对于集成芯片及元器件侧重其外部特性及逻辑功能的介绍，略去了芯片内部复杂电路的分析，并给出了芯片在计算机典型电路中的应用。

本书由深圳信息职业技术学院的耿壮、冉莉莉、张长洲和平顶山工学院的赵红梅老师共同编写。其中，第 1 章、第 2 章、第 3 章、第 4 章由冉莉莉编写，第 5 章、第 6 章由张长洲编写，第 7 章、第 8 章、第 9 章由耿壮编写，第 10 章、第 11 章、第 12 章由赵红梅编写。全书由耿壮统编定稿。

限于编者水平，书中难免存在错误和不足之处，恳请读者批评指正。

编 者
2005 年 7 月

目　　录

第1章

电路的基本概念和定律

本章主要介绍电路模型和电流、电压（电位）及功率等电路变量的基本概念，理想元件（线性电阻、理想电压源和理想电流源）的伏安特性（如欧姆定律），以及反映元件与元件之间约束关系的基尔霍夫定律。

1.1　电路构成及电路模型

1.1.1　电路构成

各种实际电路都是由电器件如电阻器、电容器、线圈、变压器、晶体管、电源等其中的某些器件相互连接组成的。日常生活所用的手电筒电路就是一个最简单的电路，如图 1.1 所示。它是由干电池（电源：这里是含内阻为 R_0 的电压源）、小灯泡（负载）、开关和连接导线（中间环节）构成的。

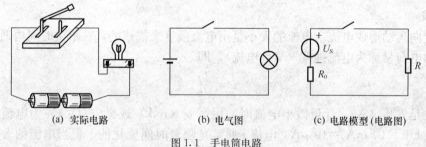

(a) 实际电路　　　(b) 电气图　　　(c) 电路模型 (电路图)

图 1.1　手电筒电路

虽然各种电路的功能和组成不同，但它们都是由以下最基本的 3 部分构成的。

① 电源（或信号源）——提供电能或信号的装置。

② 负载——使用电能或电信号的设备。

③ 中间环节——连接电源和负载，起着传输、变换和控制电能的作用。

图 1.2 是计算机电路组成的简化框图，它的基本功能是通过对输入信号的处理实现数字计算。从宏观来看，可认为键盘、编码器是电源，显示器是负载，其余是中间环节。

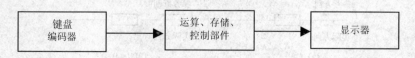

图 1.2　计算机电路组成简化框图

1.1.2　电路模型

实际电路中的元件虽然种类繁多，但可根据其在电磁现象方面的共同之处分为几大类。为了便于对电路进行分析和计算，常把实际的元件近似化、理想化，在一定的条件下忽略其次要性质，用足以表征其主要特征的模型来表示，即用理想元件来表示。电路模型就是由若干个电路的理想元件，按一定规则，用理想化连线连接起来的电流通路，如图 1.1（c）所示。再次强调，本课程所研究的对象是电路模型（简称电路），而不是实际电路。

电路分析常用的主要理想元件有（下图为其相应的理想元件符号）：

① 电阻元件　　② 电容元件　　③ 电感元件　　④ 理想电流源、电压源

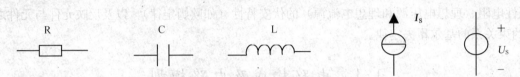

如果从能量方式来看，电阻元件代表消耗电能元件；电容元件（储存电场能）和电感元件（储存电磁能）代表储能元件；电压源和电流源代表提供电能（或提供电子电路中的信号源）的元件。

1.2　电路变量

1.2.1　电流

1. 电流

电荷定向运动形成电流。电流的大小是用电流强度来描述的，在单位时间内通过某一导体横截面的电荷量称为电流强度（简称电流），即

$$i = \frac{\mathrm{d}q}{\mathrm{d}t} \tag{1-1}$$

电流的单位是安培（A），计量微小电流时，用毫安（mA）或微安（μA）为电流单位，换算关系为：$1\mathrm{A} = 10^3 \mathrm{mA} = 10^6 \mu\mathrm{A}$。电流 i 通常是随着时间变化的，但当电流的大小和方向均不变时，称为直流电流，用 I 表示。"直流"常用 DC（Direct Current）表示。

2. 电流的方向

电流是有方向的。习惯上规定：正电荷运动的方向为电流的实际方向。

由于在分析复杂的电路时，难于事先判断支路中电流的实际方向，因此，引入电流的参考方向的概念。参考方向可以任意选定。在分析计算电路时，应选定电流参考方向，如图 1.3 所示。当电流的参考方向与实际方向一致时，电流的值为正；当电流的参考方向与实际方向相反时，电流为负。这样，在选定电流参考方向的前提下，根据电流值的正、负，可判

图 1.3　电流的参考方向与实际方向

断出电流的实际方向。显然，在未标示参考方向的情况下，电流的正负是毫无意义的。

课堂练习：如图 1.4 所示，电路上的电流参考方向已选定。已知 $I_a = 10A$，$I_b = -10A$，$I_c = -5A$，$I_d = 5 A$，指出每个支路电流的实际方向。

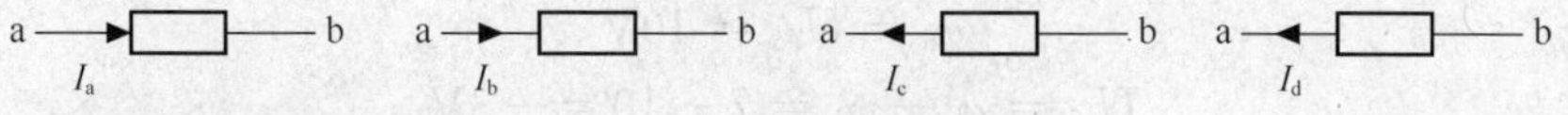

a —→ ▭ — b　　a —→ ▭ — b　　a ◄— ▭ — b　　a ◄— ▭ — b
I_a　　　　　　I_b　　　　　　I_c　　　　　　I_d

图 1.4　课堂练习

1.2.2　电压与电位

1. 电压

电压用符号 u 表示。电路中 a、b 两点间的电压等于单位正电荷由 a 点移动到 b 点时所失去或获得的能量。电压（也叫电压差）是电路分析中用到的另一个基本变量。

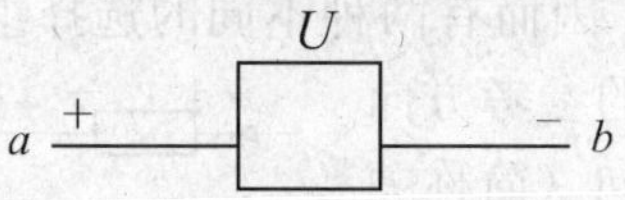

$$U_{ab} = \frac{\mathrm{d}w}{\mathrm{d}q} \qquad (1\text{-}2)$$

当电场力作功时，电压的实际方向就是正电荷在电场中受电场力作用移动的方向。电压的实际方向习惯上在电位高的端点标"＋"，电位低的端点标"－"。

如果电压的大小和方向不随时间变化称为直流电压，用 U 表示。

2. 电位

在电路中任选一点 o 为参考点，则某点（如 a 点）到参考点的电压就叫做这一点的电位 φ_a（或 V_a），则

$$\varphi_o = 0(\mathrm{V}) \qquad \varphi_a = U_{ao} \qquad U_{ab} = \varphi_a - \varphi_b \qquad (1\text{-}3)$$

显然，两点间的电压，就是两点间的电位之差，故电压也叫电位差。通常将高电位端用"＋"号表示，叫正极；低电位端用"－"号表示，叫负极。

3. 电压的参考方向

和电流一样，在元件两端或电路中两点之间可以任意选定一个方向作为电压的参考方向，如图 1.5 所示。

当电压的实际方向与它的参考方向一致时，电压值为正；当电压的实际方向与它的参考方向相反时，电压值为负。

电压和电位的单位是伏特，简称伏（V）。常用的单位还有千伏（kV）、毫伏（mV）、微伏（μV）。换算关系为

$$1\ \mathrm{V} = 10^3\ \mathrm{mV} = 10^6\ \mu\mathrm{V}, \quad 1\ \mathrm{kV} = 10^3\ \mathrm{V}$$

【例 1.1】 在图 1.6 中，选取 o 点为参考点。已知 $U_{do} = U_S = 10\ \mathrm{V}$，$\varphi_a = 7\ \mathrm{V}$，$\varphi_c = 2\ \mathrm{V}$。求：$\varphi_b$、$\varphi_d$、$U_{bc}$、$U_{ad}$、$U_{da}$ 的值。

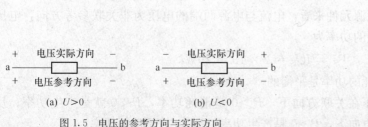

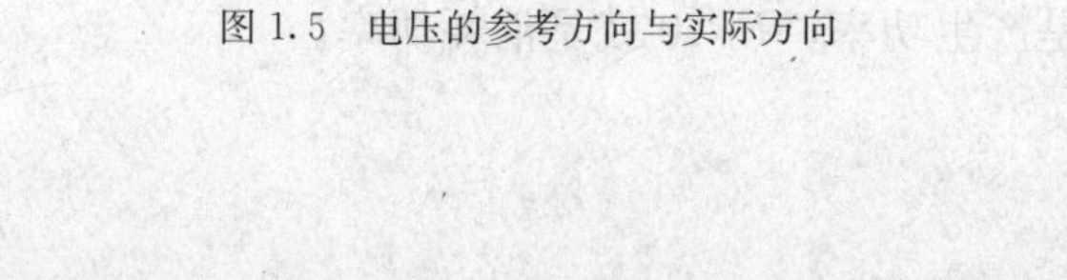

（a） $U > 0$　　　　　　　　（b） $U < 0$

图 1.5　电压的参考方向与实际方向 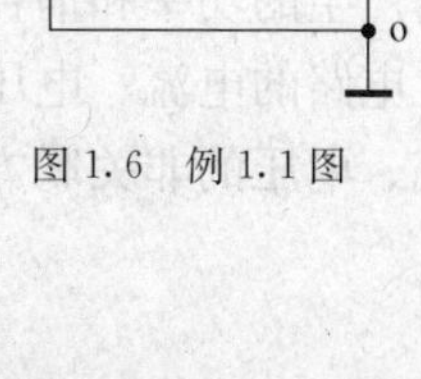　　　　图 1.6　例 1.1 图

解 因为 a 点与 b 点是等电位点，所以

$$\varphi_b = \varphi_a = 7V$$

$$U_{bc} = \varphi_b - \varphi_c = 7 - 2 = 5V$$

$$\varphi_d = U_{do} = 10V$$

$$U_{ad} = \varphi_a - \varphi_d = 7 - 10 = -3V$$

U_{ad} 为负值，说明参考方向与实际方向相反。端点 d 的电位高于端点 a 的电位，因此

$$U_{da} = -U_{ad} = -(-3V) = 3V$$

1.2.3　电流与电压的关联参考方向

电流、电压的参考方向是可以任意选择的，因而有两种不同的选择组合，如图 1.7 所示。对于一个元件或一段电路，其电流、电压的参考方向一致时，如图 1.7（a）所示，称为关联参考方向（简称关联方向）；反之，如图 1.7（b）所示，称为非关联参考方向（简称非关联方向）。通常采用关联方向。

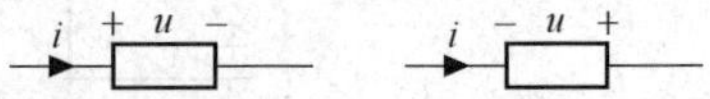

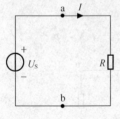

(a) 关联方向　　　(b) 非关联方向

图 1.7　电流、电压的关联与非关联
参考方向

1.2.4　功率

电功率（简称功率）：功率是反映电路中的某一段所吸收或产生能量的速率。显然有的元件消耗功率，而有的元件产生功率。功率用符号 p 来表示。功率的计算方法为

$$p = iu \tag{1-4}$$

对于直流电路 $\qquad\qquad P = IU$

当电流用单位"安"（A）、电压用单位"伏"（V）时，功率的单位为"瓦特"（W，简称"瓦"）。功率的单位还有千瓦（kW），$1kW = 10^3 W$。

当某元件或某段电路从时刻 0 秒开始用电，到时刻 t 秒止，这段时间所消耗或产生的电能量 W 应为

$$W = \int_0^t p\,\mathrm{d}t \tag{1-5}$$

对于直流电路：$W = Pt = IUt$，当功率单位为"瓦"、时间为"秒"时，电能单位为焦耳（J）。有时用"度"表示，1 度 = 1 千瓦·小时。

【例 1.2】 图 1.8 所示的简单电路，已知回路电流 $I = 2A$ 和电源电压 $U_s = 10V$。计算电阻和电压源的功率。

解 从电阻元件来看，电流与电阻两端的电压为关联参考方向，电阻消耗的功率为

$$P_R = IU_s = 2 \times 10 = 20W$$

图 1.8　例 1.2 电路图

从电压源元件来看，电流与电源两端的电压为非关联参考方向，电压源产生的功率为

$$P_S = IU_s = 2 \times 10 = 20W$$

可见，电路产生的功率和消耗的功率是平衡的。

结论：电路的电流、电压在关联方向下，$P > 0$ 是消耗功率，$P < 0$ 就是产生功率；反之，在电流、电压的非关联方向下，$P > 0$ 是产生功率，$P < 0$ 就是消耗功率。

1.3 理想电压源和理想电流源

1.3.1 理想电压源

电源经过抽象和理想化，可用理想电压源和理想电流源两种理想二端元件来表示。如图1.9所示分别为理想电压源和理想电流源的符号和直流电源的伏安特性曲线。

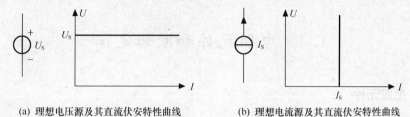

(a) 理想电压源及其直流伏安特性曲线　　　(b) 理想电流源及其直流伏安特性曲线

图1.9 理想电源

直流理想电压源的特点如下。

① 它的端电压固定不变，与外接电路无关。

② 通过它的电流取决于它所连接的外电路，是可以改变的。

③ 其内阻为零。

理想电压源：凡端电压可以按照某给定规律变化而与其电流无关的电源。其内阻为零。

1.3.2 理想电流源

理想电流源的特点如下。

① 通过电流源的电流是定值，或是一定的时间函数 $i_S(t)$，而与端电压无关。

② 电流源的端电压随着与它连接的外电路的不同而不同。

③ 其内阻相当于无穷大。

【例1.3】 如图1.10所示，当 R 由 50Ω 换成 25Ω 时，U_{ab} 及 I 的大小各自怎么变化？

解 对图1.10（a）电路，因 U_{ab} 是理想电压源的输出电压，它不会随负载 R 的改变而改变，所以 $U_{ab}=5V$ 不变，而 I 会随 R 的改变而改变；对图1.10（b）电路，因 I 是理想电流源的输出电流，所以 $I=2A$ 不变，而 U_{ab} 会随 R 的改变而改变。

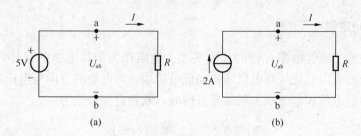

图1.10 例1.3电路图

【例1.4】将图1.11（a）、（b）所示电路用一个电源表示。

解 如图1.11（c）、（d）所示。图1.11（a）等效为图1.11（c），图1.11（b）等效为

图 1.11（d）。

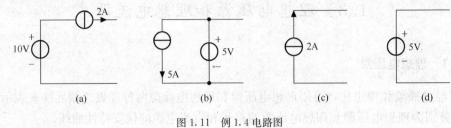

图 1.11　例 1.4 电路图

1.4　电阻元件和欧姆定律

1.4.1　电阻元件

1. 电阻与电阻元件

电荷在电场力作用下作定向运动时，通常要受到阻碍作用，物体对电流的阻碍作用，称为该物体的电阻。这种阻碍作用要消耗电能，将电能转换成热能、光能等能量，且不可逆。用"电阻元件"来代表消耗电能的理想元件。电阻用符号 R 表示，电阻的单位是欧姆（Ω）。

2. 线性电阻

如图 1.12（a）所示，当通过电阻的电流或加在电阻两端的电压发生变化时，电阻的阻值 R 恒定不变，换句话说，当某元件制作好后，其电阻的阻值在电路中是常数，则称该电阻为线性电阻。元件端电压与流经它的电流之间的关系，称为伏安关系，也叫伏安特性。线性电阻的伏安特性如图 1.12（b）所示。显然，线性电阻的伏安特性是一条通过原点的直线。

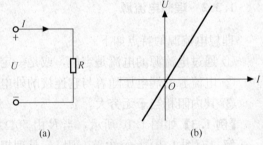

图 1.12　线性电阻的伏安特性

有的元件其电阻的阻值随着电流或电压的变化而变化，电阻 R 不是常数，这样的电阻称为非线性电阻。例如二极管，其伏安特性是曲线。

1.4.2　欧姆定律

欧姆定律反映了线性电阻元件的伏安关系。电阻作为消耗电能的元件，总是电场力做功，故实际的电流方向总是从高电位端流向低电位端，即电流的方向与电压的方向一致。当电阻元件的电压和电流取关联参考方向时，欧姆定律表达为

$$u = R \cdot i \qquad \text{或} \qquad i = \frac{u}{R} \tag{1-6}$$

当电阻元件的电压和电流取非关联参考方向时，欧姆定律表达为

$$u = -R \cdot i \qquad \text{或} \qquad i = -\frac{u}{R} \tag{1-7}$$

当电流的单位取安培，电压的单位取伏特时，电阻的单位为欧姆（Ω）。对于大电阻，用单位千欧（kΩ）、兆欧（MΩ）表示，换算关系为 $1\Omega = 10^{-3}\text{k}\Omega = 10^{-6}\text{M}\Omega$。

电导：电阻元件的参数除电阻 R 外，还有另一个参数，其数值为电阻的倒数，称为电导 G，单位为西门子（S），即

$$G = \frac{1}{R} \tag{1-8}$$

【例1.5】如图1.13所示，已知每个电阻元件的阻值均为 10Ω，每个电阻元件上已给出了电压和电流的参考方向。（1）求电流 I_1、I_2 和电压 U_3、U_4。（2）分析 I_1、I_2、U_3、U_4 的实际方向。

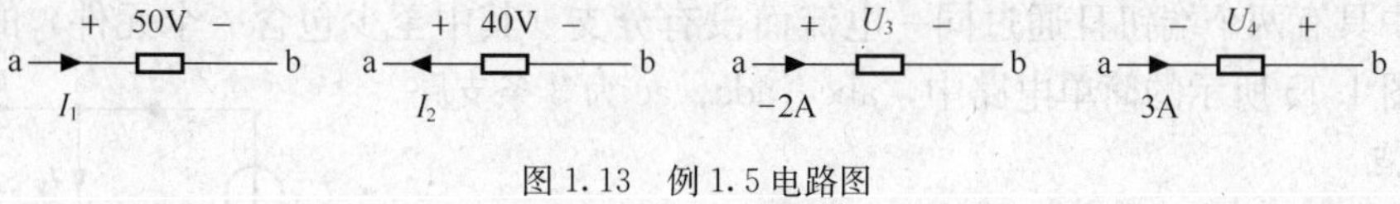

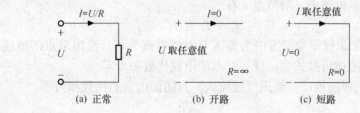

图1.13 例1.5电路图

解

（a）因电流电压的参考方向为关联方向，所以 $I_1 = U/I = 50/10 = 5\text{A}$，结果为正，说明电流 I_1 实际方向与参考方向相同，为 a 流向 b；

（b）因电流电压的参考方向为非关联方向，所以 $I_2 = -(U/I) = -(40/10) = -4\text{A}$，结果为负，电流 I_2 实际方向与参考方向相反，为 a 流向 b；

（c）因电流电压的参考方向为关联方向，所以 $U_3 = RI = 10 \cdot (-2) = -20\text{V}$，结果为负，电压 U_3 实际方向与参考方向相反，b 端为"+"，a 端为"—"；

（d）因电流电压的参考方向为非关联方向，所以 $U_4 = -(RI) = -(10 \cdot 3) = -30\text{V}$，结果为负，电压 U_4 实际方向与参考方向相反，a 端为"+"，b 端为"—"。

1. 线性电阻的两种特殊情况

如图1.14（a）、（b）所示，当 $R = \infty$ 时，相当于电路断开，称为开路，此时无论端电压为何值，其电流 I 恒为零；如图1.14（c）所示，当 $R = 0$ 时，相当于电路短路，称为短路，此时无论端电流为何值，其端电压 U 恒为零。

图1.14 线性电阻及两种特殊情况

2. 电阻元件的消耗（吸收）功率

根据式（1-4）和欧姆定律，可得电阻 R 的消耗（吸收）功率为

$$p = ui = Ri^2 = \frac{u^2}{R} \tag{1-9}$$

【例1.6】图1.14（a）所示电路，已知 $R = 20\Omega$，$U = 10\text{V}$，求 I 以及电阻消耗的功率。

解 根据欧姆定律得 $I = U/R = 10/20 = 0.5\text{A}$

再根据式（1-9）得电阻消耗的功率：$P = UI = 10 \times 0.5 = 5\text{W}$ 或 $P = U^2/R =$

$10^2/20 = 5W$

1.5　基尔霍夫定律

前面已经介绍了电阻元件和电源元件的伏安关系，即元件的约束关系，也即内部约束条件，但电路的电流和电压除了取决于元件的伏安关系外，还取决于元件与元件之间的连接关系，即元件外围的电路结构，也即外部约束条件。基尔霍夫定律就是外部约束条件。在介绍基尔霍夫定律之前，先介绍几个电路名词。

1. 支路

电路中具有两个端钮且通过同一电流而没有分支（其中至少包含一个元件）的通路叫支路。在如图 1.15 所示的简单电路中，abc、adc、ac 为 3 条支路。

2. 节点

3 条和 3 条以上支路的连接点叫节点。如图 1.15 中的 a 点、c 点。

3. 回路

电路中任一闭合路径叫回路。如图 1.15 中的 adca、abca、adcba 都是回路。

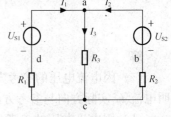

图 1.15　简单电路

4. 网孔

在回路内部不含有支路则称其为网孔。在图 1.15 所示电路中，只有 adca、abca 是网孔。显然，网孔是回路的子集。

1.5.1　基尔霍夫电流定律

根据电流连续性原理（或电荷守恒推论），得基尔霍夫电流定律，简称 KCL。其内容为：任意时刻，流入电路任一节点的电流之和等于流出该节点的电流之和。即

$$\sum I_{进} = \sum I_{出} \tag{1-10}$$

例如，在图 1.15 所示电路中，对节点 a 有

$$I_1 + I_2 = I_3$$

则 $I_1 + I_2 - I_3 = 0$，如果规定参考方向为流入节点的电流为正、流出节点的电流为负（也可做相反规定），则该定律可描述为：任一节点的电流代数和为零。

基尔霍夫电流定律的推广：流出（或流入）封闭面电流的代数和为零。

$$\sum_i = 0 \tag{1-11}$$

【例 1.7】利用基尔霍夫电流定律，写出图 1.16 的电流约束关系。

解　(1) 如图 1.16 (a) 所示，
$$I_1 + I_3 + I_5 = I_2 + I_4 \qquad 或 \qquad I_1 - I_2 + I_3 - I_4 + I_5 = 0$$
(2) 如图 1.16 (b) 所示，
$$I_1 + I_3 = I_2 \qquad 或 \qquad I_1 - I_2 + I_3 = 0$$

1.5.2　基尔霍夫电压定律

基尔霍夫电压定律反映了电路中任一回路内各电压之间的约束关系，简称 KVL。其内

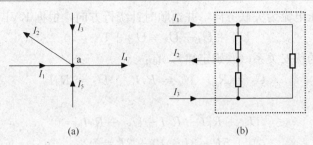

图 1.16　例 1.7 电路图

容为：任意时刻，对于电路中任一回路，从回路中任一点出发沿该回路绕行一周，则在此方向上的电位下降之和等于电位上升之和。即

$$\sum U_{降} = \sum U_{升} \tag{1-12}$$

例如，在图 1.17 所示电路中，若从 a 点出发，则

$$U_1 + U_3 = U_2 + U_4 + U_5$$

即

$$U_1 + U_3 - U_2 - U_4 - U_5 = 0$$

若选定一个回路上的绕行方向，取此方向上的电位降为正、电位升为负（也可做相反规定），基尔霍夫电压定律也可表述为：任意时刻，对于电路中任一闭合回路内各段电压的代数和恒等于零。即

$$\sum U = 0 \tag{1-13}$$

基尔霍夫电压定律实质上也是能量守恒的逻辑推论。

推广为计算任意两节点间的电压的方法：在集总参数电路中，任意两点之间的电压与路径无关，其电压值等于该两点间任一路径上各支路电压的代数和。例如在图 1.17 所示电路中，

$$U_{ac} = U_5 + U_4 \qquad 或 \qquad U_{ac} = U_1 - U_2 + U_3$$

【例 1.8】计算图 1.18 所示电路的（1）电压 U_{cd}、电流 I；（2）电压 U_{ac}。

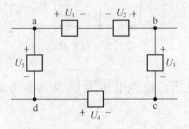

图 1.17　KVL 示意图

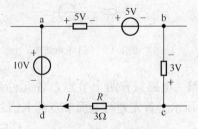

图 1.18　例 1.8 电路图

解　（1）设从 a 点出发，顺时针绕行一周，有 $5 + 5 - 3 + U_{cd} - 10 = 0$，所以，$U_{cd} = 3$ V。由于 U_{cd} 和 I 为关联方向，所以 $I = (U_{cd}/R) = (3/3) = 1$ A。（2）从路径 adc 看，$U_{ac} = U_{ad} - U_{cd} = 10 - 3 = 7$V。从路径 abc 看，$U_{ac} = U_{ab} + U_{bc} = 5 + 5 - 3 = 7$ V。可见，两个路径计算出来的结果完全一样。

【例 1.9】图 1.19 所示为两个电压源和 3 个电阻串联的单回路电路，已知 $U_{S1} = 20$V，$U_{S2} = 10$V，$R_1 = 5\Omega$，$R_2 = 3\Omega$，$R_3 = 2\Omega$。求各元件电压及功率。

解　因各元件流过同一电流，故为单回路电路。如图 1.19 所设回路电流及参考方向，

且设各电阻元件电压电流为关联方向，并选顺时针绕行方向，根据 KVL 得：

$$U_{S1} + U_1 + U_2 - U_{S2} + U_3 = 0$$

又根据各电阻元件的伏安关系（欧姆定律），有：

$$U_1 = R_1 I \quad U_2 = R_2 I \quad U_3 = R_3 I$$

代入上式，得

$$U_{S1} + R_1 I + R_2 I - U_{S2} + R_3 I = 0$$

将已知条件代入　　　　　　$20 + 5I + 3I - 10 + 2I = 0$

$$I = -1A$$

$$U_1 = R_1 I = 5 \times (-1) = -5(V)$$

$$U_2 = R_2 I = 3 \times (-1) = -3(V)$$

$$U_3 = R_3 I = 2 \times (-1) = -2(V)$$

计算电阻功率　　　$P_1 = I^2 R_1 = (-1)^2 \times 5 = 5(W) \quad （吸收功率）$

$$P_2 = I^2 R_2 = (-1)^2 \times 3 = 3(W) \quad （吸收功率）$$

$$P_3 = I^2 R_3 = (-1)^2 \times 2 = 2(W) \quad （吸收功率）$$

因电压源 U_{S1} 的电压电流为关联方向，故

$$P_{S1} = U_{S1} I = 20 \times (-1) = -20(W) \quad （产生功率）$$

而电压源 U_{S2} 的电压电流为非关联方向，故

$$P_{S2} = U_{S2} I = 10 \times (-1) = -10(W) \quad （吸收功率）$$

【例 1.10】 电路如图 1.20 所示，已知 $I_{S1} = 6A$，$I_{S2} = 2A$，$G_1 = 0.5S$，$G_2 = 1.5S$，求各元件的电压、电流和功率。

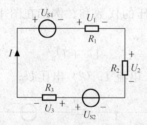

图 1.19　例 1.9 电路图

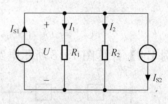

图 1.20　例 1.10 电路图

解　电路只有两个节点，各元件两端为同一电压，设该电压为 U 及其参考方向如图 1.20 所示。首先列写上面节点的 KCL 方程为

$$I_{S1} - I_1 - I_2 - I_{S2} = 0$$

因电阻元件的电流电压参考方向为关联方向，根据欧姆定律得

$$I_1 = U/R_1 = G_1 U \quad\quad I_2 = G_2 U$$

代入上面的 KCL 方程，有

$$I_{S1} - G_1 U - G_2 U - I_{S2} = 0$$

将已知条件代入，得

$$6 - 0.5U - 1.5U - 2 = 0$$

解出

$$U = 2(V)$$

$$I_1 = G_1 U = 0.5 \times 2 = 1 (A)$$
$$I_2 = G_2 U = 1.5 \times 2 = 3 (A)$$

$P_1 = U^2/R_1 = U^2 G_1 = 2^2 \times 0.5 = 2 (W)$（吸收功率）， $P_2 = U^2 G_2 = 2^2 \times 1.5 = 6 (W)$（吸收功率）

I_{S1} 电流源的电流电压为非关联参考方向　　 $P_{S1} = I_{S1} U = 6 \times 2 = 12 (W)$（释放功率）

I_{S2} 电流源的电流电压为关联参考方向　　 $P_{S1} = I_{S2} U = 2 \times 2 = 4 (W)$（吸收功率）

校验：吸收功率为　　 $P_1 + P_2 + P_{S2} = 2 + 6 + 4 = 12 (W)$

　　　　释放功率为 $P_{S1} = 12 (W)$

释放的功率等于吸收的功率，功率平衡。

本 章 小 结

1. 电路分析的对象不是实际电路，而是电路模型（简称电路）。电路模型是由理想电路元件构成的。

2. 电路分析的基本物理量是电流、电压（或电位）和电功率，它们也称电路变量。电路分析的过程就是计算这些电路变量的过程。电流、电压都有规定的实际方向。电位是相对于参考点的电压，所以计算电位必须有参考点，参考点电位为零。参考点可任意选定，但各点的电位随参考点的选择而异。

3. 参考方向是电路分析的一个重要概念，对任何元件计算任何物理量都必须在确定的参考方向下进行。参考方向可以任选，一切定理、定律和方法的应用都基于所设的参考方向。当一个元件的电流（或电压）计算结果为正，表示参考方向与实际方向一致；否则，表示参考方向与实际方向相反。当一个元件的电流电压参考方向取一致时，称为关联参考方向，否则称为非关联参考方向。

4. 电阻元件、电压源元件、电流源元件是电路的基本元件。它们的伏安特性可用 $U-I$ 平面坐标图形表示，反映了元件本身的约束条件。欧姆定律是对线性电阻元件伏安关系的描述，也是线性电阻元件的定义式。

5. 电路的电流和电压除了取决于元件的伏安关系外，还取决于元件与元件之间的连接关系，基尔霍夫定律是研究电路互联的基本定律。电流定律（KCL），是对电路中各个元件电流的约束：流进某节点（或某封闭回路）的电流之和等于流出电流之和。电压定律（KVL）是对电路中各个元件电压的约束：任意时刻，对于电路中任一回路，从回路中任一点出发沿该回路绕行一周，则在此方向上的电位下降之和等于电位上升之和。

习　　题

1-1　图 1.21 给出了电阻元件的电压、电流参考方向，求元件未知的端电压 U、电流 I，并指出它们的实际方向。

1-2　根据 KVL 和 KCL，将图 1.22 所示电路等效成含一个电源的电路。

1-3　求图 1.23 所示电路（1）、（2）中的 3Ω 电阻上所消耗的功率。

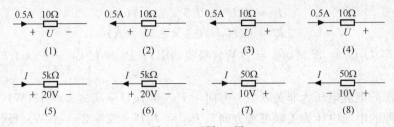

图 1.21 习题 1-1 图

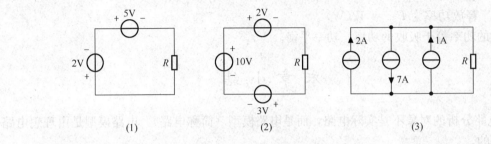

图 1.22 习题 1-2 图

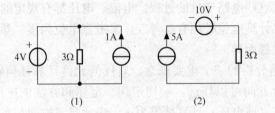

图 1.23 习题 1-3 图

1-4 求图 1.24 所示电路中的未知电流。

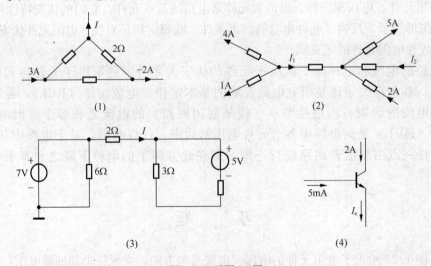

图 1.24 习题 1-4 图

1-5 图 1.25 为某电路中的一个回路，求 U_{cb} 和 U_{ac}。

1-6 计算图 1.26 所示电路中的各点电位。

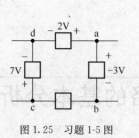

图 1.25　习题 1-5 图

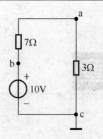

图 1.26　习题 1-6 图

1-7　计算图 1.27 所示电路中，S 打开或闭合时的 V_a、V_b 及 U_{ab}。

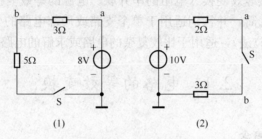

图 1.27　习题 1-7 图

1-8　计算图 1.28 所示电路中的 V_c、V_b、V_a 及 U_{bc}、U_{ab}。

1-9　电路如图 1.29 所示，已知 $U_{S1}=5\text{V}$，$U_{S2}=10\text{V}$，$R_1=1\Omega$，$R_2=4\Omega$，$R_3=1\Omega$，$R_4=4\Omega$，求 I 和 U_{ab}，并计算各元件的功率。

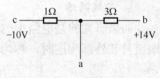

图 1.28　习题 1-8 图

1-10　电路如图 1.30 所示，已知 $I_{S1}=3\text{A}$，$I_{S2}=1\text{A}$，$R_1=6\Omega$，$R_2=3\Omega$，求电压 U 和各电阻元件的电流，以及各元件的功率。

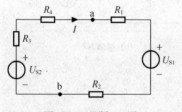

图 1.29　习题 1-9 图

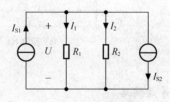

图 1.30　习题 1-10 图

第 2 章

电路的基本分析方法

本章主要介绍电路的等效变换（电阻的串并联、电源的等效变换及戴维南等效定理），等效变换可对电路进行化简，并特别适用于单个支路或局部电路的分析计算；网络方程法（如支路电流法和节点电位法），适用于比较复杂的电路或求解的电路参数较多时的情况。

2.1 电路的等效变换

2.1.1 等效变换的概念

1. 二端网络

如果研究的是电路中的一部分，可把这一部分作为一个整体看待。当这个整体只有两个端钮与其外部相连时，称为二端网络（或一端口网络），如图 2.1 所示。

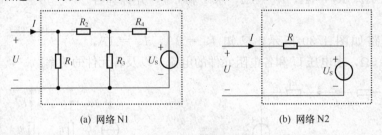

(a) 网络 N1　　　　　　　　　　(b) 网络 N2

图 2.1　二端网络

2. 等效网络

两个内部结构完全不同的二端网络（如图 2.1 中的 N1 和 N2），如果它们端钮上的伏安关系完全相同，则称 N1 和 N2 是等效网络。

3. 等效变换

等效网络因对外电路具有完全相同的影响，故可互相替代，这种替代称为等效变换。等效变换可化复杂电路为简单电路。

2.1.2 电阻的串联、并联和混联

1. 电阻的串联

(1) 电阻的串联及其等效

若干个电阻元件首尾（实际上电阻元件无首尾区别，这里是为了叙述方便）相接而流过同一电流，称为电阻的串联连接。图 2.2（a）所示为 4 个电阻元件的串联连接。设每个电阻元

件两端电压分别为 U_1、U_2、U_3、U_4,其参考方向与电流为关联方向,根据 KVL 可列出

$$U = U_1 + U_2 + U_3 + U_4 = IR_1 + IR_2 + IR_3 + IR_4 = I(R_1 + R_2 + R_3 + R_4) = IR$$

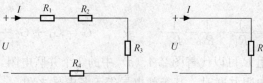

图 2.2 电阻的串联及其等效

显然,串联的等效电阻为

$$R = R_1 + R_2 + R_3 + R_4$$

即当图 2.2(a)和图 2.2(b)两电路的两端分别加上相同的电压 U 时,会产生相同的电流 I,或者说图 2.2(a)和图 2.2(b)两电路对任意的外部电路会有完全相同的影响,故图 2.2(b)为图 2.2(a)的等效电路。

可见,n 个电阻串联的等效电阻等于各个电阻之和,它的一般形式为

$$R = \sum_{i=1}^{n} R_i \tag{2-1}$$

(2)串联分压公式

我们可推导出在串联电路中,各电阻上的电压是按电阻的大小进行分配的,即各电阻的端电压与电阻值成正比。

$$\frac{U_1}{R_1} = \frac{U_2}{R_2} = \frac{U_m}{R_m} = \frac{U}{R} \tag{2-2}$$

【例 2.1】求图 2.3 所示电路的等效电阻 R_{ab} 和 U_{cb}。

解 因两个电阻相串联,其等效电阻为

$$R_{ab} = R + 2R = 3R$$

根据分压公式,

$$\frac{U_{cb}}{2R} = \frac{U_{ab}}{3R}$$

则有

$$U_{cb} = 2R \frac{U_{ab}}{3R} = \frac{2}{3} U_{ab} = \frac{2}{3} \times 9 = 6(\text{V})$$

2. 电阻的并联

(1)电阻的并联及其等效

若干个电阻首尾两端分别共接于两个节点之间而承受同一电压,称为电阻的并联连接。图 2.4(a)所示为 3 个电阻并联,根据 KCL 和欧姆定律有

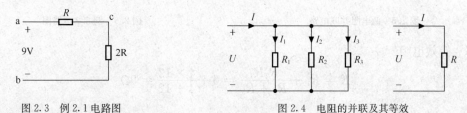

图 2.3 例 2.1 电路图   图 2.4 电阻的并联及其等效

$$I = I_1 + I_2 + I_3 = \frac{U}{R_1} + \frac{U}{R_2} + \frac{U}{R_3} = \left(\frac{1}{R_1} + \frac{1}{R_2} + \frac{1}{R_3}\right)U = \frac{1}{R}U$$

则

$$\frac{1}{R} = \frac{1}{R_1} + \frac{1}{R_2} + \frac{1}{R_3} \qquad \text{或} \qquad G = G_1 + G_2 + G_3$$

显然用上式计算出的电阻 R 可以代替图 2.4（a）中的 3 个并联电阻，得其等效电路如图 2.4（b）所示。所以当 n 个电阻并联时，其等效电导等于各电导之和。一般式为

$$G = \sum_{i=1}^{n} G_i \qquad \text{或} \qquad \frac{1}{R} = \sum_{i=1}^{n} \frac{1}{R_i} \qquad (2\text{-}3)$$

（2）并联分流公式

因并联电路中电阻的端电压均相等，故也可推导出，并联时电阻小的支路，其电流反而大。即并联电路中各支路电流的大小，与其电阻值成反比。

对于常见的两电阻 R_1 和 R_2 的并联电路，如图 2.5 所示，其等效电阻的计算，根据

$$\frac{1}{R} = \frac{1}{R_1} + \frac{1}{R_2}$$

得到

$$R = \frac{R_1 R_2}{R_1 + R_2} \qquad (2\text{-}4)$$

若

$$R_1 = R_2，则 R = R_1/2 \qquad (2\text{-}5)$$

由式（2-4）和欧姆定律又可推导出两电阻 R_1 和 R_2 的并联电路的分流公式为

$$I_1 = \frac{R_2}{R_1 + R_2} I$$

$$(2\text{-}6)$$

$$I_2 = \frac{R_1}{R_1 + R_2} I$$

3. 电阻的混联

既有电阻串联又有电阻并联的电路称为电阻的混联电路。

【例 2.2】 如图 2.6 所示，已知 $R_1 = 6\Omega$，$R_2 = 4\Omega$，$R_3 = 12\Omega$，外加电压 $U = 9\text{V}$。求总电流 I 与支路电流 I_1 和 I_2；求电阻 R_1 和 R_2 两端的电压 U_1 和 U_2。

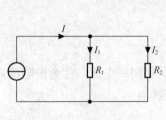

图 2.5　两电阻并联电路

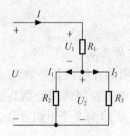

图 2.6　例 2.2 电路图

解 等效电阻

$$R = R_1 + \frac{R_2 R_3}{R_2 + R_3} = 6 + \frac{4 \times 12}{4 + 12} = 9\Omega$$

总电流

$$I = \frac{U}{R} = \frac{9}{9} = 1(\text{A})$$

支路电流

$$I_1 = \frac{R_3}{R_3 + R_2} I = \frac{12}{4 + 12} \times 1 = 0.75(\text{A})$$

$$I_2 = \frac{R_2}{R_3 + R_2} I = \frac{4}{4 + 12} \times 1 = 0.25(\text{A}) \qquad \text{或} \quad I_2 = I - I_1 = 1 - 0.75 = 0.25(\text{A})$$

电阻 R_1 和 R_2 两端的电压

$$U_1 = IR_1 = 1 \times 6 = 6(\text{V}) \qquad\qquad U_2 = I_2 R_3 = 0.25 \times 12 = 3(\text{V})$$

2.1.3 两种电源模型及等效变换

1. 实际电源模型

前面介绍了理想电压源和理想电流源。实际电压源总有一定的内阻，在工作时端电压会随着负载电流的增大而减少，这一现象可由一个电压源与电阻的串联作为模型，称其为实际电压源模型，如图 2.7（a）所示。根据 KVL 可推导出电压源的实际输出电压为

$$U = U_\text{S} - R_0 I \qquad\qquad\qquad (2\text{-}7)$$

式中 U_S 的数值等于实际电压源不接负载时的端电压，即开路电压（$U_\text{oc} = U_\text{S}$）。由式（2-7）可得实际电压源伏安特性，如图 2.7（c）所示。显然，斜线上方为内阻压降，内阻 R_0 愈小，图形愈平缓，即愈接近理想。由式（2-7）可知，当电压源端口短路（即 $U = 0$）时，电流 $I = U_\text{S}/R_0$，由于实际电压源的内阻通常很小，故短路电流通常很大，这将使电源损害，因此，电压源一般不允许将其短路。

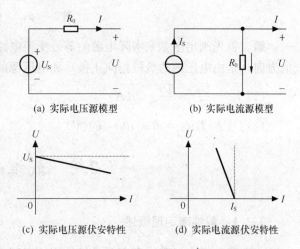

(a) 实际电压源模型　　　(b) 实际电流源模型

(c) 实际电压源伏安特性　　(d) 实际电流源伏安特性

图 2.7　实际电源模型及伏安特性

如果实际电源在工作时提供的电流随着负载电压的增大而减少，这一现象可由一个电流源与电阻的并联作为模型，称为实际电流源模型，如图 2.7（b）所示。当外接电路时，有电流流过端钮，根据 KCL 可推导出其值为

$$I = I_\text{S} - \frac{U}{R_0} \qquad\qquad\qquad (2\text{-}8)$$

式中 I_S 的数值等于实际电流源短路的电流（用 I_sc 表示），即 $I_\text{S} = I_\text{sc}$。由式（2-8）可得实际电流源伏安特性，如图 2.7（d）所示。这是一条向左倾斜的直线，如果内阻足够大，倾斜就较少，就愈接近理想。

2. 两种实际电源的等效互换

这里所说的等效变换是指外部等效，就是变换前后，端口处伏安关系不变，即端口的 I 和 U 均对应相等，如图 2.7（a）、（b）所示。由式（2-7）可推导出实际电压源的端口电

流为

$$I = \frac{U_S}{R_0} - \frac{U}{R_0}$$

由式（2-8）可知实际电流源的端口电流为：

$$I = I_S - \frac{U}{R_0}$$

根据等效的要求，上面两个式子中对应项应该相等，即

$$I_S = \frac{U_S}{R_0} \qquad 或 \qquad U_S = I_S R_0, \quad R_{0i} = R_{0u} = R_0 \tag{2-9}$$

式中 R_{0i}、R_{0u} 分别为电流源和电压源的内阻。这就是两种电源模型等效变换的条件。注意变换后电源的方向：电流源的电流流向是由电压源的负极指向正极。

【例 2.3】求图 2.8（a）、（c）所示电路电源的等效变换电源。

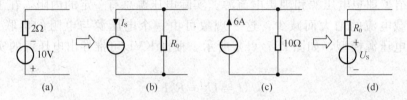

图 2.8　例 2.3 电路图

解　首先画出图 2.8 实际电源的等效变换电路，如图 2.8（b）、（d）所示。注意电流源的方向（是由电压源的负极指向正极）和电压源的极性。

(1) $I_S = \dfrac{U_S}{R_0} = \dfrac{10}{2} = 5(\mathrm{A})$ 　　　　　　　　$R_0 = 2\Omega$

(2) $U_S = I_S R_0 = 6 \times 10 = 60(\mathrm{V})$ 　　　　　　　$R_0 = 10\Omega$

2.2　戴维南定理

2.2.1　戴维南定理概述

在电路分析中，戴维南定理是最常用的定理之一，特别适用于分析计算单个支路或局部电路中的电流和电压。应用戴维南定理，可以简化电路组成，方便计算单个支路或局部电路中的电路变量。

在二端网络中如果含有电源，就称为有源二端网络。

戴维南定理：对于线性有源二端网络，均可等效为一个理想电压源 U_S 与一个电阻 R_0 相串联的电路，如图 2.9 所示。

2.2.2　戴维南定理的应用

1. 计算法

等效电路中的电压源的电压等于有源二端网络的开路电压 U_{oc}，即 $U_S = U_{oc}$，其电阻 R_0 等于该网络中所有独立源为零值（即所有的电压源短路、电流源开路）时的入端电阻（或称

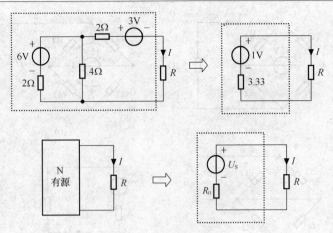

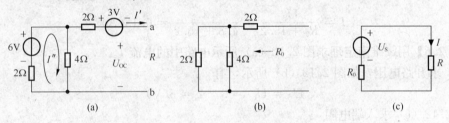

图 2.9　戴维南等效电路

输入电阻)。

　　显然,该方法的核心是求出开路电压和等效电阻。

【例 2.4】用戴维南定理求图 2.9 (a) 所示电路中的电流 I,已知 $R=6.67\Omega$。

图 2.10　例 2.4 电路图

　　解　先求开路电压,见图 2.10 (a),显然

$$I'=0 \qquad I''=\frac{6}{2+4}=1\text{A}$$

$$U_\text{S}=U_\text{oc}=-3-2I'+4I''=-3-0\times2+4\times1=1(\text{V})$$

再将电压源短路,得图 2.10 (b),求入端电阻

$$R_0=\frac{2\times4}{2+4}+2=3.33(\Omega)$$

由于图 2.9 (a) 和图 2.10 (c) 对负载 R 来说是等效电路,所以,可由图 2.10 (c) 求电流

$$I=\frac{U_\text{S}}{R_0+R}=\frac{1}{3.33+6.67}=0.1(\text{A})$$

【例 2.5】图 2.11 (a) 所示为一桥型电路,试用戴维南定理求 15.2Ω 电阻中流过的电流 I。

　　解　先求开路电压,如图 2.11 (b) 所示,显然

$$I_1=\frac{15}{2+3}=3(\text{A}) \qquad I_2=\frac{15}{9+6}=1(\text{A})$$

$$U_\text{oc}=U_\text{ac}+U_\text{cb}=3I_1-6I_2=3\times3-6\times1=3(\text{V})$$

再由图 2.11 (c) 求入端电阻

$$R_0=\frac{2\times3}{2+3}+\frac{9\times6}{9+6}=4.8(\Omega)$$

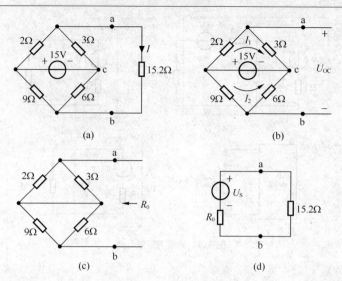

图 2.11 例 2.5 电路图

由于图 2.11（a）可用图 2.11（d）来等效，所以可由图 2.11（d）求电流 I

$$I = \frac{U_S}{R_0 + 15.2} = \frac{3}{4.8 + 15.2} = 0.15(A)$$

【例 2.6】用戴维南定理求图 2.12（a）所示电路中的电流 I。

解　求开路电压，如图 2.12（b）所示，有

$$U_S = U_{oc} = 3 \times 2 = 6(V)$$

再由图 2.12（c）求入端电阻

$$R_0 = 3\Omega$$

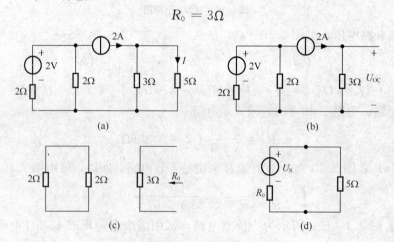

图 2.12　例 2.6 电路图

所以，由图 2.12（d）得

$$I = \frac{U_S}{R_0 + 5} = \frac{6}{3 + 5} = 0.75(A)$$

2. 图解法

对于有些电路，可以直接采取图解的方法，根据两种实际电源的等效互换原理，将电源进行等效变换，合并电源和电阻，使电路最后简化为戴维南等效电路。

【**例 2.7**】求图 2.13 所示电路的戴维南等效电路。

解　解题过程详见图 2.14 所示。利用前面学过的两种实际电源的等效互换原理，先将图 2.13 电路等效为图 2.14（a）所示电路，即将并联的电压源转换为电流源；合并电流源如图 2.14（b）所示；再将电流源转换为电压源，如图 2.14（c）所示；最后合并串联的电压源，成为戴维南等效电路，如图 2.14（d）所示。

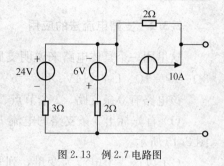

图 2.13　例 2.7 电路图

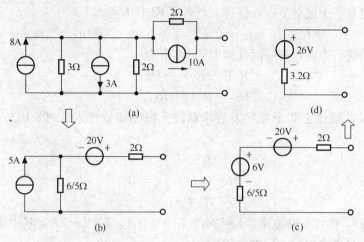

图 2.14　例 2.7 电路图

图解法因直观和易掌握，因此非常适用于含电流源与电阻并联成电压源与电阻串联的电路，或不含受控源的电路的戴维南等效变换。

2.3　支路电流法

2.3.1　支路电流法概述

前面学习了电阻的串并联、电源的等效变换及戴维南等效定理，它们可对电路进行化简和计算，它们是常用并且有效的方法。但它们变换了原电路的结构，对于比较复杂的电路或求解电路的参数较多时，需要寻求更好的方法，即网络方程法，通过列写电路方程来求解电路变量。本课程主要学习两种网络方程法：支路电流法和节点电位法。

支路电流法是最基本、最直观的网络方程法，它直接应用基尔霍夫电流定理和电压定理，以全部支路电流为求解变量，分别对节点和回路列写所需的方程。设电路有 b 条支路，则有 b 个支路电流为求解变量，必须列写 b 个独立方程。若电路有 n 个节点和 m 个网孔，就有 $n-1$ 个独立节点，故可列写 $n-1$ 个节点的 KCL 方程；再对回路列写 $b-(n-1)$ 个 KVL 方程。对于平面电路，恰好有 $b-(n-1)=m$ 网孔数，即平面电路通常情况可按网孔数列出回路的 KVL 方程。在列写回路的 KVL 方程时，为了保证每一个方程都是独立方程，必须保证每次所选回路中至少包含一条新的支路。

2.3.2　支路电流法的应用

这里用一个具体电路来说明支路电流法的应用，如图 2.15 所示。已知 $R_1 = 2\Omega$、$R_2 = 3\Omega$、$R_3 = 4\Omega$、$U_{S1} = 14V$、$U_{S2} = 5V$，求各支路电流。

该电路有 3 条支路、2 个节点、2 个网孔。

（1）首先标出 3 条支路的电流 I_1、I_2、I_3 及其参考方向，如图 2.15 所示。

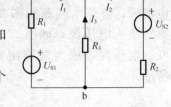

（2）以这 3 个电流为变量，列写方程。因这里有 a、b 两个节点，那么就只有一个独立节点，任选 a 点列写 KCL 方程为

$$I_1 + I_2 + I_3 = 0 \tag{2-10}$$

图 2.15　支路电流法举例

再设定各网孔的绕行方向，列写网孔的 KVL 方程为

$$R_1 I_1 - R_3 I_3 - U_{S1} = 0 \tag{2-11}$$
$$U_{S2} - R_2 I_2 + R_3 I_3 = 0 \tag{2-12}$$

因有 3 个被求量，就建立 3 个独立方程求解之。将已知数代入式（2-10）、式（2-11）、式（2-12），得

$$\left. \begin{array}{l} I_1 + I_2 + I_3 = 0 \\ 2I_1 - 4I_3 - 14 = 0 \\ 5 - 3I_2 + 4I_3 = 0 \end{array} \right\} \tag{2-13}$$

解方程组（2-13），得各支路电流：$I_1 = 3A$，$I_2 = -1A$，$I_3 = -2A$。其中 I_2、I_3 计算结果为负值，说明其参考方向与实际方向相反。

由此归纳出支路电流法的解题步骤如下。

（1）设定所求的 b 条支路的电流及参考方向。

（2）任选 $n-1$ 个节点，列写 $n-1$ 个 KCL 方程。

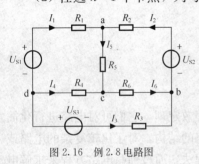

（3）设定各回路的绕行方向，列写 $b-(n-1)$ 个回路的 KVL 方程（通常可列写相应网孔的 KVL 方程）。

（4）联立 b 个方程组，解出 b 个支路电流。

（5）最后根据需要，进一步计算各元件的电压、功率等。

【例 2.8】用支路电流法求解图 2.16 电路的各支路电流。

解　设各支路的电流及参考方向如图 2.16 电路所示。这里有 4 个节点，则有 3 个独立节点，任选 a、b、c 3 点列写 KCL 方程

图 2.16　例 2.8 电路图

$$I_1 + I_2 - I_5 = 0$$
$$-I_2 + I_3 + I_6 = 0$$
$$I_4 + I_5 - I_6 = 0$$

再设定各网孔的绕行方向，列写 3 个网孔的 KVL 方程

$$R_1 I_1 + R_5 I_5 - R_4 I_4 - U_{S1} = 0$$
$$-R_2 I_2 - R_5 I_5 - R_6 I_6 + U_{S2} = 0$$
$$-R_3 I_3 + R_4 I_4 + R_6 I_6 - U_{S3} = 0$$

有 6 个被求支路电流量，这里列写了 6 个独立方程，联立求解这 6 个方程，便可解出支路电

流 I_1、I_2、I_3、I_4、I_5、I_6。

【例 2.9】 用支路电流法求图 2.17（a）所示电路中的电流 I 和电流源的端电压 U。

解 先将电路中电流源与电阻并联部分等效为电压源与电阻串联，可减少一个节点和一条支路，得到如图 2.17（b）所示电路。因电流为 I 的支路没有改变，用此方法求出 I。U 实际上也是 2Ω 电阻的端电压，由 KCL 定律可知，流过该电阻的电流为 $I'=I+3$，则 $U=2(I+3)$。

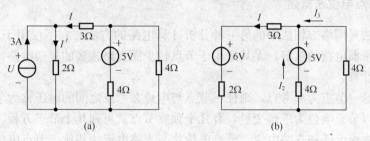

图 2.17　例 2.9 电路图

图 2.17（b）中有 3 条支路、2 个节点，即 1 个独立节点，需列写 1 个 KCL 方程，2 个 KVL 方程，即

$$\left.\begin{aligned}
-I+I_2+I_3 &= 0 \\
3I+2I+6+4I_2-5 &= 0 \\
4I_2-5-4I_3 &= 0
\end{aligned}\right\}$$

联立求解方程组，得 $I=-0.5\text{A}$，$I_2=0.375\text{A}$，$I_3=-0.875\text{A}$。

所以电流源的端电压 U 为

$$U = 2\times(I+3) = 2\times(-0.5+3) = 5(\text{V})$$

【例 2.10】 用支路电流法计算图 2.18 所示电路中的各支路电流。已知 $U_S=3\text{V}$，$I_{S1}=4\text{A}$，$I_{S2}=2\text{A}$，$R_1=6\Omega$，$R_2=2\Omega$，$R_3=3\Omega$。

解 该电路共有 6 条支路，4 个节点，3 个网孔。其中两条支路为电流源，所以待求变量只有 4 个，需要列出 4 个含有各支路电流的独立方程。支路电流的参考方向如图 2.18 所示，列写 3 个节点的 KCL 方程为

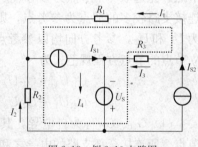

图 2.18　例 2.10 电路图

$$I_1+I_2-I_{S1}=0$$
$$-I_1-I_3+I_{S2}=0$$
$$I_3-I_4+I_{S1}=0$$

根据 KVL 定律列写虚线所示回路电压方程（由于电流源的端电压无法确定，在选择回路时避开含有电流源的支路）

$$I_2R_2-I_1R_1+I_3R_3-U_S=0$$

将已知数代入，得如下方程组

$$\left.\begin{aligned}
I_1+I_2-4 &= 0 \\
I_3-I_4+4 &= 0 \\
-I_1-I_3+2 &= 0 \\
2I_2-6I_1+3I_3-3 &= 0
\end{aligned}\right\}$$

得：$I_1 = 1A$，$I_2 = 3A$，$I_3 = 1A$，$I_4 = 5A$。

2.4 节点电位法

2.4.1 节点电位法概述

节点电位法是网络方程法中的另一种分析计算电路的方法，它不仅用于求解平面电路，还可用于对非平面电路的求解，尤其适用于节点较少而支路较多的复杂电路，且便于运用计算机辅助分析计算。

在电路中选一节点为参考点，则任一节点与电位参考点之间的电压称为节点电位。节点电位法是：先以节点电位为求解变量，有几个独立节点就可列几个节点方程，先求出节点电位，进而再求支路电压和支路电流。节点电位法与支路电流法相比，节点电位法的方程数减少了 $b-(n-1)$ 个。可以用基尔霍夫定律和欧姆定律来推导节点电位法的节点方程，在此不多叙述。对于具有 n 个节点的电路，其节点方程有 $(n-1)$ 个，其规范形式为

$$\left.\begin{array}{l} G_{11}U_1 + G_{12}U_2 + \cdots + G_{1(n-1)}U_{(n-1)} = I_{S11} \\ G_{21}U_1 + G_{22}U_2 + \cdots + G_{2(n-1)}U_{(n-1)} = I_{S22} \\ G_{31}U_1 + G_{32}U_2 + \cdots + G_{3(n-1)}U_{(n-1)} = I_{S33} \\ \quad\vdots \\ G_{(n-1)1}U_1 + G_{(n-1)2}U_2 + \cdots + G_{(n-1)(n-1)}U_{(n-1)} = I_{S(n-1)(n-1)} \end{array}\right\} \tag{2-14}$$

现以图 2.19 电路为例来说明节点电位法。该电路有 3 个节点，先选取一个节点为参考点，标上符号"⊥"，一般选取连接支路较多的节点为参考点，则其他两个节点的电位分别为 U_1 和 U_2，参考方向均以参考点为"－"极。具有两个独立节点的节点方程规范式为

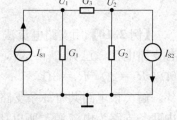

图 2.19 节点电位法举例

$$\left.\begin{array}{l} G_{11}U_1 + G_{12}U_2 = I_{S11} \\ G_{21}U_1 + G_{22}U_2 = I_{S22} \end{array}\right\}$$

（1）G_{11}、G_{22} 称为自电导，其值恒为正，分别为节点 1、节点 2 所连接全部支路的电导之和：

$$G_{11} = G_1 + G_3$$
$$G_{22} = G_2 + G_3$$

（2）G_{12}、G_{21} 称为互电导，其值恒为负，为节点 1 与节点 2 之间的公共电导，有

$$G_{12} = G_{21} = -G_3$$

若某两节点间无公共电导，则其互电导为 0。

（3）I_{S11}、I_{S22} 分别为节点 1 和节点 2 所连接全部电源支路流入该节点的电流代数和（电源电流流进节点取正，流出取负）。

在式（2-14）中，自电导有 G_{11}、G_{22}、G_{33}、$\cdots G_{mn}$、$\cdots G_{(n-1)(n-1)}$。互电导有其余的 G_{pq}（p≠q），均为节点 p 与节点 q 之间的互电导。各个节点所连接全部电源支路流入该节点的电流代数和（这里简称"节点电源全电流"）分别为 I_{S11}、I_{S22}、I_{S33}、$\cdots$、$I_{S(n-1)(n-1)}$。

2.4.2 节点电位法的应用

节点电位法的应用步骤如下。

（1）选定一个参考点（一般选取连接支路较多的节点），其余节点与参考点间的电压就是节点电位，节点电位的参考方向均以参考点为"一"极。

（2）根据独立节点数，列出相应的节点方程的规范式。

（3）计算出自电导、互电导（自电导恒为正，互电导恒为负）和节点电源全电流（电源电流流进节点取正，流出取负）代入节点方程。当连接到节点的是电压源 U_{SK} 与电阻 R_K（或电导 G_K）的串联支路时，电压源电流为 $U_{SK}G_K$，其参考极性"＋"极指向节点时，电流 $U_{SK}G_K$ 取正。

（4）联立求解方程组，解出节点电位。

（5）利用节点电位求出各支路电流或其他电路变量。

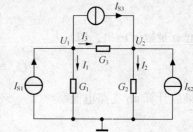

图 2.20 例 2.11 电路图

【例 2.11】电路如图 2.20 所示，已知 $G_1 = 2S$，$G_2 = 4S$，$G_3 = 1S$，$I_{S1} = 20A$，$I_{S2} = 6A$，$I_{S3} = 2A$，试建立节点方程，并求解各支路电流。

解 选参考点、节点电位和各支路未知电流的参考方向，如图 2.20 所示。该电路有 3 个节点，故有 2 个节点方程

$$\left.\begin{array}{l} G_{11}U_1 + G_{12}U_2 = I_{S11} \\ G_{21}U_1 + G_{22}U_2 = I_{S22} \end{array}\right\} \qquad (2\text{-}15)$$

其中自电导 $G_{11} = G_1 + G_3 = 2 + 1 = 3$，

$\qquad\qquad\quad G_{22} = G_2 + G_3 = 4 + 1 = 5$，

互电导 $G_{12} = G_{21} = -G_3 = -1$

节点电源全电流 $I_{S11} = I_{S1} - I_{S3} = 20 - 2 = 18$

$\qquad\qquad\qquad I_{S22} = I_{S2} + I_{S3} = 6 + 2 = 8$

将以上数值代入（2-15）式，得

$$\left.\begin{array}{l} 3U_1 - U_2 = 18 \\ -U_1 + 5U_2 = 8 \end{array}\right\}$$

联立求解，得： $\qquad U_1 = 7(V)，U_2 = 3(V)$

所以 $\qquad\qquad\qquad I_1 = U_1G_1 = 7 \times 2 = 14(A)$

$\qquad\qquad\qquad\qquad I_2 = U_2G_2 = 3 \times 4 = 12(A)$

$\qquad\qquad\qquad\qquad I_3 = U_{12}G_3 = (U_1 - U_2)G_3 = (7 - 3) \times 1 = 4(A)$

【例 2.12】求图 2.21 所示电路中的电流 I（图中标示的电阻元件电阻值单位均为 Ω）。

解 取 d 点为参考点，a、b、c 三点的电位分别是 U_1、U_2、U_3，则其节点方程的规范式为

$$\left.\begin{array}{l} G_{11}U_1 + G_{12}U_2 + G_{13}U_3 = I_{S11} \\ G_{21}U_1 + G_{22}U_2 + G_{23}U_3 = I_{S22} \\ G_{31}U_1 + G_{32}U_2 + G_{33}U_3 = I_{S33} \end{array}\right\} \qquad (2\text{-}16)$$

$$G_{11} = 1 + 1 + 1 = 3(S)$$

$$G_{22} = 1 + 1 + \frac{1}{2} = 2.5(\mathrm{S})$$

$$G_{33} = 1 + 1 + \frac{1}{2} = 2.5(\mathrm{S})$$

$$G_{12} = G_{21} = -1(\mathrm{S}) \qquad G_{13} = G_{31} = -1(\mathrm{S}) \qquad G_{23} = G_{32} = -0.5(\mathrm{S})$$

$$I_{\mathrm{S11}} = 1 + \frac{2}{1} = 3(\mathrm{A}) \quad I_{\mathrm{S22}} = -\frac{2}{2} - 1(\mathrm{A}) \quad I_{\mathrm{S33}} = \frac{2}{2} = 1(\mathrm{A})$$

将以上计算值代入式（2-16），得

$$\left.\begin{array}{l} 3U_1 - U_2 - U_3 = 3 \\ -U_1 + 2.5U_2 - 0.5U_3 = -1 \\ -U_1 - 0.5U_2 + 2.5U_3 = 1 \end{array}\right\}$$

联立求解方程组，得

$$U_1 = 1.5\mathrm{V}, U_2 = \frac{5}{12}\mathrm{V}, U_3 = \frac{13}{12}\mathrm{V}$$

最后计算 cb 支路电流

$$I = \frac{U_3 - U_2 - 2}{2} = \frac{\frac{13}{12} - \frac{5}{12} - 2}{2} = -\frac{2}{3}(\mathrm{A})$$

【例 2.13】已知 $R_1 = 2\Omega$，$R_2 = 3\Omega$，$R_3 = 1\Omega$，$R_4 = 6\Omega$，$U_{\mathrm{S1}} = 4\mathrm{V}$，$U_{\mathrm{S2}} = 6\mathrm{V}$，$U_{\mathrm{S3}} = 3\mathrm{V}$。试用节点电位法，求图 2.22 所示电路中的电流 I。

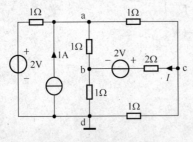

图 2.21　例 2.12 电路图

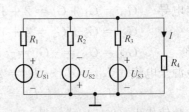

图 2.22　例 2.13 电路图

解　该电路只有两个节点，用节点电位法
最为简单，只需列一个独立节点方程

$$G_{11}U_1 = I_{\mathrm{S11}}$$

$$\left(\frac{1}{R_1} + \frac{1}{R_2} + \frac{1}{R_3} + \frac{1}{R_4}\right)U_1 = \frac{U_{\mathrm{S1}}}{R_1} - \frac{U_{\mathrm{S2}}}{R_2} + \frac{U_{\mathrm{S3}}}{R_3}$$

$$U_1 = \frac{\dfrac{U_{\mathrm{S1}}}{R_1} - \dfrac{U_{\mathrm{S2}}}{R_2} + \dfrac{U_{\mathrm{S3}}}{R_3}}{\dfrac{1}{R_1} + \dfrac{1}{R_2} + \dfrac{1}{R_3} + \dfrac{1}{R_4}} = \frac{\dfrac{4}{2} - \dfrac{6}{3} + \dfrac{3}{1}}{\dfrac{1}{2} + \dfrac{1}{3} + 1 + \dfrac{1}{6}} = 1.5\mathrm{V}$$

$$I = \frac{U_1}{R_4} = \frac{\frac{3}{2}}{6} = 0.25\mathrm{A}$$

上式可推广到其他只有两个节点的电路的节点电压的一般形式

$$U_1 = \frac{\sum_{k=1}^{k} \dfrac{U_{Sk}}{R_k}}{\sum_{k=1}^{k} \dfrac{1}{R_k}} \tag{2-17}$$

式（2-17）称为弥尔曼定理，它是节点电位法的一种特殊情况。

*【例 2.14】图 2.23 电路为一数模变换（DAC）解码网络，当二进制的某位为"1"时，对应的开关就接在电压 U_S 上，且 $U_S = 15V$；某位为"0"时，对应的开关就接地。图中开关位置表明输入为二进制的"1010"，求证该电路完成了"数/模变换"，即输出电压 $U_O = 10V$。

解　该电路只有两个节点，有一个节点接地，另一个节点电位就是模拟输出电压 U_O。根据弥尔曼定理，见式（2-17），可求出输出电压为

$$U_O = \frac{\sum (G_k U_{Sk})}{\sum G_k}$$

$$U_O = \frac{\dfrac{8}{R}U_S + \dfrac{4}{R}\times 0 + \dfrac{2}{R}U_S + \dfrac{1}{R}\times 0}{\dfrac{8}{R} + \dfrac{4}{R} + \dfrac{2}{R} + \dfrac{1}{R}} = \frac{\dfrac{10}{R}U_S}{\dfrac{15}{R}} = \frac{10}{15}U_S = \frac{10}{15}\times 15 = 10(V)$$

读者可自己来验证二进制输入为"1111"时，模拟输出电压 U_O 为多大。

【例 2.15】用节点电位法求解如图 2.24 所示电路的节点电位。

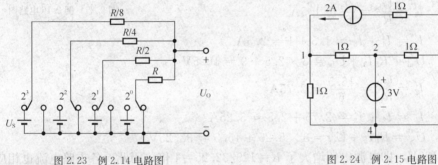

图 2.23　例 2.14 电路图

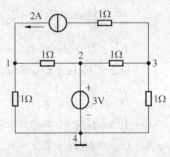

图 2.24　例 2.15 电路图

解　该题有两个特殊地方：

（1）理想电压源直接接在节点 2 与 4 之间，因节点 4 为参考点，所以

$$U_2 = 3V$$

节点 2 的节点方程可省略；

（2）因与 2A 理想电流源串联的 1Ω 电阻不会影响其他支路电流，故在列写节点方程时均不予考虑（相当于 $R_{13} = \infty$）。

节点 1 和节点 3 的节点方程规范式为

$$\left.\begin{array}{l} G_{11}U_1 + G_{12}U_2 + G_{13}U_3 = I_{Sl1} \\ G_{31}U_1 + G_{32}U_2 + G_{33}U_3 = I_{S22} \end{array}\right\}$$

计算：$G_{11} = 1/1 + 1/1 + 0 = 2$，$G_{33} = 1/1 + 1/1 + 0 = 2$

$G_{12} = G_{21} = -1/1 = -1$，$G_{13} = G_{31} = 0$，$G_{32} = -1/1 = -1$，$I_{Sl1} = 2$，$I_{S33} = -2$，代入上式，得

$$2U_1 - U_2 = 2$$
$$U_2 = 3$$
$$-U_2 + 2U_3 = -2$$

联立求解，得：$U_1 = 2.5V$，$U_3 = 0.5V$。

2.5   齐性定理

在线性电路中，当所有电压源和电流源都增大 k 倍或缩小为原来的 $\frac{1}{k}$（k 为实常数），则支路电流和电压也将同样增大 k 倍或缩小为原来的 $\frac{1}{k}$，这就是齐性定理。注意，必须是电路中全部电压源和电流源都增大 k 倍或缩小为原来的 $\frac{1}{k}$，否则将导致错误的结果。

齐性定理对于应用较广泛的梯形电路（如图 2.25 所示）的分析计算特别方便。

【例 2.16】图 2.25 所示为一梯形电路，求各支路电流。已知 $R_1 = R_3 = R_5 = 3\Omega$，$R_2 = R_4 = R_6 = 6\Omega$。

解   对梯形电路利用齐性定理求解比较方便。设 $I_5' = 1A$，则

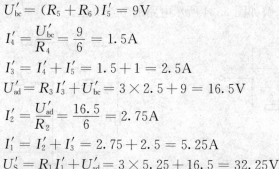

图 2.25   例 2.16 电路图

$$U_{bc}' = (R_5 + R_6)I_5' = 9V$$

$$I_4' = \frac{U_{bc}'}{R_4} = \frac{9}{6} = 1.5A$$

$$I_3' = I_4' + I_5' = 1.5 + 1 = 2.5A$$

$$U_{ad}' = R_3 I_3' + U_{bc}' = 3 \times 2.5 + 9 = 16.5V$$

$$I_2' = \frac{U_{ad}'}{R_2} = \frac{16.5}{6} = 2.75A$$

$$I_1' = I_2' + I_3' = 2.75 + 2.5 = 5.25A$$

$$U_S' = R_1 I_1' + U_{ad}' = 3 \times 5.25 + 16.5 = 32.25V$$

现已知 $U_S = 129V$，即电源电压增大了 $K = 129/32.25 = 4$ 倍，因此，各支路电流也相应增大 4 倍，所以

$$I_1 = K I_1' = 4 \times 5.25 = 21A$$
$$I_2 = K I_2' = 4 \times 2.75 = 11A$$
$$I_3 = K I_3' = 4 \times 2.5 = 10A$$
$$I_4 = K I_4' = 4 \times 1.5 = 6A$$
$$I_5 = K I_5' = 4 \times 1 = 4A$$

本例计算是从梯形电路距离电源最远的一端算起，倒退到电源处，通常把这种方法叫"倒推法"。计算结果最后按齐性定理予以修正。

本 章 小 结

一、等效变换

等效是电路分析的重要概念，利用等效可以化简电路。等效是指内部结构不同的两个二

端网络，它们对应端钮的伏安关系完全相同。等效的方法在电路分析中被频繁使用。

1. 无源二端网络的等效变换

（1）电阻的串联及分压

$$R = \sum_{i=1}^{n} R_i \qquad U_1 : U_2 : U_m : U = R_1 : R_2 : R_m : R$$

（2）电阻的并联及分流

$$G = \sum_{i=1}^{n} G_i \qquad I_1 : I_2 : I_m : I = G_1 : G_2 : G_m : G$$

（3）两个电阻的并联及其分流

$$R = \frac{R_1 R_2}{R_1 + R_2} \qquad I_1 = \frac{R_2}{R_1 + R_2} I \qquad I_2 = \frac{R_1}{R_1 + R_2} I$$

2. 实际电源两种模型等效变换的条件

$$I_S = \frac{U_S}{R_0} \text{ 或 } U_S = I_S R_0, R_{0i} = R_{0u} = R_0$$

注意变换时电流源与电压源的方向：电流源的电流方向是由电压源的负极指向正极。

3. 戴维南等效定理（有源二端网络的等效变换）

戴维南等效定理：线性有源二端网络，均可等效为一个理想电压源 U_S 与一个电阻 R_0 相串联的电路。特别适用于分析计算单个支路或局部电路中的电流和电压。这里介绍了等效的两种方法。

（1）计算法：等效的电压源电压等于端口开路电压，即　　$U_S = U_{oc}$（开路电压），R_0 等于该网络中所有独立源为零值（即所有的电压源短路、电流源开路）时的入端电阻。

（2）图解法：根据两种实际电源的等效互换原理，将电源进行等效变换，合并电源和电阻，使电路最后简化为戴维南等效电路。

二、网络方程法

网络方程法不改变原电路的结构，对于计算比较复杂的电路或求解电路的参数比较多时很适用。

1. 支路电流法：是基尔霍夫定理的直接应用。对于有 n 个节点的电路，以 b 条支路电流作为求解变量，建立 $n-1$ 个独立的 KCL 方程和 $b-(n-1)$ 个（对于平面电路就是网孔数）独立的 KVL 方程，联立求解，求出 b 条支路的电流，再根据需要求其他电路参数。

2. 节点电位法：比支路电流法的方程数减少了 $b-(n-1)$ 个，它不仅用于求解平面电路，还可用于对非平面电路的求解，且便于计算机辅助分析计算。节点电位法的求解方法如下。

（1）选定参考节点，其余独立节点电位为求解变量，建立节点方程。节点电位的参考方向均以参考点为"－"极。对于有 $n-1$ 个独立节点的节点方程的规范形式为

$$\left.\begin{array}{l} G_{11}U_1 + G_{12}U_2 + \cdots + G_{1(n-1)}U_{(n-1)} = I_{S11} \\ G_{21}U_1 + G_{22}U_2 + \cdots + G_{2(n-1)}U_{(n-1)} = I_{S22} \\ G_{31}U_1 + G_{32}U_2 + \cdots + G_{3(n-1)}U_{(n-1)} = I_{S33} \\ \vdots \\ G_{(n-1)1}U_1 + G_{(n-1)2}U_2 + \cdots + G_{(n-1)(n-1)}U_{(n-1)} = I_{S(n-1)(n-1)} \end{array}\right\}$$

（2）求自电导（总是正）G_{11}、G_{22}、G_{33}、…，互电导（总是负）G_{12}、G_{21}、G_{13}、G_{31}、G_{23}、G_{32}、…、G_{pq}（$p \neq q$），和各个节点所连接全部电源支路流入该节点的电流代数和 I_{S11}、I_{S22}、I_{S33}、…、$I_{S(n-1)(n-1)}$。

（3）将（2）中的计算结果代入（1）中的节点方程，联立求解，解出各节点电位。

（4）最后可求各支路端电压，从而求出各支路电流或其他电路参数。

3．弥尔曼定理是节点电位法的一种特殊情况，电路中只有两个节点，即一个独立节点。

$$U_1 = I_{S11}/G_{11}$$

4．利用线性电路的齐次性（齐性定理），采用"倒推法"，对梯形电路进行计算。

习　题

2-1　求图 2.26 所示各电路的等效电阻 R_{ab}。

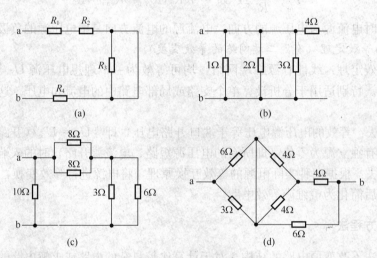

图 2.26　习题 2-1 图

2-2　求图 2.27 所示电路中的 U_{ab}。

2-3　求图 2.28 所示电路中的 R_2。

2-4　求图 2.29 所示电路中的 R_{ab}、G_{ab}、I_1。

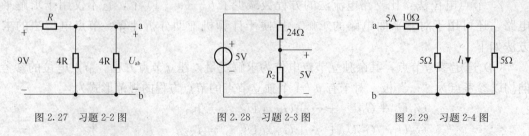

图 2.27　习题 2-2 图　　　图 2.28　习题 2-3 图　　　图 2.29　习题 2-4 图

2-5　求图 2.30 所示电路中的 I_2、U_{ab}。

2-6　求图 2.31 所示电路中的 R_{ab}、I、I_1、U_{da}、U_{be}。

2-7　求图 2.32 所示电路中的 I、U_{ab}。

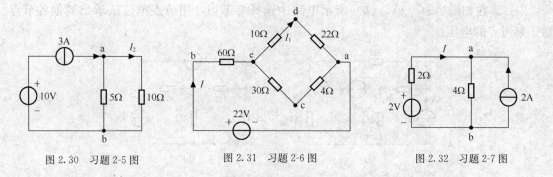

图 2.30 习题 2-5 图   图 2.31 习题 2-6 图   图 2.32 习题 2-7 图

2-8 将图 2.33 所示各电路变换成含一个电源的电路。

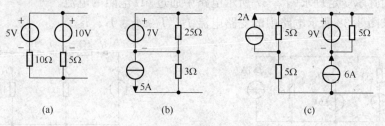

(a)   (b)   (c)

图 2.33 习题 2-8 图

2-9 利用戴维南定理求图 2.34 所示电路中的电流 I。

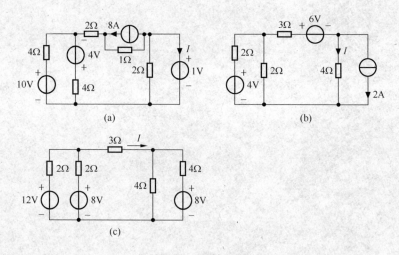

(a)   (b)

(c)

图 2.34 习题 2-9 图

2-10 用支路电流法求图 2.35 (a)、(b) 所示电路中各支路的电流。

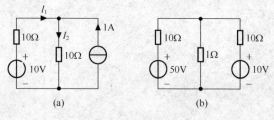

(a)   (b)

图 2.35 习题 2-10 图

2-11　在如图 2.36（a）、（b）所示电路中选择参考点，用节点电位法求出其他各节点对于参考点的电压。

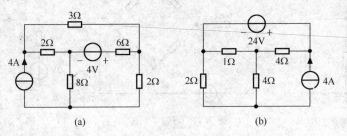

(a)　　　　　　　　　　　　　(b)

图 2.36　习题 2-11 图

2-12　用弥尔曼定理求图 2.37 所示电路中通过 6Ω 电阻的电流。

2-13　求图 2.38 所示电路中的支路电流 I_1、I_2、I_3、I_4、I_5。

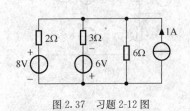

图 2.37　习题 2-12 图

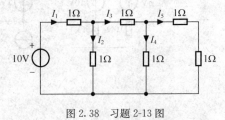

图 2.38　习题 2-13 图

第 3 章

正弦交流电路

强度和方向随时间按一定的规律周期性变化的电流或电压称为交流电，其中应用最广泛的是正弦交流电。激励和响应是同频率正弦量的电路称为正弦交流电路。本章主要介绍正弦交流电的基本概念，学习正弦稳态电路的一般分析、计算方法。

3.1 正弦交流电的基本概念

3.1.1 正弦量的三要素

交流电（或信号）在任一时刻的值，称为瞬时值。在指定的参考方向下，正弦电压、电流的瞬时值表示为

$$u(t) = U_m \sin(\omega t + \varphi_u) \tag{3-1}$$
$$i(t) = I_m \sin(\omega t + \varphi_i) \tag{3-2}$$

可见确定一个正弦量必须具备三个要素：振幅值（简称幅值）U_m、I_m，角频率 ω（或频率 f、周期 T）和初相 φ_u、φ_i。也就是说知道了正弦量的三个要素，一个正弦量就可以完全确定地描述出来了。

1. 振幅值

正弦量瞬时值中的最大值叫振幅值，也叫峰值，如图 3.1 所示的 U_m。幅值的单位与相应的电压、电流单位保持一致。

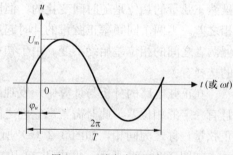

图 3.1 正弦交流电压波形

2. 角频率

角频率（ω）表示在单位时间内正弦量所经历的电角度。在一个周期 T 时间内，正弦量经历的电角度为 2π 弧度，如图 3.1 所示。周期与频率的关系为

$$f = \frac{1}{T} \qquad \omega = \frac{2\pi}{T} = 2\pi f$$

角频率的单位为弧度/秒（rad/s），频率的单位为赫兹（Hz），周期的单位为秒（s）。

3. 初相 φ_u、φ_i 与相位

（$\omega t + \varphi_u$）和（$\omega t + \varphi_i$）为电压和电流正弦量的相位角，简称相位。φ_u、φ_i 为电压和电流的初相位或初相角（简称初相），初相反映了正弦量在计时起点（即 $t = 0$ 时）所处的状态。

注意：初相通常用绝对值不大于 $180°$ 的角来描述。初相角在纵轴的左边时，为正角，

一般取 $0 \leqslant \varphi \leqslant 180°$；在纵轴的右边时，为负角，一般取 $-180° < \varphi < 0$。

以电压为例，正弦量的三要素对正弦函数波形的影响分别如图 3.2（a）、（b）、（c）所示。

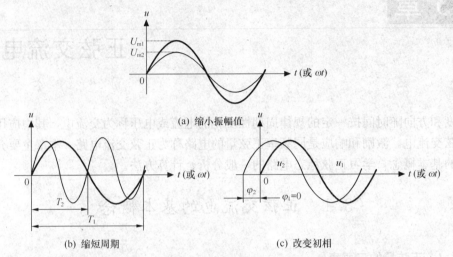

图 3.2　正弦交流电的三要素

3.1.2　相位差

两个同频率正弦量的相位之差，称为相位差。例如式（3-1）、（3-2）电压和电流的相位差为

$$\varphi = (\omega t + \varphi_u) - (\omega t + \varphi_i) = \varphi_u - \varphi_i \tag{3-3}$$

虽然正弦量的相位是随时间变化的，但同频率正弦量的相位差不随时间改变，等于它们的初相之差。当两个同频率正弦量的计时起点作同样的改变时，它们的相位和初相也随之改变，但两者之间的相位差始终不变。由于初相与参考方向的选择有关，所以相位差也与参考方向的选择有关。

在正弦电路的分析与计算中，发现同一电路中的各电压、电流都是同频率的正弦量，而且有一定的相位差，此时需考虑它们之间的相位差。对于相位差为零（即初相相同）的两个正弦量，称之为同相，如图 3.2（a）所示。

如图 3.2（c）所示，两电压之间的相位差为 $\varphi = \varphi_2 - \varphi_1$，称电压 U_2 超前电压 U_1 角 φ，或电压 U_1 滞后电压 U_2 角 φ。

3.1.3　正弦量的有效值

由于正弦量的瞬时值是随时间变化的，无论是测量还是计算都不方便，因此在实际应用中，采用交流电的有效值，用大写的英文字母表示，如 I、U 分别表示电流、电压的有效值。

交流电的有效值是根据它的热效应确定的：如交流电流 i 通过电阻 R 在一个周期内所产生的热量和直流电流 I 通过同一电阻 R 在同等时间内所产生的热量相等，则这个直流 I 的数值叫做交流 i 的有效值。

根据热量相等

$$I^2 RT = \int_0^T i^2 R \mathrm{d}t$$

得正弦电流有效值　$I = \sqrt{\dfrac{1}{T}\displaystyle\int_0^T i^2\,\mathrm{d}t} = \sqrt{\dfrac{1}{T}\displaystyle\int_0^T (I_\mathrm{m}\sin\omega t)^2\,\mathrm{d}t} = \dfrac{I_\mathrm{m}}{\sqrt{2}} = 0.707 I_\mathrm{m}$　　　　(3-4)

同样得正弦电压有效值　　　　　　　$U = \dfrac{U_\mathrm{m}}{\sqrt{2}} = 0.707 U_\mathrm{m}$　　　　　　　　　　(3-5)

有效值又叫均方根值。显然正弦量的有效值为其幅值的 $\dfrac{1}{\sqrt{2}}$ 倍，有效值可以代替振幅值作为正弦量的一个要素。

常用的测量交流电压和交流电流的各种仪表，所指示的数字均为有效值。电器和电机的铭牌上标识的电压、电流的值也都是有效值。

【例 3.1】 已知某正弦交流电压、电流的瞬时值分别为 $u(t) = 300\sin\left(2000\pi t + \dfrac{\pi}{6}\right)\mathrm{mV}$，$i(t) = 5\sin\left(2000\pi t - \dfrac{\pi}{3}\right)\mathrm{mA}$。分别写出该电压、电流的幅值，有效值，频率、周期、角频率，初相，以及电压与电流的相位差。

解　电压、电流的幅值　　　$U_\mathrm{m} = 300\mathrm{mV}$，$I_\mathrm{m} = 5\mathrm{mA}$

有效值　　　　　　　$U = \dfrac{300}{\sqrt{2}} = 212.1(\mathrm{mV})$，$I = \dfrac{5}{\sqrt{2}} = 3.5(\mathrm{mA})$

角频率　$\omega = 2000\pi$，频率 $f = \dfrac{\omega}{2\pi} = \dfrac{2000\pi}{2\pi} = 1000\mathrm{Hz}$，周期 $T = \dfrac{1}{f} = 0.001(\mathrm{s})$

初相　　　　　　　　　$\varphi_u = \dfrac{\pi}{6}$，$\varphi_i = -\dfrac{\pi}{3}$

电压与电流的相位差　　$\varphi = \varphi_u - \varphi_i = \dfrac{\pi}{6} - \left(-\dfrac{\pi}{3}\right) = \dfrac{\pi}{2}$

3.2　正弦量的相量表示法及复数运算

3.2.1　正弦量的相量表示

对于正弦量的瞬时值函数式，计算起来极不方便。在线性电路中，如果全部激励都是同一频率的正弦函数，则电路中的全部稳态响应，也将是同一频率的正弦函数。那么，在相同频率下，即角频率 ω 给定时，正弦量三要素里的两要素——有效值（看成是"模数"）和初相（看成是"辐角"）就完全确定了一个正弦量，故可以用相量来对应地表示正弦量。对于正弦交流电路，引入"相量"是为了便于分析和简化计算。这种与正弦量相对应的复数就称为"相量"，它是一个能够表征正弦时间函数的复值常数。相量是一个复数，但它是代表一个正弦波的，在字母上加黑点以示与一般复数相区别。相量的模是正弦量的有效值，辐角是正弦量的初相。必须指出，相量不等于正弦量，但它们之间有相互对应关系：

正弦量	⇔	有效值相量	振幅相量
$i(t) = \sqrt{2}I\sin(\omega t + \varphi_i)$	⇔	$\dot{I} = I\angle\varphi_i$	$\dot{I}_\mathrm{m} = I_\mathrm{m}\angle\varphi_i$
$u(t) = \sqrt{2}U\sin(\omega t + \varphi_u)$	⇔	$\dot{U} = U\angle\varphi_u$	$\dot{U}_\mathrm{m} = U_\mathrm{m}\angle\varphi_u$

【例 3.2】已知 $u_1(t) = 220\sqrt{2}\sin\left(314t + \dfrac{\pi}{4}\right)\text{V}$ ，$u_2(t) =$

$141\sin\left(314t - \dfrac{\pi}{3}\right)\text{V}$ ，$i(t) = 70.5\sin\left(314t - \dfrac{\pi}{6}\right)\text{mA}$ ，写出 u_1、

u_2 和 i 的相量，并画向量图。

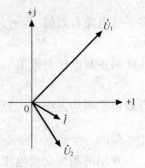

解　$\dot{U}_1 = 220\underline{/\dfrac{\pi}{4}}\text{V}$

$\dot{U}_2 = 100\underline{/-\dfrac{\pi}{3}}\text{V}$

$\dot{I} = 50\underline{/-\dfrac{\pi}{6}}\text{mA}$

图 3.3　正弦量对应的向量图

向量图如图 3.3 所示。

3.2.2　复数及其运算

1. 复数的形式及其换算

复数 A 有代数式、三角式、指数式和极坐标式等几种形式。这里仅复习在正弦交流电路的分析计算中运用较多的代数式和极坐标式。

（1）复数的代数形式

$$A = a + jb$$

其中 a 和 b 都是实数，j 是虚数单位。可在复平面上用向量 **OA** 来表示复数，如图 3.4 所示。显然复数是一个有大小和方向的量。

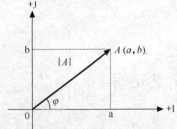

（2）复数的极坐标形式

$$A = |A|\underline{/\varphi}$$

其中 $|A|$ 表示向量的长度，叫做复数 A 的"模数"；由 x 轴的正半轴到向量 **OA** 的角 φ 叫做复数 A 的"辐角"。

（3）复数的换算

复数的代数形式与极坐标形式之间的换算可以从图 3.4 所示的直角三角形 $\triangle OAa$ 推导出来。

图 3.4　复数在复平面上的表示

① 极坐标式换算为代数式

$$a = |A|\cos\varphi \tag{3-6}$$

$$b = |A|\sin\varphi \tag{3-7}$$

② 代数式换算为极坐标式

$$|A| = \sqrt{a^2 + b^2} \tag{3-8}$$

$$\varphi' = \arctan\frac{b}{a} \tag{3-9}$$

由于反正切函数的值域为 $\left(-\dfrac{\pi}{2}, \dfrac{\pi}{2}\right)$ ，所以 φ 的取值还要根据向量所在复平面的象限来确定。而针对这些对应正弦量的相量，因为要表达的是正弦量的初相，所以还要综合初相的取值范围来考虑。

【例 3.3】（1）将下列复数写成代数式：$8\underline{/90°}$；$20\underline{/60°}$；$100\underline{/-120°}$。

（2）将下列复数写成极坐标式：$2+j\sqrt{2}$；$-3-j\sqrt{3}$；$1-j\sqrt{3}$；3；$-j$。

解　（1）$8\underline{/90^\circ}=8\cos90^\circ+j8\sin90^\circ=j8$

$20\underline{/60^\circ}=20\cos60^\circ+j20\sin60^\circ=10+j10\sqrt{3}=10+j17.32$

$100\underline{/-120^\circ}=100\cos(-120^\circ)+j100\sin(-120^\circ)=-50-j50\sqrt{3}$

（2）$2+j\sqrt{2}=\sqrt{4+2}\underline{/\arctan\dfrac{\sqrt{2}}{2}}=\sqrt{6}\underline{/\dfrac{\pi}{4}}$

$-3-j\sqrt{3}=\sqrt{9+3}\arctan\dfrac{-\sqrt{3}}{-3}=2\sqrt{3}\underline{/\dfrac{7\pi}{6}}$，如果复数对应的是正弦量，则为

$$2\sqrt{3}\underline{/-\dfrac{5}{6}\pi}$$

$$3=3\angle0$$

$-j=1\underline{/\dfrac{3}{2}\pi}$，如果复数对应的是正弦量，则为 $-j=1\underline{/-\dfrac{\pi}{2}}$。

2. 复数的运算

根据复数的四则运算法则，建议复数的加法、减法运算，采用复数的代数形式来进行。复数的乘法、除法运算，采用复数的极坐标形式（或三角式、指数式）来进行。设两复数为

$$A_1=a_1+jb_1=|A_1|\underline{/\varphi_1},\ A_2=a_2+jb_2=|A_2|\underline{/\varphi_2}$$

（1）$A_1+A_2=(a_1+a_2)+j(b_1+b_2)$

$A_1-A_2=(a_1-a_2)+j(b_1-b_2)$

加法、减法法则：实部与实部相加减，虚部与虚部相加减。

（2）$A_1\cdot A_2=|A_1|\cdot|A_2|\underline{/\varphi_1+\varphi_2}$

$\dfrac{A_1}{A_2}=\dfrac{|A_1|}{|A_2|}\underline{/\varphi_1-\varphi_2}$

简单地说，两个复数相乘就是把模数相乘，幅角相加。两个复数相除就是把模数相除，幅角相减。除法运算要注意被除数和被减数不要搞错。

【例 3.4】（1）已知 $A_1=4+j3$，$A_2=-3+j4$，求 A_1+A_2，A_1-A_2。（2）已知 $A_1=4\underline{/-30^\circ}$，$A_2=5\underline{/120^\circ}$，求 $A_1\cdot A_2$，A_1/A_2。

解　（1）$A_1+A_2=4+(-3)+j(3+4)=1+j7$

$A_1-A_2=4-(-3)+j(3-4)=7-j$

（2）$A_1\cdot A_2=|4\times5|\underline{/-30^\circ+120^\circ}=20\underline{/90^\circ}$

$\dfrac{A_1}{A_2}=\dfrac{4\underline{/-30^\circ}}{5\underline{/120^\circ}}=\dfrac{4}{5}\underline{/-30^\circ-120^\circ}=\dfrac{4}{5}\underline{/-150^\circ}$

3.3　单一元件的正弦交流电路

3.3.1　纯电阻电路

1. 电阻元件上的电压与电流的关系

（1）瞬时值关系

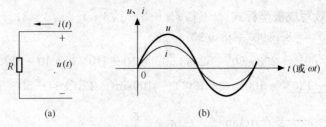

图 3.5　纯电阻电路与波形图

如图 3.5 (a) 所示，电流、电压在关联参考方向下的瞬时值关系为

$$u = Ri \tag{3-10}$$

设：$i(t) = \sqrt{2}I\sin(\omega t + \varphi_i)$，则 $u(t) = R \cdot i(t) = \sqrt{2}IR\sin(\omega t + \varphi_i) = \sqrt{2}U\sin(\omega t + \varphi_u)$ 显然 $\varphi_u = \varphi_i$，纯电阻电路的电压与电流同相位、同频率，如图 3.5 (b) 所示。

(2) 有效值关系

由式 (3-10) 可得

$$U_R = RI \tag{3-11}$$

(3) 相量关系

图 3.6 (a) 所示为纯电阻电路，根据电阻两端电压和电流的瞬时值表达式，得其对应的相量为：$\dot{U} = U\underline{/\varphi_u}$，$\dot{I} = I\underline{/\varphi_i}$，由于电压和电流同相，相量图如图 3.6 (b) 所示，所以它们之间的相量关系为

$$\dot{U} = \dot{I}R \tag{3-12}$$

式 (3-12) 也叫做欧姆定理的相量形式。

2. 功率

电阻的瞬时功率 $p = ui = U_R I(1 - \cos 2\omega t) \geqslant 0$，说明电阻始终消耗功率。由于瞬时功率不便于应用，工程上采用平均功率这一概念。平均功率是指：瞬时功率在一个周期内的平均值。由于平均功率反映了元件实际消耗电能的情况，所以又称有功功率。可推导出：

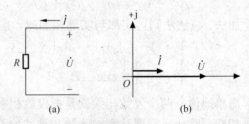

图 3.6　纯电阻电路相量模型与相量图

$$P = U_R I = I^2 R = \frac{U_R^2}{R} \tag{3-13}$$

3.3.2　纯电感电路

电感元件是一个二端理想元件，假想它是由没有电阻的导线绕制而成的线圈，它反映了储存磁场能量的基本特征。如果电感的大小只与线圈的结构、形状有关，与通过线圈的电流大小无关，即 L 为常量，称为线性电感元件，这里讨论的就是线性电感元件。因 $L = \Psi/i$，其中 Ψ 为磁链，L 为电感元件的电感量。显然，电感 L 反映了电流产生磁场能力的大小。电感的单位：$1\text{H}(亨) = 10^3\text{mH} = 10^6\mu\text{H}$。

1. 电感元件上的电压与电流的关系

(1) 瞬时值关系

电流、电压的参考方向如图 3.7 (a) 所示，当通过电感线圈的电流 i 发生变化时，电感

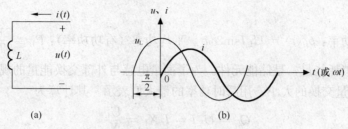

图 3.7　纯电感电路与波形图

中会有感应电动势，其两端就存在感应电压 u_L。

$$u_L = L \frac{\mathrm{d}i}{\mathrm{d}t} \tag{3-14}$$

$\dfrac{\mathrm{d}i}{\mathrm{d}t}$——电流的变化率。说明任一瞬间，电感元件端电压的大小与该瞬间电流的变化率成正比，而与该瞬间电流的大小无关。对于直流，$\mathrm{d}i/\mathrm{d}t = 0$，则 $U_L = 0$，即电感对于直流相当于短路。

　　由式（3-14）还可见，由于电感电压不可能无穷大，那么电感电流的变化率也不会无穷大，所以电感电流不能跳变。

设电流为
$$i(t) = \sqrt{2} I \sin(\omega t + \varphi_i)$$

则有：
$$u(t) = L \frac{\mathrm{d}}{\mathrm{d}t}[\sqrt{2} I \sin(\omega t + \varphi_i)] = \sqrt{2}\omega L I \sin\left(\omega t + \varphi_i + \frac{\pi}{2}\right) = \sqrt{2} U_L \sin(\omega t + \varphi_u) \tag{3-15}$$

如图 3.7（b）所示，纯电感电路的电压与电流同频率，但纯电感上的电压超前电流 90°。

　　（2）有效值关系

　　由（3-15）式可知：
$$U_L = \omega L I = X_L I \tag{3-16}$$

其中
$$X_L = \omega L \tag{3-17}$$

X_L 称为感抗（或电抗），是表示电感对正弦电流阻碍作用大小的一个物理量。感抗 X_L 与频率有关。对于直流 $\omega = 0$，所以 $X_L = 0$，电感对于直流相当于短路；反之，频率越大，感抗也越大。感抗只有在一定的频率下才是常数。感抗 X_L 的单位是欧姆（Ω）。注意，感抗 X_L 不能代表电感上的电压和电流的瞬时值之比，只能是 $\dfrac{U_L}{I} = \dfrac{U_{mL}}{I_m} = X_L$。

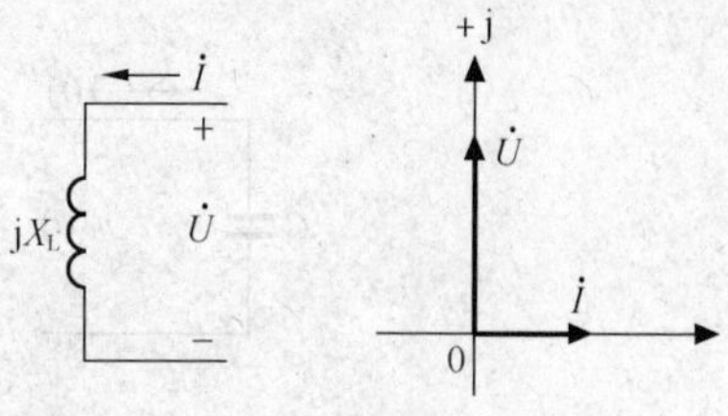

　　（3）相量关系

　　根据电感两端电压和电流的瞬时值表达式（3-15），得其对应的相量为

图 3.8　纯电感电路相量模型及相量图

$$\dot{I} = I \underline{/\varphi_i}, \dot{U}_L = \omega L I \underline{\left/ \varphi_i + \frac{\pi}{2}\right.} = U_L \underline{/\varphi_u}$$

由于纯电感上的电压超前电流 90°，所以相量关系为

$$\dot{U}_L = jX_L \dot{I} \tag{3-18}$$

图 3.8 所示为相量模型及相量图。显然，$\varphi_u = \varphi_i + \dfrac{\pi}{2}$，电压超前电流 90°。

2. 功率

电感的瞬时功率：$p_L(t) = U_L I \sin 2\omega t$ 。平均功率（有功功率）：$P_L = \dfrac{1}{T}\displaystyle\int_0^T p(t)\mathrm{d}t = 0$。由此可见电感不消耗能量，是储能元件。为了衡量电感与外部交换能量的规模，引入无功功率 Q_L，它反映能量交换的大小，用瞬时功率的最大值表示。其计算为

$$Q_L = U_L I = I^2 X_L = \frac{U_L^2}{X_L} \tag{3-19}$$

为了与有功功率的单位"瓦特"（W）区别，无功功率的单位是乏（var）。

3. 电感元件的磁场能量

$$W_L = \int_0^t p_L(t)\mathrm{d}t = \frac{1}{2}Li^2 \tag{3-20}$$

电感元件是一种储存磁场能量的元件，能量单位为焦耳（J）。

3.3.3　纯电容电路

电容器通常由两个导体中间隔以电介质组成。电容元件是各种实际电容器的理想化模型。它是存放电荷的容器，电容器储存电荷的能力称为电容器的电容量（简称电容），用 C 表示，即 $C = q/u_C$，其中 q 为电荷量。若 C 只与电容器的结构、介质、形状有关，与电容两端的电压大小无关，即 C 为常量，该电容器就是线性电容元件。这里讨论的就是线性电容元件。

电容的单位：

$$1\text{F（法拉）} = 10^6\,\mu\text{F} = 10^{12}\,\text{pF}$$

1. 电容元件上的电压与电流的关系

（1）瞬时值关系

电流、电压的参考方向如图 3.9（a）所示，可推导出电容的伏安关系为

$$i = C\frac{\mathrm{d}u_C}{\mathrm{d}t} \tag{3-21}$$

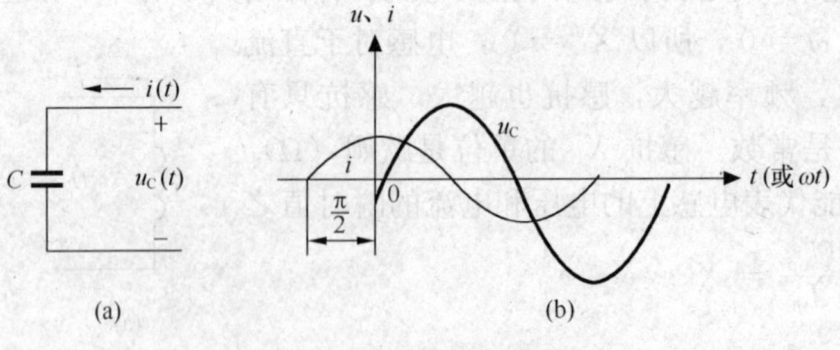

图 3.9　纯电容电路与波形图

说明任一瞬间，电容电流的大小与该瞬间电压的变化率成正比，而与该瞬间电压的大小无关。如果电压 u_C 不变，那么 $\dfrac{\mathrm{d}u_C}{\mathrm{d}t} = 0$，则电流 i 为零，电容相当于开路。电容电压变化越快，即 $\dfrac{\mathrm{d}u_C}{\mathrm{d}t}$ 越大，则电流也就越大。显然电容元件有"隔直通交"的作用。

由（3-21）也可知，由于电容电流不可能无穷大，那么电容电压的变化率也不会无穷大，所以电容电压不能跳变。

设电压为 $\qquad u_C(t) = \sqrt{2}U_C \sin(\omega t + \varphi_u)$

则有

$$i(t) = C\frac{\mathrm{d}}{\mathrm{d}t}[\sqrt{2}U_\mathrm{C}\sin(\omega t + \varphi_u)] = \sqrt{2}\omega CU_\mathrm{C}\sin\left(\omega t + \varphi_u + \frac{\pi}{2}\right) = \sqrt{2}I\sin(\omega t + \varphi_i) \quad (3\text{-}22)$$

如图 3.9（b）所示，纯电容电路的电压与电流同频率，但纯电容上的电压滞后电流 90°。

（2）有效值关系

由（3-22）式可知
$$U_\mathrm{C} = \frac{1}{\omega C}I = X_\mathrm{C}I \quad\quad\quad\quad (3\text{-}23)$$

其中
$$X_\mathrm{C} = \frac{1}{\omega C} \quad\quad\quad\quad (3\text{-}24)$$

X_c 为电容器的电抗，简称容抗。容抗的单位是欧姆（Ω），容抗表示电容器对电流的阻碍作用。容抗的大小与频率有关，频率越高，容抗越小；对于直流 $\omega = 0$，则 $X_\mathrm{C} = 1/\omega C \to \infty$，即电容器对直流相当于开路，所以，电容具有"通交隔直"的作用。注意，容抗 X_C 不能代表电容上的电压和电流的瞬时值之比。只是 $\dfrac{U_\mathrm{C}}{I} = \dfrac{U_\mathrm{mC}}{I_\mathrm{m}} = X_\mathrm{C}$。

（3）相量关系

根据电容两端电压和电流的瞬时值表达式（3-13），得其对应的相量为

$$\dot{U}_\mathrm{C} = U_\mathrm{C}\underline{/\varphi_u}, \quad\quad\quad \dot{I} = \omega CU_\mathrm{C}\underline{\Big/\varphi_u + \frac{\pi}{2}}$$

则有
$$\dot{U}_\mathrm{C} = -\mathrm{j}\frac{\dot{I}}{\omega C} = -\mathrm{j}X_\mathrm{C}\,\dot{I} \quad\quad\quad (3\text{-}25)$$

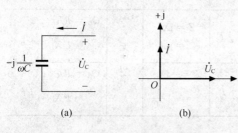

(a)　　　　　　(b)

图 3.10　纯电容电路相量模型及相量图

如图 3.10 所示为其相量模型及相量图。显然 $\varphi_u = \varphi_i - \dfrac{\pi}{2}$，电压滞后电流 90°。

2. 功率

电容的瞬时功率：$p_\mathrm{C}(t) = U_\mathrm{C}I\sin 2\omega t$。平均功率（有功功率）：$P_\mathrm{C} = \dfrac{1}{T}\displaystyle\int_0^T p(t)\mathrm{d}t = 0$。由此可见电容不消耗能量，是储能元件。同样，为了衡量电容与外部交换能量的规模，引入无功功率 Q_C，它反映能量交换的大小，用瞬时功率的最大值表示。其计算为

$$Q_\mathrm{C} = U_\mathrm{C}I = I^2 X_\mathrm{C} = \frac{U_\mathrm{C}^2}{X_\mathrm{C}} \quad\quad\quad (3\text{-}26)$$

同样，为了与有功功率的单位"瓦特"（W）区别，电容无功功率的单位是乏（var）。

3. 电容元件储存的电场能量

$$W_\mathrm{C} = \int_0^T p_\mathrm{C}(t)\mathrm{d}t = \frac{1}{2}cu^2 \quad\quad\quad (3\text{-}27)$$

电容元件储存电场能量的单位为焦耳（J）。

【例 3.5】已知电阻 $R = 12\Omega$，与电感 $L = 160\mathrm{mH}$ 和电容 $C = 125\mu\mathrm{F}$ 相串联接到电源上，产生电流为 $i(t) = 7.07\sin(314t - 60°)\mathrm{A}$，如图 3.11 所示。求感抗和容抗，以及各元件的电压相量。

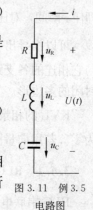

图 3.11　例 3.5 电路图

解　根据电流的瞬时值可得到对应的电流相量为

$$\dot{I} = \frac{7.07}{\sqrt{2}} \underline{/-60°} = 5 \underline{/-60°} \text{ A}$$

感抗　$X_L = \omega L = 314 \times 160 \times 10^{-3} = 50.24(\Omega)$

容抗　$X_C = \dfrac{1}{\omega C} = \dfrac{1}{314 \times 125 \times 10^{-6}} = 25.48(\Omega)$

$$\dot{U}_R = R\,\dot{I} = 12 \times 5 \underline{/-60°} = 60 \underline{/-60°}(\text{V})$$

$$\dot{U}_L = jX_L\,\dot{I} = 50.24 \times 5 \underline{/-60°+90°} = 251.2 \underline{/30°}(\text{V})$$

$$\dot{U}_C = -jX_C\,\dot{I} = 25.48 \times 5 \underline{/-60°-90°} = 127.4 \underline{/-150°}(\text{V})$$

显然，电感与电容的相位差为 $\varphi_L - \varphi_C = 30° - (-150°) = 180°$，说明电感与电容电压向量的方向相反。

4. 归纳

最后将单一元件的正弦交流电路作一个归纳与比较，详见表 3.1。

表 3.1　R、L、C 元件在正弦交流电路中的瞬时值、有效值和相量的伏安关系及其功率

元 件	瞬 时 值	有 效 值		相 量		功 率	
	伏安关系	伏安关系	电阻、电抗	伏安关系	阻 抗		
R	$u = Ri$	$U_R = RI$	R	$\dot{U}_R = Z\dot{I}$	$Z = R$	有功功率	$P_R = UI$ $= I^2 R = \dfrac{U_R}{R}$
L	$u_L = L\dfrac{di}{dt}$	$U_L = X_L I$	$X_L = \omega L$ $= \dfrac{U_L}{I} = \dfrac{U_{mL}}{I_m}$	$\dot{U}_L = Z\dot{I}$	$Z = jX_L$ $= j\omega L$	无功功率	$Q_L = IU_L$ $= I^2 X_L = \dfrac{U_L^2}{X_L}$
C	$i_C = C\dfrac{du_C}{dt}$	$U_C = X_C I$	$X_C = \dfrac{1}{\omega C}$ $= \dfrac{U_C}{I} = \dfrac{U_{mC(L)}}{I_m}$	$\dot{U}_C = Z\dot{I}$	$Z = -jX_C$ $= -j\dfrac{1}{\omega C}$		$Q_C = IU_C$ $= I^2 X_C = \dfrac{U_C^2}{X_C}$

3.4　阻抗串联和并联的正弦电路

分析直流电路时采用的基尔霍夫定律，同样适用于正弦交流电路的瞬时值分析和相量分析。即任一瞬间，对任一节点（或闭合面）有 $\sum i(t) = 0$；任一瞬间，对任一回路有 $\sum u(t) = 0$。

可以推导出 KCL 的相量形式：$\sum \dot{I} = 0$，即正弦交流电路中任一节点（或闭合面），与它相连的各支路电流的相量代数和为零。若用向量图表示，各支路电流的相量组成了一个封闭的多边形。

KVL 的相量形式：$\sum \dot{U} = 0$，即正弦交流电路中任一回路的各支路电压的相量代数和为零。若用向量图表示，各段电压的相量组成了一个封闭的多边形。

3.4.1　RLC 串联电路

RLC 串联电路以图 3.11 的例 3.5 为例，其相量模型和相量图如图 3.12 所示。

根据 KVL

$$\dot{U} = \dot{U}_R + \dot{U}_L + \dot{U}_C = R\dot{I} + jX_L\dot{I} + (-jX_C)\dot{I} = [R + j(X_L - X_C)]\dot{I} = (R + jX)\dot{I} = Z\dot{I}$$

所以

$$\dot{U} = \dot{I}(R + jX) = \dot{I}Z \tag{3-28}$$

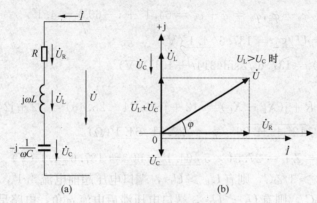

图 3.12　RLC 电路的相量模型和相量图

其中电抗

$$X = X_L - X_C = \omega L - \frac{1}{\omega C} \tag{3-29}$$

阻抗（Z）定义为：无源二端电路的端口电压相量与电流相量之比为该电路的阻抗。

即

$$Z = \frac{\dot{U}}{\dot{I}} = \frac{\dot{U}_m}{\dot{I}_m} = |Z|\angle\varphi = R + jX \tag{3-30}$$

显然，阻抗（Z）是一个复数，也叫复阻抗。单种元件电路的阻抗是复阻抗的特例，如纯电阻电路的阻抗为 $Z = R$，纯电感电路的阻抗为 $Z = jX_L$（或 $Z = j\omega L$），纯电容电路的阻抗为 $Z = -jX_C$（或 $Z = -j\frac{1}{\omega C}$）。

由图 3.12（b）所示相量图可知有效值之间的关系为

$$U = \sqrt{U_R^2 + (U_L - U_C)^2} \tag{3-31}$$

$$|Z| = \sqrt{R^2 + (X_L - X_C)} \tag{3-32}$$

$$\varphi = \arctan\frac{U_L - U_C}{U_R} = \arctan\frac{X_L - X_C}{R} \tag{3-33}$$

φ 是端口电压与电流的相位差，即 $\varphi = \varphi_u - \varphi_i$ （3-34）

电压有效值之间和阻抗有效值之间均可通过直角三角形来计算，如图 3.13 所示。

【例 3.6】 在例 3.5 的基础上求总电压 $u(t)$。

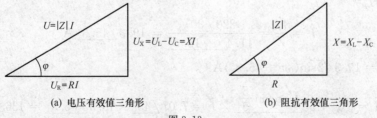

(a) 电压有效值三角形　　　　　　(b) 阻抗有效值三角形

图 3.13

解 （方法一）由例 3.5 可知 $U_R = 60\text{V}$，$U_L = 251.2\text{V}$，$U_C = 127.4\text{V}$，

所以　$U = \sqrt{U_R^2 + (U_L - U_C)^2} = \sqrt{60^2 + (251.2 - 127.4)^2} = 137.6(\text{V})$

$$\varphi = \arctan\frac{X_L - X_C}{R} = \arctan\frac{50.24 - 25.48}{12} = \arctan 2.0633 = 64.1°$$

因为　　　　　$\varphi = \varphi_u - \varphi_i, \varphi_u = \varphi + \varphi_i = 64.1° + (-60°) = 4.1°$

得　　　　　　$\dot{U} = U\underline{/\varphi} = 137.6\underline{/4.1°}(\text{V})$

那么　　　　　$u(t) = 137.6\sqrt{2}\sin(314t + 4.1°)(\text{V})$

（方法二）

$$Z = R + \text{j}(X_L - X_C) = 12 + \text{j}(50.24 - 25.48) = 12 + \text{j}24.76$$
$$= \sqrt{12^2 + 24.76^2}\underline{/\varphi} = 27.51\underline{/64.1°}(\Omega)$$

$$\dot{U} = Z\dot{I} = 27.51 \times 5\underline{/64.1° - 60°} = 137.6\underline{/4.1°}(\text{V})$$

该串联电路 $\omega L > 1/\omega C$，则有 $U_L > U_C$，端口电压超前电流 $4.1°$，电路呈感性。如果串联电路 $\omega L < 1/\omega C$，则有 $U_L < U_C$，端口电压滞后电流 φ 角，电路呈容性；若该串联电路的 $\omega L = 1/\omega C$，则有 $U_L = U_C$，$X = 0$，即 $Z = R$，$\varphi = 0$ 端口电压与电流同相，电路呈阻性，这是一种特殊状态，称为谐振。

3.4.2　阻抗的串联

在实际电路中常常会遇到若干复阻抗串联的情况，如 RLC 串联电路是其中的一个特例，$Z = Z_R + Z_L + Z_C = R + \text{j}\omega L + \left(-\text{j}\dfrac{1}{\omega C}\right) = R + \text{j}\left(\omega L - \dfrac{1}{\omega C}\right)$。串联电路因为电流相同，根据阻抗的伏安关系和 KVL 的相量关系，可推导出对于 n 个复阻抗串联的等效复阻抗为

$$Z = Z_1 + Z_2 + \cdots + Z_n \tag{3-35}$$

设　$Z_1 = R_1 + \text{j}X_1, Z_2 = R_2 + \text{j}X_2, \cdots, Z_n = R_n + \text{j}X_n$

则　$Z = (R_1 + R_2 + \cdots + R_n) + \text{j}(X_1 + X_2 + \cdots + X_n) = R + \text{j}X = |Z|\underline{/\varphi}$

必须注意：$|Z| \neq |Z_1| + |Z_2| + \cdots + |Z_n|$

【例 3.7】 设有两个负载 $Z_1 = 5 + \text{j}5\Omega$ 和 $Z_2 = 6 - \text{j}8\Omega$ 相串联，接在 $u = 220\sqrt{2}\sin(\omega t + 30°)\text{V}$ 的电源上。求等效阻抗 Z、电路电流 i 和负载电压 u_1、u_2 各为多少。

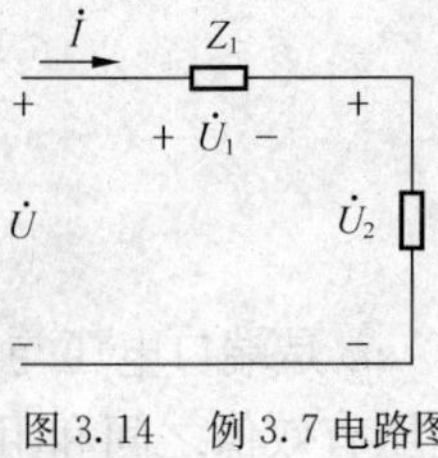

解 参考方向如图 3.14 所示，等效阻抗

$$Z = Z_1 + Z_2 = 5 + \text{j}5 + 6 - \text{j}8 = 11 - \text{j}3$$
$$= 11.4\underline{/-15.3°}\ \Omega$$

图 3.14　例 3.7 电路图

现 $\dot{U} = 220\underline{/30°}\ \text{V}$

$$\dot{I} = \frac{\dot{U}}{Z} = \frac{220\underline{/30°}}{11.4\underline{/-15.3°}} = 19.3\underline{/45.3°}\ \text{A}$$

对应　$i(t) = 19.3\sqrt{2}\sin(\omega t + 45.3°)\text{A}$

又　$\dot{U}_1 = Z_1\dot{I} = \sqrt{5^2 + 5^2}\underline{/\arctan\dfrac{5}{5}} \times \dot{I} = 7.07\underline{/45°} \times 19.3\underline{/45.3°} = 136.5\underline{/90.3°}\ \text{V}$

$$\dot{U}_2 = Z_2 \dot{I} = \sqrt{6^2 + (-8)^2} \underline{/\arctan \frac{-8}{6}} \times \dot{I} = 10 \underline{/-53.1^\circ} \times 19.3 \underline{/45.3^\circ} = 193 \underline{/-7.8^\circ} \text{ V}$$

对应的瞬时值为　　　　$u_1(t) = 136.5 \sqrt{2} \sin(\omega t + 90.3^\circ) \text{V}$

$$u_2(t) = 193 \sqrt{2} \sin(\omega t - 7.8^\circ) \text{V}$$

3.4.3　阻抗的并联

在并联电路中，各支路电压相同。以两阻抗并联为例，参考方向如图 3.15 所示。根据阻抗的伏安关系和 KCL 相量关系有

$$\dot{I} = \dot{I}_1 + \dot{I}_2 = \frac{\dot{U}}{Z_1} + \frac{\dot{U}}{Z_2} = \left(\frac{1}{Z_1} + \frac{1}{Z_2}\right) \dot{U} = \frac{\dot{U}}{Z}$$

Z 是并联电路的等效复阻抗。即

$$\frac{1}{Z} = \frac{1}{Z_1} + \frac{1}{Z_2} \quad \text{或} \quad Z = \frac{Z_1 Z_2}{Z_1 + Z_2} \tag{3-36}$$

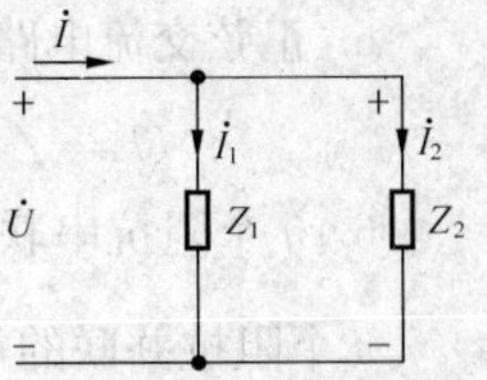

图 3.15　两阻抗并联电路

对于有 n 条支路并联的电路，其等效复阻抗 Z 与各支路复阻抗的关系为

$$\frac{1}{Z} = \frac{1}{Z_1} + \frac{1}{Z_2} + \cdots + \frac{1}{Z_n} \tag{3-37}$$

【**例 3.8**】已知 $Z_1 = 30 + \text{j}40\Omega$ 和 $Z_2 = 8 - \text{j}6\Omega$，并联后接于 $u(t) = 220\sqrt{2} \sin\omega t \text{ (V)}$ 的电源上。求该电路的分支电流 I_1、I_2 和总电流 I，以及等效阻抗 Z。

解　　　　　　　　　　　　$\dot{U} = 220 \underline{/0^\circ} \text{ V}$

$$Z_1 = 30 + \text{j}40 = 50 \underline{/53.1^\circ} \ \Omega$$

$$Z_2 = 8 - \text{j}6 = 10 \underline{/-36.9^\circ} \ \Omega$$

$$Z = \frac{Z_1 Z_2}{Z_1 + Z_2} = \frac{50 \times 10 \underline{/53.1^\circ - 36.9^\circ}}{30 + \text{j}40 + 8 - \text{j}6} = \frac{500 \underline{/16.2^\circ}}{51 \underline{/41.8^\circ}} = 9.8 \underline{/-25.6^\circ} \ \Omega$$

$$\dot{I}_1 = \frac{\dot{U}}{Z_1} = \frac{220 \underline{/0^\circ}}{50 \underline{/53.1^\circ}} = 4.4 \underline{/-53.1^\circ} = 2.64 - j3.52 \text{A}$$

$$\dot{I}_2 = \frac{\dot{U}}{Z_2} = \frac{220 \underline{/0^\circ}}{10 \underline{/-36.9^\circ}} = 22 \underline{/36.9^\circ} = 17.6 + j13.2 \text{A}$$

（方法一）　$\dot{I} = \dot{I}_1 + \dot{I}_2 = 2.64 - \text{j}3.52 + 17.6 + \text{j}13.2 = 20.2 + \text{j}9.68 = 22.5 \underline{/25.6^\circ} \text{ A}$

（方法二）　$\dot{I} = \dfrac{\dot{U}}{Z} = \dfrac{220 \underline{/0^\circ}}{9.8 \underline{/-25.6^\circ}} = 22.5 \underline{/25.6^\circ} \text{ A}$

所以支路电流有效值 $I_1 = 4.4\text{A}$，$I_2 = 22\text{A}$，总电流有效值 $I = 22.5\text{A}$。

本 章 小 结

1. 正弦交流电是指电压、电流按正弦规律变化，设 U、I 为其有效值，即瞬时值的一般表达式为 $u(t) = \sqrt{2}U\sin(\omega t + \varphi_u)$，$i(t) = \sqrt{2}I\sin(\omega t + \varphi_i)$。正弦量是由三要素来确定的：①振幅 $U_m = \sqrt{2}U$，$I_m = \sqrt{2}I$（或有效值 U、I），②角频率 $\omega = 2\pi f$，③初相 φ_u、φ_i。

2. 对于同频率的正弦量，可用相应的相量与之对应：

$$u(t) = \sqrt{2}U\sin(\omega t + \varphi_u) \quad \Leftrightarrow \quad \dot{U} = U\angle\varphi_u$$

$$i(t) = \sqrt{2}I\sin(\omega t + \varphi_i) \quad \Leftrightarrow \quad \dot{I} = I\angle\varphi_i$$

运用相量（即复数）的计算来取代正弦量之间的计算，使计算变得简单可行。一般加减运算采用复数的代数形式，乘除运算采用复数的极坐标形式。

3. R、L、C 元件的瞬时值、有效值和相量的伏安关系及其功率详见表 3.1。

4. 基尔霍夫定律同样适用于正弦交流电的瞬时值分析和相量分析。

5. 正弦交流电路对应的相量的伏安关系为

$$\dot{U} = Z\dot{I}，其中 Z 为复阻抗：Z = R + jX = |Z|\angle\varphi，\varphi = \varphi_u - \varphi_i$$

6. n 个阻抗串联的等效阻抗为 $Z = Z_1 + Z_2 + \cdots + Z_n$；

n 个阻抗并联的等效阻抗与各分阻抗之间的关系为 $\dfrac{1}{Z} = \dfrac{1}{Z_1} + \dfrac{1}{Z_2} + \cdots + \dfrac{1}{Z_n}$。

习　　题

3-1　已知一正弦电压的振幅为 310V，频率为 50Hz，初相为 $\dfrac{\pi}{4}$，写出其瞬时值的解析式，并绘出波形图。

3-2　已知一正弦电流 $i = 10\sin\left(314t - \dfrac{\pi}{6}\right)$A，写出其振幅值、角频率、频率、周期及初相。

3-3　已知 $u_A = 311\sin3140t$(V)，$u_B = 311\sin\left(3140t - \dfrac{\pi}{3}\right)$V，指出各正弦量的振幅值、有效值、初相、角频率、频率和周期，以及 u_A 与 u_B 之间的相位差。

3-4　写出下列各正弦量所对应的相量

(1) $u = 100\sqrt{2}\sin(\omega t + 25°)$，(2) $i_1 = 10\sqrt{2}\sin(\omega t + 90°)$，(3) $i_2 = 7.07\sin\omega t$

3-5　写出下列各相量所对应的正弦量

(1) $\dot{U} = 200\angle{-60°}$ V　　　　(2) $\dot{U} = 220\angle{120°}$ V

(3) $\dot{I} = j12$A　　　　(4) $\dot{I} = 3 - j6$A

3-6　将下列复数写成代数式

(1) $8\angle{90°}$；(2) $20\angle{60°}$；(3) $6\angle{-90°}$；(4) $220\angle{-120°}$；(5) $12\angle{75°}$

3-7　将下列复数写成极坐标式

(1)　$4+j6$；(2) $-3+j4$；(3) $-7-j4$；(4) $20-j30$；(5) $16+j12$

3-8　已知 $\dot{A}_1 = 8+j6$，$\dot{A}_2 = 6+j8$，求 (1) $\dot{A}_1 + \dot{A}_2$，(2) $\dot{A}_1 - \dot{A}_2$，(3) $\dot{A}_1 \cdot \dot{A}_2$，(4) $\dot{A}_1 / \dot{A}_2$。

3-9　已知 $\dot{A}_1 = 8\angle{-60°}$，$\dot{A}_2 = 10\angle{150°}$，求 (1) $\dot{A}_1 + \dot{A}_2$，(2) $\dot{A}_1 - \dot{A}_2$，(3) $\dot{A}_1 \cdot \dot{A}_2$，(4) $\dot{A}_1 / \dot{A}_2$。

3-10　已知在 10Ω 电阻上通过的电流 $i = 5\sin\left(314t + \dfrac{\pi}{6}\right)\text{A}$，求电阻两端电压的有效值，并写出电压瞬时值解析式，及该电阻消耗的功率。

3-11　具有电感 80mH 的电路，外施电压 $u = 170\sin300t(\text{V})$，选定 u、i 参考方向一致，写出电流的瞬时值解析式，及电感的无功功率，并作出电流和电压的相量图。

3-12　电容为 $20\mu F$ 的电容器，接在电压 $u = 600\sin314t(\text{V})$ 的电源上，写出电流瞬时值解析式并算出无功功率。

3-13　日光灯的等效电路如图 3.16 所示，已知灯管电阻 $R_1 = 280\Omega$，整流器的电阻 $R = 20\Omega$，电感 $L = 1.65\text{H}$，电源为工频电电压 $U = 220\text{V}$，求电路总电流 $\dot{I}$ 及各部分电压 $\dot{U}_1$、$\dot{U}_2$。

3-14　电阻 $R = 40\Omega$，电容 $C = 25\mu F$ 的串联电路，如图 3.17 所示，接到 $u = 100\sqrt{2}\sin500t(\text{V})$ 的电源上，（1）求电流 $\dot{I}$；（2）求电阻 R 两端的输出电压 $\dot{U}_o$；（3）判断输出电压 $\dot{U}_o$ 比输入电压 $\dot{U}_i$ 超前还是滞后。

图 3.16　习题 3-13 图　　　　　　图 3.17　习题 3-14 图

3-15　在 RLC 串联电路中，已知 $R = 8\Omega$，$L = 0.07\text{H}$，$C = 122\mu F$，$\dot{U} = 120\underline{/0°}\text{ V}$，$f = 50\text{Hz}$，求电路中的电流 $\dot{I}$，电压 $\dot{U}_R$、$\dot{U}_L$、$\dot{U}_C$，并作相量图。

3-16　有 3 个复阻抗 $Z_1 = 40 + \text{j}30\Omega$，$Z_2 = 20 - \text{j}20\Omega$，$Z_3 = 60 + \text{j}80\Omega$ 相串联，电源电压 $\dot{U} = 100\underline{/30°}\text{ V}$，计算（1）总的复阻抗 Z；（2）电路电流 $\dot{I}$；（3）电压 $\dot{U}_1$、$\dot{U}_2$、$\dot{U}_3$，并作相量图。

3-17　如图 3.18 所示，$\dot{U} = 100\underline{/0°}\text{ V}$，$R = 3\Omega$，$X_L = 4\Omega$，$X_C = 3.12\Omega$，求端口等效复阻抗、复导纳、电流 $\dot{I}$ 以及各支路电流，并作相量图。

3-18　如图 3.19 所示，一个线圈电阻 $R = 10\Omega$，电感 $L = 30\text{mH}$ 和一个电容 $C = 20\mu F$ 并联。已知 $\omega = 1000\text{rad/s}$，通过电容支路的电流 $\dot{I}_2 = 2.5\underline{/0°}\text{A}$，求电流 $\dot{I}$、$\dot{I}_1$ 和等效复导纳 Y，并作出相量图。

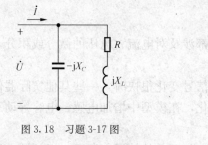

图 3.18　习题 3-17 图

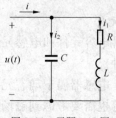

图 3.19　习题 3-18 图

第 4 章

线性电路的暂态分析

本章主要介绍过渡过程、换路及换路定律和初始值等基本概念；介绍过渡过程的时域分析，即一阶电路的零输入响应和零状态响应、以及一阶电路的全响应的三要素分析方法。

4.1 过渡过程的基本概念

4.1.1 稳态与暂态

在前面介绍的直流电路中，电压和电流都是恒定的，不随时间变化而变化。在正弦稳态电路中，电压和电流也都是按照确定的正弦规律变化，也不随时间有其他形式的变化。具有这种特性的状态，称为电路的稳定状态，简称稳态。但是，对于含有储能元件的电路，当电路状态发生变化时，会使电路从一个稳态开始变化，经过一定的时间后才又进入新的稳态。原稳态到新稳态的中间过程，就是电路的过渡过程，也称为暂态过程或动态过程。图 4.1 所示为一个电容放电的暂态过程。

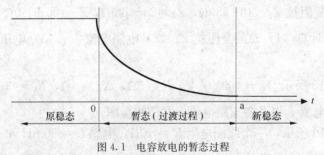

图 4.1 电容放电的暂态过程

4.1.2 电路产生过渡过程的条件

1. 动态元件

储能元件电容元件和电感元件的伏安关系都涉及对电流、电压的微分或积分，称这种元件为动态元件。

电容器、电感器属于动态元件；有时，当信号变化很快时，一些其他实际器件，如电阻器和晶体管等也需要考虑到磁场变化及电场变化，在模型中增加电感、电容等动态元件。

2. 换路

电路条件或电路参数突然变更，称为换路。如开关的接通与断开，电压源电压的突然增大或减小，电路中某一支路的突然断开、接入或短路，电阻值的突然变化等，都属于换路。

如果把电路中含有储能元件（或称动态元件）叫做内因，电路发生换路叫做外因，那么，电路产生过渡过程必须同时具备两个条件：内因和外因。即在含有储能元件（或称动态元件）的电路中，当电路发生换路时，引起电路过渡过程。只有外因还不一定能引起电路的过渡过程，如在含纯电阻与电源的电路中，换路并不能引起过渡过程。

4.2　换路定律和变量初始值计算

4.2.1　换路定律

根据电容、电感的伏安关系，可以推导出，电容电压和电感电流具有连续性质和记忆性质。当电路不能提供无穷大能量时，无论是电感还是电容，所存储能量的改变都需要时间，即能量的变化是渐变而不是跃变。

对于电容元件，存储的电场能量为 $w_C = \dfrac{1}{2} C u_C{}^2$，若 w_C 要跃变，必须有 u_C 的跃变，而 $i = C \dfrac{\mathrm{d}u_C}{\mathrm{d}t}$，需要有无穷大的电流，这在有损耗的电路中是不可能的，故电容电压不能跃变。

对于电感元件，存储的磁场能量为 $w_L = \dfrac{1}{2} L i_L{}^2$，若 w_L 要跃变，必须有 i_L 的跃变，而 $u_L = L \dfrac{\mathrm{d}i_L}{\mathrm{d}t}$，需要有无穷大的电压，这在有损耗的电路中也是不可能的，故电感电流不能跃变。

根据以上分析得到换路定律：对于有储能元件的电路，在换路瞬间，当电容电流 i_C 和电感电压 u_L 为有限值时，换路前后的电容电压和电感电流不能跃变。设换路时刻为 $t=0$，该定律表示为

$$\left.\begin{array}{l} u_C(0_+) = u_C(0_-) \\ i_L(0_+) = i_L(0_-) \end{array}\right\} \tag{4-1}$$

其中，$t=0_+$ 表示换路后瞬间，$t=0_-$ 表示换路前瞬间。

注意，除了电容电压和电感电流不能跃变以外，电路中的其他物理量可以发生跃变，如电容电流、电感电压等可以跃变。

4.2.2　初始值计算

如果设换路时刻为 $t = 0$，那么在过渡过程中电路变量的初始值是指，在换路瞬间 $t = 0_+$ 时刻的电路变量值。在对电路的过渡过程进行时域分析时要用到初始值，因此确定电路换路时的初始值是进行暂态分析的一个重要环节。

初始值的计算步骤如下。

① 画出换路前 $t = 0_-$ 的稳态等效电路，求出 $u_C(0_-)$ 或 $i_L(0_-)$；根据换路定律得到 $u_C(0_+)$ 或 $i_L(0_+)$。

② 画出换路后 $t = 0_+$ 时刻的瞬间等效电路，用电压为 $u_C(0_+)$ 的电压源或电流为 $i_L(0_+)$ 电流源取代原电路中 C 或 L 的位置，借助 KCL、KVL、欧姆定律及戴维南定律，求出电路的其他相关变量的初始值。

【**例 4.1**】 如图 4.2（a）所示，直流电源的电压 $U_S = 100V$，$R_2 = 100\Omega$，开关 S 原先合在 1 位置，求开关由 1 位置合到 2 位置的瞬间，电路中电阻 R_1、R_2 上及电容 C 上的电压和电流的初始值。

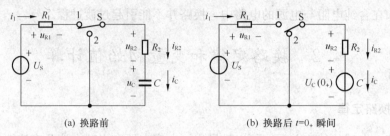

(a) 换路前　　　　　　　　(b) 换路后 $t=0_+$ 瞬间

图 4.2　例 4.1 电路图

解　参考方向如图 4.2 所示。由于电容在直流稳定状态下相当于开路，所以换路前的电容电压为 $u_C(0_-) = U_S = 100V$，当 S 合到位置 2 时，根据换路定律

$$u_C(0_+) = u_C(0_-) = 100V$$

如图 4.2（b）所示，根据 KVL 有 $u_{R2}(0_+) = -u_C(0_+) = -100V$

$$i_C(0_+) = i_{R2}(0_+) = \frac{u_{R2}(0_+)}{R_2} = \frac{-100}{100} = -1A$$

因为 $i_1(0_+) = 0$，则有 $u_{R1}(0_+) = R_1 \times i_1(0_+) = 0$

【**例 4.2**】 如图 4.3（a）所示电路，已知：$U_S = 9V$，$R_1 = 3\Omega$，$R_2 = 6\Omega$，$L = 1H$。在 $t = 0$ 时换路，即开关由 1 位置合到 2 位置，设换路前电路已经稳定，求换路后的初始值 $i_1(0_+)$、$i_2(0_+)$ 和 $u_L(0_+)$。

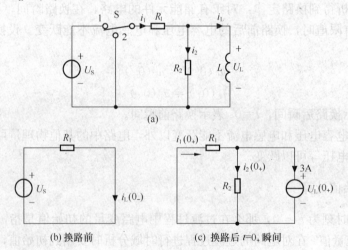

(a)

(b) 换路前　　　　　　　　(c) 换路后 $t=0_+$ 瞬间

图 4.3　例 4.2 电路图

解　（1）作 $t=0_-$ 的等效电路图 4.3（b），参考方向如图 4.3（b）所示。由于电感在直流稳定状态下相当于短路，所以换路前的电感电流为

$$i_L(0_-) = \frac{U_S}{R_1} = \frac{9}{3} = 3A$$

根据换路定律得：$i_L(0_+) = i_L(0_-) = 3A$

（2）作 $t=0_+$ 瞬间的等效电路图 4.3（c），由此可得

$$i_1(0_+) = \frac{R_2}{R_1 + R_2} i_L(0_+) = \frac{6}{3+6} \times 3 = 2\text{A}$$

$$i_2(0_+) = i_1(0_+) - i_L(0_+) = 2 - 3 = -1\text{A}$$

$$u_L(0_+) = R_2 i_2(0_+) = 6 \times (-1) = -6\text{V}$$

【例 4.3】 如图 4.4（a）所示，已知 $R_1 = 4\Omega$，$R_2 = 3\Omega$，$R_3 = 6\Omega$，$U_S = 10\text{V}$。$t = 0$ 时刻开关 S 闭合，换路前电路无储能。求开关 S 闭合后各电压、电流的初始值。

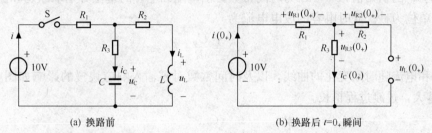

(a) 换路前　　　　　　　　　(b) 换路后 $t=0_+$ 瞬间

图 4.4　例 4.3 电路图

解　（1）因换路前电路无储能，所以

$$u_C(0_+) = u_C(0_-) = 0$$

$$i_L(0_+) = i_L(0_-) = 0$$

（2）作 $t = 0_+$ 瞬间的等效电路图 4.4（b）。电容电压为 0，电容相当于短路；电感电流为 0，电感相当于开路。那么

$$i(0_+) = i_C(0_+) = \frac{10}{4+6} = 1\text{A}$$

$$u_{R1}(0_+) = R_1 i(0_+) = 4 \times 1 = 4\text{V}$$

$$u_{R3}(0_+) = R_3 i_C(0_+) = 6 \times 1 = 6\text{V}$$

$$u_{R2}(0_+) = 0$$

$$u_L(0_+) = u_{R3}(0_+) = 6\text{V}$$

4.3　一阶动态电路的响应

4.3.1　一阶动态电路概述

用一阶微分方程来描述的电路称为一阶电路。即电路只含一个储能元件（动态元件），或者虽有多个同类储能元件，但可等效为一个储能元件的电路均属于一阶电路。本章研究一阶电路，重点在无电源一阶电路和直流一阶电路。

1. RC 电路的零输入响应

零输入响应是指在没有外部输入的情况下，仅靠电路的初始储能所产生的响应（即放电）。RC 电路的初始储能为电场能量。

如图 4.5 所示，$u_C(0_+) = u_C(0_-) = U_S$。换路后，如图 4.5（b）所示，根据 KVL 有

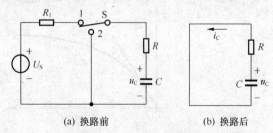

(a) 换路前　　　　(b) 换路后

图 4.5　RC 电路零输入响应

$Ri - u_C = 0$，其中 $i = -C\dfrac{du_C}{dt}$，代入前式得 $RC\dfrac{du_C}{dt} + u_C = 0$，该式为一阶线性常系数齐次微分方程，描述了 RC 电路的零输入响应的暂态特性。求解该微分方程得到电容电压随时间的变化规律：

$$u_C(t) = U_S e^{-\frac{t}{RC}} = U_0 e^{-\frac{t}{\tau}} \tag{4-2}$$

其中 U_0 为 u_C 的初始值，$\tau = RC$ 为时间常数，当电阻和电容的单位分别取欧姆和法拉时，时间常数的单位为秒。此时电容的放电电流为

$$i_C(t) = \frac{U_0}{R} e^{-\frac{t}{\tau}} \tag{4-3}$$

电容电压和电流随时间变化的曲线，以及时间常数对零输入响应快慢的影响如图 4.6 所示，虽然，τ 越大，过渡过程越长。

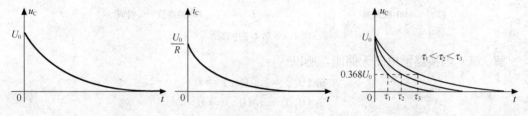

图 4.6　RC 电路零输入响应曲线

2. RC 电路的零状态响应

零状态响应是指在无初始储能的情况下，即 $u_C(0_+) = 0$ 或 $i_L(0_+) = 0$ 时，仅依靠外部输入所产生的响应（即充电），如图 4.7 所示。

可推导出电容电压为
$$u_C(t) = U_S(1 - e^{-\frac{t}{RC}}) \tag{4-4}$$

充电电流为
$$i_C(t) = \frac{U_S}{R} e^{-\frac{t}{RC}} \tag{4-5}$$

电容电压和电流随时间变化的曲线，如图 4.8 所示。

3. 一阶电路的全响应

全响应是指既有初始储能（即非零初始状态），又受到外加激励作用所产生的响应。

全响应的两种分解：

    全响应 ＝ 稳态分量 ＋ 暂态分量

或   全响应 ＝ 零输入响应 ＋ 零状态响应

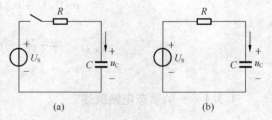

图 4.7　RC 电路零状态响应

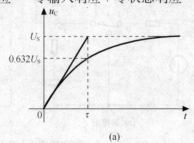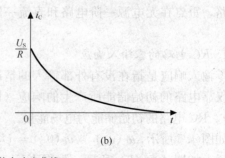

图 4.8　RC 电路零状态响应曲线

RC 电路的全响应为

$$u_C(t) = U_S + (U_0 - U_S)e^{-\frac{t}{RC}} \qquad (4\text{-}6)$$

或 $$u_C(t) = U_0 e^{-\frac{t}{RC}} + U_S(1 - e^{-\frac{t}{RC}})$$

RC 电路全响应在三种情况下 u_C 随时间变化的曲线如图 4.9 所示。

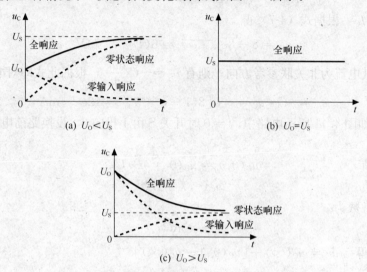

(a) $U_0 < U_S$　　　　　(b) $U_0 = U_S$

(c) $U_0 > U_S$

图 4.9　RC 电路全响应的 3 种情况

显然，零输入响应和零状态响应是全响应的特例。

4.3.2　一阶电路的三要素分析法

一阶电路的过渡过程通常是，电路变量由初始值向新的稳态值过渡，并且是按照指数规律逐渐趋向新的稳态值。指数曲线弯曲程度与反映趋向新稳态值的速率即时间常数 τ 密切相关。这样，找出一种方法，只要知道换路后的稳态值、初始值和时间常数这 3 个要素，就能直接写出一阶电路过渡过程的解，这就是一阶电路的直流输入情况下的三要素法。

设：$f(0_+)$ 表示电压或电流的初始值；

　　$f(\infty)$ 表示电压或电流的新的稳态值；

　　τ 表示电路的时间常数；

　　$f(t)$ 表示电路中待求的电压或电流。

在直流激励下，一阶电路的全响应的三要素法通式为

$$f(t) = f(\infty) + [f(0_+) - f(\infty)]e^{-\frac{t}{\tau}} \qquad (4\text{-}7)$$

初始值的计算已在前面介绍过。时间常数 τ 在同一电路中只有一个值，$\tau = RC$ 或 $\tau = L/R$，其中 R 应理解为：在换路后的电路中，从储能元件（C 或 L）两端看进去的入端电阻，即戴维南等效电路中的等效电阻。

【例 4.4】如图 4.10 所示电路中，已知 $U_S = 12\text{V}$，$R_1 = 1\text{k}\Omega$，$R_2 = 2\text{k}\Omega$，$C = 10\mu\text{F}$。用三要素法求开关 S 合上后的 u_C、i_C。

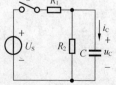

图 4.10　例 4.4 电路图

解　① 求初始值：因换路前电容没有储能，所以

$$u_C(0_+) = u_C(0_-) = 0$$

② 求稳态值：开关闭合后电路处于稳态时，电容相当于开路，所以

$$u_C(\infty) = u_{R2} = \frac{R_2}{R_1 + R_2} U_S = \frac{2}{1+2} \times 12 = 8V$$

③ 求 τ：　　$\tau = \frac{R_1 R_2}{R_1 + R_2} C = \frac{1 \times 2 \times 10^6}{(1+2) \times 10^3} \times 10 \times 10^{-6} = 6.67 \times 10^{-3}s$

④ 求 u_C、I_C：根据式（4-7）得

$$u_C = 8 - 8e^{-\frac{t}{6.67 \times 10^{-3}}} = 8(1 - e^{-150t})V$$

因电容电压与其电流为非关联参考方向，则有 $i_C = -C\dfrac{du_C}{dt}$，根据此式即对电容电压求导，

$$i_C = -C \cdot u_C' = -C[8(1 - e^{-150t})]' = 12e^{-150t}mA$$

【例 4.5】如图 4.11 所示电路中，$t = 0$ 时开关 S 由 1 投向 2，设换路前电路已处于稳态，求换路后的 u_C。

解　初始值　　　　　　　　　$u_C(0_+) = u_C(0_-) = -U_S$

换路后的稳态值　　　　　　　　$u_C(\infty) = U_S$

换路后的时间常数为

$$\tau = RC$$

根据式（4-7）得　$u_C = u_C(\infty) + [u_C(0_+) - u_C(\infty)]e^{-\frac{t}{\tau}}$

$$= U_S + (-U_S - U_S)e^{-\frac{t}{\tau}}$$

$$= U_S - 2U_Se^{-\frac{t}{\tau}}$$

【例 4.6】如图 4.12 所示电路已处于稳态，$t = 0$ 时开关 S 闭合。求换路后各支路电流。

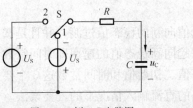

图 4.11　例 4.5 电路图

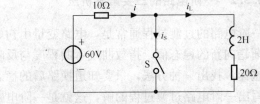

图 4.12　例 4.6 电路图

解　原稳态时电感相当于短路，初始值：$i_L(0_+) = i_L(0_-) = \dfrac{60}{10 + 20} = 2A$

换路后 i_L 的新稳态值：$i_L(\infty) = 0$

换路后的时间常数为 $\tau = \dfrac{L}{R} = \dfrac{2}{20} = 0.1s$

$$i_L = i_L(\infty) + [i_L(0_+) - i_L(\infty)]e^{-\frac{t}{\tau}} = 2e^{-10t}A$$

由图 4.12 所示电路可知，开关闭合后，右边电路直接进入稳态，其电流为

$$i = \frac{60}{10} = 6A$$

$$i_S = i - i_L = 6 - 2e^{-10t}A$$

本 章 小 结

1. 电路的过渡过程是电路由一个稳态到另一个稳态所经历的电磁过程。引起电路过渡

过程的条件是：①电路含有储能元件（动态元件）；②电路发生换路。两者缺一不可。

2. 换路定律表示换路前后电容电压和电感电流不能跃变。设换路时刻为 $t = 0$，则

$$u_C(0_+) = u_C(0_-)$$

$$i_L(0_+) = i_L(0_-)$$

3. 一阶电路：用一阶微分方程描述的电路，即含一个储能元件的电路。

零输入响应：没有外部输入的情况下，仅靠电路的初始储能所产生的响应。

零状态响应：指在无初始储能的情况下，仅依靠外部输入所产生的响应（即充电）。

全响应：既有初始储能，又受到外加激励作用所产生的响应。零输入响应和零状态响应是全响应的特例。

4. 一阶电路的直流输入情况下的三要素法通式为

$$f(t) = f(\infty) + [f(0_+) - f(\infty)]e^{-\frac{t}{\tau}}$$

$f(0_+)$ 为初始值，$f(\infty)$ 为稳态值，τ 为时间常数，合称三要素。动态元件为电容时，$\tau = RC$；动态元件为电感时，$\tau = L/R$。R 为在换路后的电路中，从储能元件（C 或 L）两端看进去的除源入端电阻。时间常数是决定响应衰减或上升快慢的物理量。

习　　题

4-1　如图 4.13 所示电路，$U_S = 10V$，$R_1 = 2k\Omega$，$R_2 = 3k\Omega$，$C = 4\mu F$，求开关 S 打开瞬间 $u_C(0_+)$，$i_C(0_+)$，$u_{R1}(0_+)$ 各为多少？

4-2　如图 4.14 所示电路，$U_S = 1V$，$R_1 = 4\Omega$，$R_2 = 6\Omega$，$L = 5mH$，求开关 S 打开后 $u_L(0_+)$，$i_L(0_+)$，$u_{R1}(0_+)$ 各为多少？

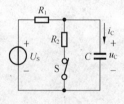

图 4.13　习题 4-1 图

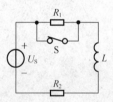

图 4.14　习题 4-2 图

4-3　如图 4.15 所示电路，开关未动前，电路已处于稳定状态。在 $t = 0$ 时，把开关由触点 1 合至触点 2，电容便向 R_2 放电。已知 $U_S = 100V$，$R_1 = 20\Omega$，$R_2 = 400\Omega$，$C = 0.1\mu F$，求电压 u_C 和电流 i_C 的表达式。

4-4　如图 4.16 所示电路，开关未动前电容电压为零。把开关由触点 1 合至触点 2，求 $u_C(t)$，$u_R(t)$。

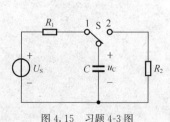

图 4.15　习题 4-3 图

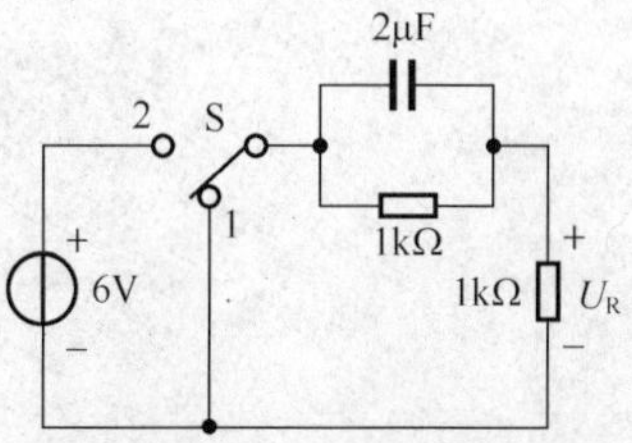

图 4.16　习题 4-4 图

4-5 如图 4.17 所示电路，$U_S = 10\text{V}$，$R_1 = 2\text{k}\Omega$，$R_2 = 4\text{k}\Omega$，$R_3 = 4\text{k}\Omega$，$L = 200\text{mH}$。开关未打开前，电路已处于稳定状态。在 $t = 0$ 时把开关打开。求开关打开后电感的电流和电压。

4-6 如图 4.18 所示电路，开关打开已久，当 $t = 0$ 时开关闭合，求 $u_C(t)$ 和电阻 $1\text{k}\Omega$ 中的电流 $i(t)$。

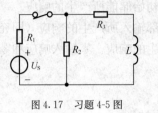

图 4.17 习题 4-5 图

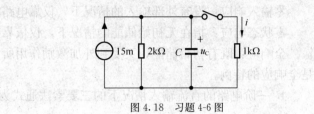

图 4.18 习题 4-6 图

第 5 章

半导体器件

半导体器件是 20 世纪中叶发展起来的新型电子器件，是构成计算机电路等现代电子设备的基本元件。本章将分别介绍半导体二极管、三极管、场效应管的结构特点、工作原理和特性参数。

5.1 半导体基本知识

1. 半导体的原子结构

导电性能介于导体和绝缘体之间的物质称为半导体。硅和锗都是制作二极管、三极管和集成电路的半导体材料。它们都是 4 价元素，即每个原子的最外层轨道上有 4 个价电子，每个价电子都与相邻原子的一个价电子形成共价键，为两个原子所共有，从而形成一种稳定的原子结构，如图 5.1 所示。

纯净的半导体晶体称为本征半导体。在室温下，本征半导体中有少数价电子挣脱共价键的束缚成为"自由电子"，并且在原来共价键处留下一个空位，这个空位称为"空穴"。空穴一出现，附近的价电子很容易被吸引过来填充，这样又形成了新的空穴。从整体上看空穴也在运动。自由电子带负电荷，空穴带正电荷。通常将可运动的带电粒子称为"载流子"，自由电子和空穴都是载流子。载流子的运动将形成电流。

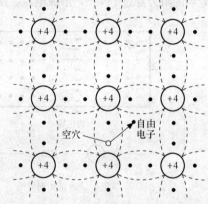

图 5.1 硅和锗的原子结构示意图

2. P 型半导体和 N 型半导体

在本征半导体中加入 3 价元素，如硼、铝等，会使半导体内部的空穴数量大大增加，它的导电能力也将大大增强，而且主要是由空穴的运动形成电流，所以空穴是多数载流子。当然还有少量的自由电子参加导电，所以自由电子是少数载流子。因为空穴是带正电的，所以将这类的掺杂半导体称为正极性半导体，简称 P 型半导体。

在本征半导体中加入 5 价元素，如磷、锑等，会使半导体内部的自由电子数量大大增加，它的导电能力也将大大增强，而且主要是由自由电子的运动形成电流，所以自由电子是多数载流子。当然还有少数空穴参加导电，所以空穴是少数载流子。由于自由电子是带负电荷的，所以将这类的掺杂半导体称为负极性半导体，简称 N 型半导体。

3. PN 结及其单向导电性

如果在一块本征半导体的两边分别掺入 3 价元素和 5 价元素，那么就会形成一边是 P 型半导体，另一边是 N 型半导体的情况。科学家发现整块半导体的性质发生了深刻的变化，在 P 型区和 N 型区的界面处出现了一个特殊的空间电荷区，它有明显的单向导电性。这一特殊的空间电荷区叫做 PN 结。现在来看看 PN 结是怎么形成的，为什么会有单向导电性。

图 5.2 所示的就是这样的一块半导体，它的右边是 N 型区，左边是 P 型区。P 区内空穴数量很多，自由电子数量极少；N 区内自由电子数量很多，而空穴的数量极少。由于两边载流子的浓度差很大，出现了相互扩散的现象。P 区的空穴扩散到 N 区，N 区的电子扩散到 P 区。由于扩散运动，在 P、N 区的交界处，N 区因失去电子而带正电，P 区因失去空穴而带负电。这样在交界面处就形成了空间电荷区，并产生了一个内电场。随着扩散的不断

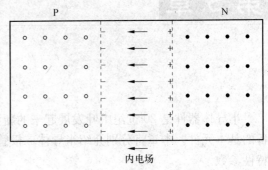

图 5.2　PN 结的形成

进行，空间电荷区变宽了，内电场也增强了。这个电场会阻碍扩散的继续进行。当内电场增强到一定强度后，P 区的空穴和 N 区的自由电子受到电场力的作用，都无法穿过空间电荷区，这时扩散也就停止了，空间电荷区达到了相对稳定状态，这就是 PN 结。

如果给 PN 结加上正向偏压，使 P 区电位高于 N 区电位，如图 5.3 所示，这时外电场的方向与内电场方向相反，外电场消弱内电场。这样在外电场的作用下，就有较多的空穴和电子克服内电场的阻力穿过 PN 结，形成电流。从外部特性来看，这时 PN 结是导电的，PN 结正向导通。

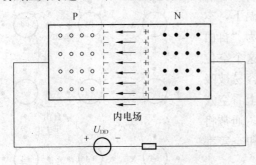

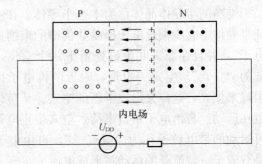

图 5.3　PN 结正向导通　　　　　　　　　图 5.4　PN 结反向截止

如果给 PN 结加反偏电压，如图 5.4 所示，P 区电位低于 N 区电位，这时外电场的方向与内电场的方向相同，外电场加强了内电场，P 区的空穴和 N 区的电子更不可能穿过 PN 结，在 PN 结中没有电荷流动，也就是说不能形成电流。从外部特性来看，这时的 PN 结是不导电的，这时 PN 结反向截止。

从上面的两种情况来看，流过 PN 结的电流只能从 P 区流向 N 区，而不可能从 N 区流向 P 区，这就是 PN 结的单向导电性。

5.2　半导体二极管

1. 二极管的结构与符号

二极管是最基本的半导体器件，从本质上说它就是一个 PN 结。从 PN 结的 P 区和 N 区

各引出一根电极，再将它用玻璃、塑料或金属外壳封装起来，就构成了一只 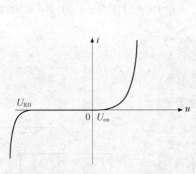 二极管。二极管的符号如图 5.5 所示，电流的方向只能按箭头的方向流动。

图 5.5 二极管的符号

2. 二极管的伏安特性

图 5.6 所示为二极管的伏安特性曲线，它描述了二极管两端电压和流过二极管电流之间的关系。

从曲线中可以看出，当正向电压很小时，二极管并不能导通，如果是硅二极管，要在外电压超过 0.5V 之后，才开始导通。在正向电压超过导通电压 $U_{on} = 0.5V$ 之后，电流随电压的增大快速增大。在二极管充分导通时，正向电压只在 0.7V 左右。如果是锗二极管，则导通电压为 0.2V 左右。充分导通时正向电压只有 0.3V 左右。当给二极管加反向电压时，反向电流极小，但当反向电压增大到某一值时，反向电流会突然增大，有可能烧坏二极管，这一现象称为反向击穿。

3. 二极管的主要参数

二极管的主要参数如下。

① 最大正向电流 I_F：指允许通过的最大电流。

② 反向击穿电压 U_{RB}：指二极管被反向击穿时，对其施加的反向电压。

③ 反向电流 I_R：理想二极管的反向电流为零。反向电流大的二极管单向导电性差。

④ 最高工作频率 F_T：当电路的工作频率超过 F_T 时，二极管失去单向导电性。

4. 二极管应用举例

【例 5.1】二极管构成门电路如图 5.7 所示，设 V_1、V_2 均为理想二极管，当输入电压 U_A、U_B 为低电压 0V 和高电压 5V 不同组合时，求输出电压 U_O 的值。

图 5.6 二极管的伏安特性曲线

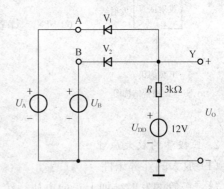

图 5.7 二极管与门电路

解：在数字电路中，常利用二极管的开关特性构成各种逻辑运算电路，如图 5.7 所示电路称为二极管与门电路，其功能是当 A、B 端均为高电压时，Y 端才有高电压，A、B 端只要有一个输入是低电压，输出就是低电压。

当 $U_A = U_B = 5V$ 时，V_1、V_2 均导通，输出高电压，即 $U_O = 5V$。

当 $U_A = 5V$，$U_B = 0V$ 时，V_2 导通后 Y 点电位为零伏，此时 V_1 反偏截止，输出电压 $U_O = 0V$。

当 $U_A = 0V$，$U_B = 5V$ 时，V_1 导通后 Y 点电位为零伏，此时 V_2 反偏截止，输电压 $U_O = 0V$。

当 $U_A = U_B = 0$ 时，V_1、V_2 正偏导通，输出电压 $U_O = 0V$。

这样就实现了与的功能。

5.3　半导体三极管

三极管是电子电路中重要的一种半导体器件，在模拟电路中常用于对电压信号进行放大或组成振荡器等。在数字电路中，开关三极管作为一种开关器件使用。

1. 半导体三极管的结构及其符号

半导体三极管是由两个对称的 PN 结构成的。图 5.8 所示为 NPN 型三极管结构示意图和符号。从图中可以看出，两个 PN 结将整个半导体分成 3 个区，中间部分叫基区，两边部分一个是发射区，一个是集电区。在制造过程中，要求基区薄，掺杂很少，发射区掺杂很多，集电区面积比较大。还有另一种组合是，基区是 N 型半导体，集电区和发射区是 P 型半导体，这种组合就叫 PNP 型三极管。PNP 型三极管与 NPN 型三极管工作原理相同，但直流电源的极性相反。以下都以 NPN 型三极管为例进行介绍。

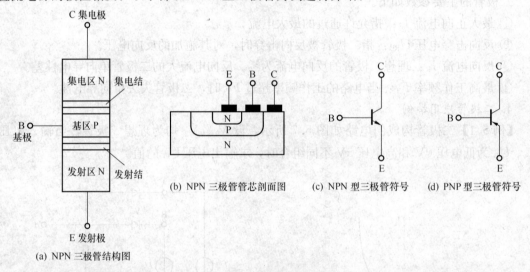

(a) NPN 三极管结构图　　(b) NPN 三极管管芯剖面图　(c) NPN 型三极管符号　　(d) PNP 型三极管符号

图 5.8　三极管的结构和符号

2. 三极管的放大原理

（1）放大的外部条件

给三极管的发射结加上正向电压，给集电结加上反向电压，这是三极管能够实现电流放大的外部条件，如图 5.9 所示。

（2）放大原理

① 发射区向基区发射电子

由于发射结加了正向电压，发射区的多数载流子自由电子在电场的作用下穿过发射结，形成电子流。同时，基区的空穴也会到达发射区，但因基区空穴的浓度很低，这个空穴电流十分微弱，忽略不记。发射极电流 I_E 主要是发射区向基区注入的电子流，电流

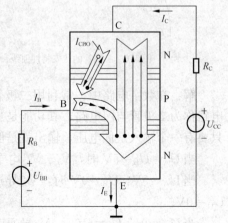

图 5.9　NPN 型三极管中载流子的
运动和各极电流

I_E 的方向与电子运动的方向相反。

② 电子在基区中复合与扩散

自由电子到达基区以后，其中很少一部分与基区的空穴复合，复合掉的空穴由电源补充，形成基极电流 I_B。因为基区掺杂很少，所以空穴数量是很少的，基极电流 I_B 也是很小的。大部分到达基区的电子因浓度差而向集电区扩散。

③ 电子被集电极收集

因集电结加反向电压，阻止集电区的电子向基区扩散，但会把基区扩散过来的电子拉过集电结，形成集电极电流 I_C。

从以上分析可知，3 个电极的电流之间有如下关系，即基极电流与集电极电流之和等于发射极电流。

$$I_E = I_B + I_C \tag{5-1}$$

除了这一数量上的关系之外，三个电流之间还有更深一层的关系，这就是：对于每一个具体的三极管来说，三个电流之间还存在着确定的比例关系。

$$I_C = \beta I_B \tag{5-2}$$

β 为共射极电流放大系数。通常 β 值为几十到一百多。

举例说明，假设有一个处于放大状态三极管，测得基极电流 $I_B = 0.02\text{mA}$，集电极电流 $I_C = 1\text{mA}$，根据式（5-1）可知，它的发射极电流为 1.02mA。计算出电流放大系数为

$$\beta = \frac{I_C}{I_B} = \frac{1}{0.02} = 50 \tag{5-3}$$

在这一情况下，如果设法让基极电流扩大一倍，达到 0.04mA，那么集电极电流也会跟着扩大一倍达到 2mA，发射极电流也扩大一倍达 2.04mA。显然，各电流大小之间的比例仍然没有变化。因为 β 是基本不变的。

由于三极管的这一重要特性，用某种方法控制基极电流的较小变化，就可以控制集电极电流或发射极电流的较大变化。从上述例子看，基极电流从 0.02mA 增加到 0.04mA，I_B 的变化量是 0.02mA，集电极电流从 1mA 增加到 2mA，I_C 的变化量是 1mA，是基极电流变化量的 50 倍。发射极电流从 1.02mA 增加到 2.04mA，变化量达 1.02mA，是基极电流变化量的 51 倍。这种用小电流控制大电流的现象通俗地称为三极管的电流放大作用。在上述例子中，可以说基极电流被放大了 50 倍。

3. 三极管的输入、输出特性曲线

下面以应用最广的共发射极电路为例来分析三极管的输入、输出特性。电路如图 5.10（a）所示。共发射极电路的输入端是基极和发射极，也就是说输入信号是加在发射结上的。输入特性指的是输入端电压 u_{BE} 与输入电流 i_B 之间的变化关系。

因为三极管的发射结就是一个 PN 结，所以它的输入特性就等同于 PN 结的特性，也就是前面讲到的二极管的伏安特性。PN 结正向偏置时导通，反向偏置时截止。但要注意，当正向偏置很小时，PN 结处于死区状态，仍不导通。只有当正向偏置电压大于 0.5V（硅管）或 0.2V（锗管）以后才导通。在导通区内，偏置电压越大，通过的电流也越大。电流随电压的变化非常快，如图 5.10（b）所示。

共发射极电路的输出端是集电极和发射极，输出特性指集-射之间的电压 u_{CE} 与集电极电流 i_C 之间的关系。

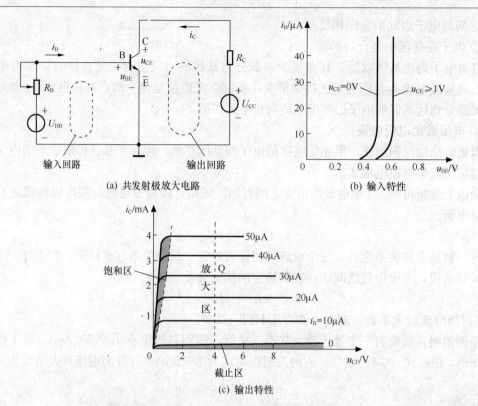

图 5.10　NPN 型三极管共发射极电路特性曲线

　　由于基极电流对集电极电流的影响很大，因此，必须先确定一个 i_B 值，然后来研究 u_{CE} 与 i_C 之间的关系。比如 $i_B = 10\mu A$，如图 5.10（c）所示。

　　实验证明，当 u_{CE} 从 0 开始增大时，i_C 随着 u_{CE} 的变化也从 0 开始增大，在这一区域内 i_C 主要受 u_{CE} 的控制，称之为饱和区。

　　当 u_{CE} 超过 1V（严格说对硅管约 0.7V，对锗管约 0.3V）以后，随 u_{CE} 的继续增大，i_C 却不再增大。它保持在一个稳定的值，这个值是 i_B 的 β 倍。只要 i_B 不变，i_C 就不变。若改变 i_B，则 i_C 也随之改变。但 i_C 和 i_B 之间总是保持 $i_C = \beta i_B$ 的关系。显然，在这一区域里，i_C 基本不受 u_{CE} 的影响，而只受 i_B 的控制，称之放大区。

　　显然对应于每一个 i_B 值，都可以画出一根输出特性曲线，那么，对应于一系列 i_B 值，就可以画出一组曲线，构成有规律的曲线组。图 5.10（c）所示为典型的三极管输出特性曲线。输出特性曲线可以体现三极管的基本特性，对认识三极管有极大的意义。

　　从输出特性曲线可以看出三极管的 3 个工作区域，u_{CE} 小于 1V 的范围是饱和区。在饱和区内，u_{CE} 的变化对 i_C 影响很大。对应于 $i_B = 0$ 的输出特性曲线以下部分，是截止区。在截止区内，无论 u_{CE} 怎样变化，i_C 的值都很小。在饱和区和截止区之间的部分是放大区，在放大区内 i_C 受 i_B 的控制。在模拟电路中要求三极管工作在放大区，在数字电路中三极管多工作在饱和区和截止区。

　　4. 三极管的主要参数

　　（1）主要性能参数

　　① 共发射极电流放大系数 β

电流放大系数是三极管的重要参数，它体现了三极管的放大能力。在使用中一般希望 β 大一些，但也不是越大越好，β 值太大，三极管性能不稳定，通常在 100 左右。

② 集-射极穿透电流 I_{CEO}

这是衡量三极管质量的一个重要参数，越小越好。

（2）极限参数

① 集电极最大允许电流 I_{CM}

这是三极管的重要极限参数之一。在使用过程中，必须保证集电极电流不超过 I_{CM} 值。

② 集-射击穿电压 $U_{(BR)CEO}$

这是三极管的极限参数。当 $u_{CE} > U_{(BR)CEO}$ 时（B 极开路）管子容易被击穿。$U_{(BR)CEO}$ 是在 B 极开路情况下测出的。

③ 最大功率·P_{CM}

这也是三极管的极限参数。P_{CM} 等于集射之间的电压 U_{CE} 与电流 I_C 的乘积，即 $P = U_{CE}I_C$。

这一功率损耗将转化为热量，使三极管集电结温度升高，当功率损耗超过这一数值时，可能因温度过高而导致三极管损坏。

④ 特征频率 f_T

当工作频率增高时，β 值会下降。在工作频率达到 f_T 时，$\beta = 1$，三极管失去放大能力。

⑤ 集电极—发射极饱和压降 U_{CES}

三极管工作在饱和状态时，C、E 两端的电压。通常越小越好。一般硅管的 U_{CES} 约为 0.3V。

（3）开关时间参数

三极管作为开关运用时，饱和与截止两种工作状态的互相转换不可能瞬间完成。由于有电荷积累和消散的过程，因而需要一定的开关时间。开关时间的存在，限制了三极管的开关工作速度，开关时间越短，三极管工作速度越高。开关时间共有 4 个时间参数。

① 延迟时间 t_d：从输入正脉冲作用的瞬间开始到集电极电流 i_C 上升到 $0.1I_{C(max)}$ 所需的时间，如图 5.11 所示。

② 上升时间 t_r：集电极电流 i_C 从 $0.1I_{C(max)}$ 上升到 $0.9I_{C(max)}$ 所需时间。

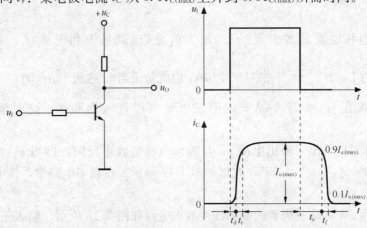

图 5.11 三极管的开关时间

③ 存储时间 t_s：从输入正脉冲结束的时刻算起到 i_C 下降到 $0.9I_{C(max)}$ 所需的时间。

④ 下降时间 t_f：集电极电流 i_C 从 $0.9I_{C(max)}$ 下降到 $0.1I_{C(max)}$ 所需要的时间。

通常 t_d 较小，t_s 随饱和深度而变化。当饱和较深时，与 t_d、t_s、t_f 相比，t_s 时间最长，成为影响工作速度的主要因素。t_d 与 t_r 之和称为开启时间，t_s 与 t_f 之和称为关闭时间。

在以下两个例子中，三极管分别应用在数字及模拟电路中。

【例 5.2】 由 2N5550 组成的三极管开关电路如图 5.12 所示。输入信号 u_I 是幅值为 5V、频率为 1kHz 的脉冲电压信号。已知 $\beta = 100$，三极管饱和时 $u_{BE} = 0.7V$、$u_{CE} = 0.25V$。试分析电路的工作状态和输出电压的波形。

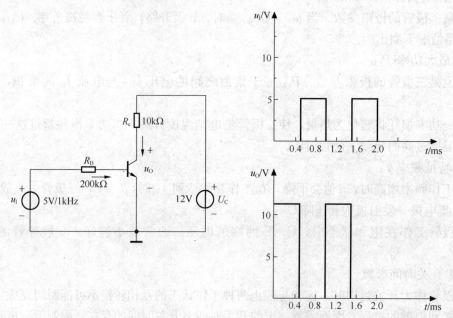

图 5.12   三极管开关电路及电压波形

解   在 u_I 分别为低电平 0V 及高电平 5V 两种情况下进行分析：

(1) $u_I = 0V$ 时，$i_B = 0$ $i_C = 0$ $u_O = U_C - i_C R_C = U_C = 12V$（高电平）

(2) 当 $u_I = 5V$ 时 $i_B = \dfrac{5 - 0.7}{200} = 21.5\mu A$

三极管的饱和电流是多少呢？i_C 的最大值是（也就是饱和电流）$I_{CS} = \dfrac{12 - 0.25}{10} = 1.2mA$，相应的 $I_{BS} = \dfrac{I_{CS}}{\beta} = \dfrac{1.2mA}{100} = 12\mu A$。也就是说当 i_B 达到 $12\mu A$ 时，三极管就工作在饱和状态了。现在 $i_B = 21.5\mu A$，说明三极管早以进入饱和区。这时输出电压 $u_O = 0.25V$（低电平）。

从以上计算可以看出，输出电压 u_O 与输入电压的波形反向，即当 $u_I = 0V$ 时，$u_O = 12V$，当 $u_I = 5V$ 时，$u_O = 0.25V$，波形如图 5.12 所示。在数字电路中，该电路成为反向器或非门。

【例 5.3】 由 2N5550 三极管组成的线性放大电路如图 5.13 所示。输入信号 u_I 为正弦交流电压，其幅值为 0.2V，频率为 50Hz，叠加在 3V 的直流电压上。已知 $\beta = 100$，取 $U_{BE} = $

0.7V，$U_{CES} = 0.25$V。试分析电路的工作状态和输出电压的波形。

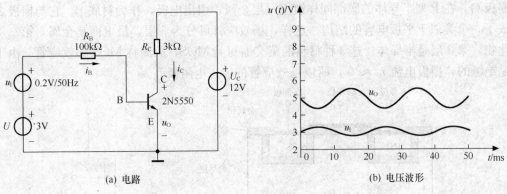

(a) 电路　　　　　　　　　　　　　　(b) 电压波形

图 5.13　例 5.2 图

解　以下分 3 种情况讨论电路的工作状态：

① 当 $u_1 = 0$ 时，$i_B = \dfrac{3 - 0.7}{100} = 23\mu A$，$i_C = \beta i_B = 100 \times 23 = 2.3$mA

$$u_O = U_C - i_C \times R_C = 12 - 2.3 \times 3 = 5.1\text{V}$$

② 当输入电压为负最大时，$u_1 + U = -0.2 + 3 = 2.8$V，由于 $2.8 > 0.7$，所以三极管仍然处于导通状态。

$$i_B = \frac{2.8 - 0.7}{100} = 21\mu A，\quad i_C = 100 \times 21 = 2.1\text{mA}$$

$$u_O = 12 - 2.1 \times 3 = 5.7\text{V}$$

③ 当输入电压为正最大时，$u_1 + U = 0.2 + 3 = 3.2$V，

$$i_B = \frac{3.2 - 0.7}{100} = 25\mu A，\quad i_C = 100 \times 25 = 2.5\text{mA}$$

$$u_O = 12 - 2.5 \times 3 = 4.5\text{V}$$

可见，三极管始终处于放大区。输入电压的变化幅度为 0.2V，输出电压的变化幅度为 0.6V（5.7V~5.1V，或 5.1V~4.5V），输入电压被放大了 3 倍。并且输出电压与输入电压反向，即输入电压最大时输出电压最小为 4.5V，输入电压最小时输出电压最大为 5.7V。

5.4　场　效　应　管

前节所介绍的三极管，因其内部有两种载流子参与导电（空穴和电子），故也叫双极型三极管。少数载流子的漂移运动受温度、光照及核辐射的影响较大，所以双极型三极管的温度特性较差。与之对比，场效应管是一种单极型半导体器件，其内部只有一种载流子（多子）进行导电，由于多子的浓度受温度、光照及核辐射等外部因素影响较小，因此这种器件的温度特性较好。场效应管分为 J 型和 MOS 型两大类。前者主要用于模拟电路中的放大、运算放大器的输入级等。本节主要介绍用于数字集成电路的增强型 MOS 场效应管。

1. N 沟道增强型 MOS 场效应管的结构与符号

MOS 场效应管的结构与符号如图 5.14 所示。在一块低掺杂的 P 型半导体表面上加工两块高掺杂的 N 区，并分别引出电极，一个是源极 S，另一个是漏极 D。在两个 N 区中间的

硅片表面制作一层二氧化硅绝缘层。在二氧化硅表面上再镀上一层金属并引出电极，作为控制栅极 G。在 P 型半导体的底部同样镀上一层金属，引出电极，作为衬底 B。它与栅极之间形成了一个类似于平板电容的结构。这样，场效应管可分为 3 层，最上面是金属，第二层是氧化物，第 3 层是半导体。这 3 种材料的英文缩写为 MOS，故简称 MOS 场效应管。由于栅极是绝缘的，栅极电流 $i_G \approx 0$，所以场效应管的输入电阻极高。

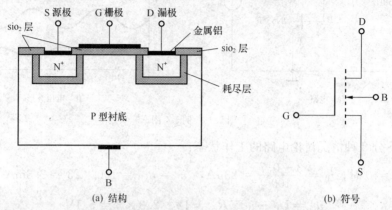

图 5.14　增强型 N 沟道 MOS 场效应管的结构与符号

2. N 沟道增强型 MOS 场效应管的工作原理

由图 5.14 可见，D、S 之间是两个背靠背的 PN 结，因此，当 GS 之间不加电压时，无论在 D、S 之间加正电压还是负电压，总有一个 PN 结反偏，DS 之间无电流通过。

（1）栅极电压 u_{GS} 对沟道的影响

在栅极与源极之间加上正向电压 u_{GS} 时，在二氧化硅绝缘层中，产生一个垂直向下的电场，这个电场把 P 型衬底内的电子向上吸引，空穴向下排斥，形成耗尽层。当 u_{GS} 增大到某一临界值时，有更多的电子进入二氧化硅和耗尽层之间，形成电子薄层连接源极和漏极，即该电子薄层使得源极和漏极之间形成了一条 N 型的导电沟道。当 $u_{GS} = U_T$ 时，刚开始形成 N 沟道。U_T 称为开启电压。

当栅极电压 u_{GS} 越高，被吸引的电子越多，沟道越宽。也就是说，改变栅极电压 u_{GS} 的大小就能改变导电沟道的宽窄。

（2）源极电压 u_{DS} 对沟道的影响

当 u_{DS} 较小时，沟道上的各点电位相差不大，沟道宽度基本均匀，所以沟道电阻基本固定，此时，漏极电流 i_D 随 u_{DS} 线性增长。

当 u_{DS} 较大时，沟道上各点电位有较大的差别，靠近漏极的地方因漏极电位增加，使栅、漏间电位差 U_{GD} 减小。靠近漏极的地方电场减小，使沟道变窄。在源极处的沟道宽度不变。可见，u_{DS} 的影响是使沟道变成靠近源极处宽，靠近漏极处窄的不均匀分布（如图 5.15 所示）。若继续增大 u_{DS}，当 $U_{GD} = U_T$ 时，靠近漏极的沟道开始夹断，若 u_{DS} 继续增大，使 $U_{GD} < U_T$，漏极电流 i_D 基本不随 u_{DS} 变化。

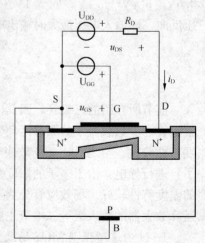

图 5.15　u_{DS} 对增强型 NMOS 管导电沟道的影响

总之，u_{DS} 变化对沟道的影响是使沟道宽度不均匀，u_{GS} 变化对沟道的影响是改变沟道的宽度，当加上一定的 u_{DS}（$u_{DS} > u_{GS} - U_T$）时，改变栅极电压 u_{GS}，就能控制漏极电流 i_D 的大小。

3. N 沟道增强型 MOS 场效应管的特性曲线

（1）转移特性曲线

转移特性曲线描述的是栅极电压 u_{GS} 对漏极电流 i_D 的控制特性。横轴表示 u_{GS} 的变化，纵轴表示 i_D 的变化，前提是 u_{DS} 保持在某一确定值。从图 5.16 中可以看出，当 u_{GS} 从 0V 增加到 2V 时，i_{DS} 仍然为 0，说明导电沟道尚未形成。当 $u_{GS} > 2V$ 以后，开始出现 i_D。所以开启电压为 2V。

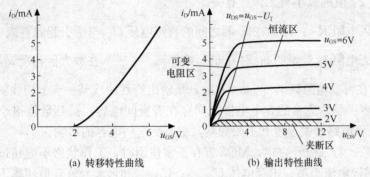

(a) 转移特性曲线　　　(b) 输出特性曲线

图 5.16　场效应管的伏安特性曲线

（2）输出特性曲线

输出特性曲线描述源漏之间的电压 u_{DS} 与漏极电流 i_D 之间的关系。每一个 u_{GS} 值对应一条曲线。当 u_{DS} 较小时，u_{DS} 对 i_D 的控制能力比较强，称之为可变电阻区，沟道电阻受 u_{GS} 的控制。由输出特性曲线图 5.16 可以看出，每条曲线有不同的斜率，也就是有不同的电阻。当 u_{DS} 大于某值后，u_{DS} 就对 i_D 不再起控制作用了，这个区域叫恒流区。在恒流区内 i_D 只受 u_{GS} 的控制。恒流区也叫放大区。

4. 其他类型的场效应管简要介绍

（1）N 沟道耗尽型场效应管

耗尽型 MOS 场效应管在制造时，预先在二氧化硅绝缘层中掺入大量的正离子，由于这些正离子的存在，将产生一个足够强的电场，来吸引更多的电子，即使在 $u_{GS} = 0$ 时，已经存在原始导电沟道。如果 $u_{GS} < 0$，外电场将削弱正离子产生的电场，沟道变窄。如果 $u_{GS} > 0$，外电场将加强正离子产生的电场，沟道变宽。因此这种场效应管的栅极电压可以为正，可以为负，也可以为零。

（2）P 沟道增强型

用 N 型硅片做衬底，扩散出两个 P 区，一个源极，一个漏极。加负栅压（低于开启电压）形成 P 沟道。栅压越负，沟道越宽。由于空穴载流子的迁移率约为电子迁移率的一半，故 PMOS 管的工作速度较 NMOS 工作速度低。使用时注意 P 沟道与 N 沟道相比电压极性相反。

（3）P 沟道耗尽型

P 沟道耗尽型与 P 沟道增强型结构相似，不同之处是在二氧化硅绝缘层中加入负离子，因而具有原始沟道。P 沟道耗尽型场效应管较难于制造，在数字集成电路中很少采用。

5. MOS 场效应管的主要参数和应用举例

MOS 场效应管的主要参数如下。

① 开启电压 U_T：表征开始有输出电流时的栅-源电压，是增强型场效应管的重要参数。

② 夹断电压 U_P：表征输出电流减小到接近零时的栅-源电压，是耗尽型场效应管的重要参数。

③ 饱和漏极电流 I_{DSS}：表征零栅-源电压时的原始沟道导电能力。是在栅-源极短路时，漏-源电压大于夹断电压时的沟道电流。是耗尽型管子的参数。

④ 跨导 g_m：表征器件放大能力的重要参数。它反映了输入电压对输出电流的控制灵敏度 $g_m = \dfrac{\Delta i_D}{\Delta u_{GS}}$，$g_m$ 值的大小与工作点有关。

⑤ 直流输入电阻 R_{GS}：即加在栅-源之间的直流电压 U_{GS} 与所引起的直流 I_G 之比。

⑥ 漏源动态电阻 r_{ds}：说明 u_{DS} 对 i_D 的影响即 $r_{ds} = \dfrac{\Delta u_{DS}}{\Delta i_D}$ 在放大区 i_D 受 u_{DS} 的影响很小，所以 r_{ds} 很大。在可变电阻区 r_{ds} 与 u_{GS} 有关，是输出特性曲线某一点上切线斜率的倒数。

⑦ 极间电容：场效应管的 3 个电极之间存在着极间电容，虽然数值很小，约在皮法数量级，而 MOS 管电路开关速度和上限频率，主要受这些电容的影响。

⑧ 极限参数：与三极管一样，MOS 管在正常使用时，工作状态不应超过极限参数，它们通常是最大漏极电流 I_{DSM}、击穿电压 $U_{(RB)GS}$、$U_{(RB)DS}$ 和最大允许耗散功率 P_{DSM} 等。

【例 5.4】 NMOS 场效应管构成反向器，如图 5.17 所示。该管子的特性如图 5.16 所示，其主要参数为 $U_T = 2V$、$g_m = 1.2 mA/V$、在 U_{GS} 为 5V 时，r_{ds} 为 600Ω，输入脉冲电压幅值为 5V，频率为 1kHz。试分析电路的工作状态及输出电压 u_O 的波形。

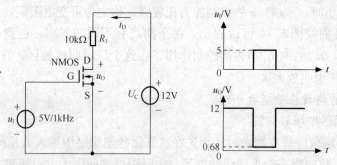

图 5.17 NMOS 场效应管构成反向器

解 分以下两种情况讨论电路的工作状态。

① $u_I = 0V$，这时由于 $u_{GS} < U_T(2V)$ 管子工作在截止状态，$i_D = 0$，$u_O = 12 - i_D R_1 = 12V$

② $u_I = 5V$，由于 $u_{GS} > U_T(2V)$ 管子工作在可变电阻区或恒流区。假设其工作在恒流区 $u_O = U_C - i_D R_1 = U_C - g_m u_{GS} R_1 = 12 - 1.2 \times 5 \times 10 = 12 - 60 < 0$，因电路中没有负电源，故 u_O 不会小于零，可认为管子工作在可变电阻区。从前面讨论可知，当 $U_{DS} > U_{GS} - U_T = 3V$ 时，管子工作在恒流区（也叫放大区），故 u_{DS}（即 u_O）的值应在 $0V \sim 3V$ 之间。用 r_{ds} 值估算 u_{DS} 值如下：

$$u_O = u_{DS} = \frac{r_{ds}}{r_{ds} + R_1} U_C = \frac{600}{600 + 10000} \times 12 \approx 0.68V$$

本 章 小 结

1. P 型半导体和 N 型半导体结合在一起形成 PN 结，PN 结具有单向导电性。二极管是一个 PN 结构成的。二极管分为硅管和锗管两种类型。硅管的导通电压约为 0.5V，管子导通后管压降约为 0.7V。锗管的导通电压约为 0.2V，导通后管压降约为 0.3V。二极管在模拟电路中常作为整流元件或非线性元件使用，在数字电路中，常作为开关元件使用。

2. 晶体三极管是一种电流控制器件，即基极电流的较小变化，可以控制集电极电流或发射极电流的较大变化，这正是三极管能够实现放大的根本原因。

三极管有 3 种不同的工作状态：放大状态、截止状态和饱和状态，对应于输出特性曲线上的 3 个不同的区域：放大区、截止区和饱和区。处于放大状态的三极管工作在放大区，常用于模拟电路；处于开关状态下的三极管工作在截止区和饱和区，常用于数字电路。

三极管工作在放大状态的条件是：发射结正偏，集电结反偏；三极管工作在饱和状态的条件是：发射结和集电结均正偏；三极管工作在截止状态的条件是：发射结和集电结均反偏。

对于 NPN 型三极管来说，可以用下面的方法来判断三极管的工作状态：当 $U_C > U_B > U_E$ 时，工作于放大区；当 $U_B > U_C > U_E$ 时，工作于饱和区；当 $U_C > U_E > U_B$ 时，工作于截止区。

3. MOS 场效应管是一种电压控制器件，即依靠栅源电压 u_{GS} 的变化来控制漏极电流 i_D 的变化。MOS 场效应管输入电阻很高，约为 $10^9 \Omega \sim 10^{12} \Omega$，输入电流基本为 0。

MOS 管的工作状态也分为 3 种，对应输出特性曲线的可变电阻区、恒流区和截止区。

对于增强型 NMOS 管来说，当 $u_{GS} < U_T$ 时，管子截止，$i_D \approx 0$。当 $u_{GS} \geqslant U_T$ 时，管子导通，此时，若 u_{DS} 很小，则工作于可变电阻区，D、S 之间相当于一个小值电阻 r_{ds}，r_{ds} 随 u_{GS} 的大小而变化；若 u_{DS} 值较大，则工作于恒流区，i_D 不随 u_{DS} 而变化，而仅受 u_{GS} 的控制。处于放大状态的 MOS 管常工作在恒流区。工作在开关状态的 MOS 管常工作在截止区和可变电阻区。

习 题

5-1　PN 结是怎样形成的？

5-2　怎样加电压使二极管导通？怎样加电压使二极管截止？

5-3　共发射极三极管电路的放大作用是如何实现的？

5-4　如何判断三极管工作状态？

5-5　三极管的开启时间和关闭时间指什么？

5-6　如何判断增强型 NMOS 场效应管的工作状态？

5-7　MOS 场效应管的跨导 g_m 是如何定义的？

5-8　MOS 场效应管的输入电阻有何特点？漏源动态电阻 r_{ds} 有何特点？

5-9　N 型半导体中的多数载流子是_____。

5-10　PN 结具有_____导电性。

5-11　硅二极管的导通电压 U_{on} 约为_____，导通后的管压降约为_____。

5-12　三极管是一种电_____控制器件。

5-13　对 NPN 型硅三极管来说，截止区：$u_{BE}<$ _____ $i_B=$ _____ ，$i_c=$ _____ ；在放大区：$u_{BE}=0.7V$ ，U_C _____ U_B ，$i_C=$ _____ i_B ；在饱和区；$u_{BE}=0.7V$ ，$u_{CE}=$ _____ ，$i_{BS}>$ _____ ；U_C _____ U_B 。

5-14　场效应管是一种电 _____ 控制器件。

5-15　场效应管的直流输入电阻 R_{GS} 约为 _____ ，栅极电流 $I_D=$ _____ 。

5-16　对增强型 NMOS 场效应来说，在截止区：u_{GS} _____ U_T ，$i_D=$ _____ ；在恒流区；u_{GS} _____ U_T 且 u_{DS} 值比较 _____ ，电流 i_D 受 _____ 控制，基本上与 _____ 无关，r_{ds} 值很 _____ ；在可变电阻区 u_{GS} _____ U_T 且 u_{DS} 值比较 _____ ，r_{ds} 比较小约几百欧姆。

5-17　判断图 5.18 所示电路中二极管 D_1、D_2 的通断，设二极管正向导通压降为 0.7V，求 A 点对地的电位 U_A。

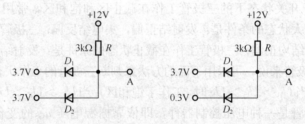

图 5.18　习题 5-17 图

5-18　电路如图 5.19 所示，已知管子导通压降为 0.7V，$U_{CES}=0.3V$，$\beta=100$。u_I 幅值为 5V、频率为 1kHz 的脉冲电压。

试分析　① 电路在 $u_I=0$ 和 $u_I=5V$ 时的工作状态（截止，饱和，放大）；

② 若 R_B 值不变，求电路工作在临界饱和区时 R_C 最小值；

③ 若固定 R_C 值不变，求电路工作在临界饱和区时 R_B 最大值。

5-19　已知一个增强型 NMOS 管的转移特性和漏极特性曲线如图 5.20 所示，

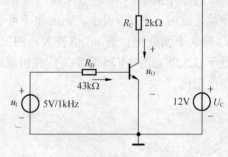

图 5.19　习题 5-18 图

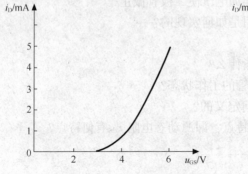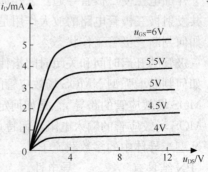

图 5.20　习题 5-19 图

求　① 管子的开启电压 $U_T=$?

② 在恒流区，估算当 u_{GS} 从 5V 变到 5.5V 时，管子的跨导值 g_m。

③ 对于 $u_{GS}=6V$，u_{DS} 大约为何值时，管子由可变电阻区进入恒流区。

在可变电阻区，取 $u_{GS}=6V$，估算漏源动态电阻。

第 6 章

基本放大电路

基本放大电路是指由一个三极管所构成的简单放大电路。它由三极管、直流电源、电阻和电容等电子元器件组成，其作用是将微弱的电信号放大为较强的电信号。它是组成各种电子设备的基本单元，广泛应用于电子电路中。本章对三极管基本放大电路进行分析。

6.1 基本放大电路的组成及工作原理

处于放大电路中的三极管必须工作在放大区，因此，放大电路必须满足三极管的放大条件。即必须保证发射结加正向电压、集电结加反向电压。对 NPN 型三极管来说，集电极电位应高于基极电位，基极电位应高于发射极电位。同时 I_C 与 I_B 的关系满足：$I_C = \beta I_B$。

1. 共发射极放大电路的组成

电路中各元件的作用如下。

① 三极管是放大电路的核心元件，起电流放大作用。

② 电源 U_{CC} 为发射结提供正偏电压，为集电结提供反偏电压和放大电路所需要的能源。

③ 基极偏置电阻 R_B：调整 R_B 可获得适当的基极偏置电流。

④ 集电极电阻 R_C：将集电极 I_C 的变化转换成集一射之间的电压 u_{CE} 的变化。

⑤ 电容 C_1、C_2 的作用是隔直通交。隔直是隔断放大

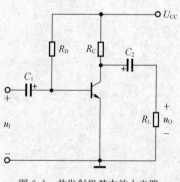

图 6.1 共发射极基本放大电路

器与信号源之间、放大器与负载之间的直流通路，以避免互相影响而改变各自的工作状态；通交是让交流信号顺利通过。

2. 共发射极放大电路的工作原理

（1）直流工作情况

如图 6.2 所示，设 $U_{BB} = 0.6V$，$U_{CC} = 9V$，发射结正偏，集电结反偏，三极管处于放大状态，$I_C = \beta I_B$。如果 U_{BB} 发生变化，将会引起 I_B 的变化，I_C 也将跟随 I_B 发生变化。

关于电流、电压符号的说明：在放大电路中同时存在着直流量、交流量。在分析时经常要将直流量、交流量、交流直流的叠加量分别来考虑。为了表示电压、电流的不同含义，对符号用法作如下规定：大写字母大写下标，表示直流量，如 I_B，U_{CE} 分别表示基极直流电流、集—射极之间的直流电压；小写字母小写下标，表示交流量，如 i_b，u_{ce} 分别表示基极交流电流、集—射极之间的交流电压；用小写字母大写下标表示总量，即交流量与直流量的叠加，如 $i_B = i_b + I_B$。

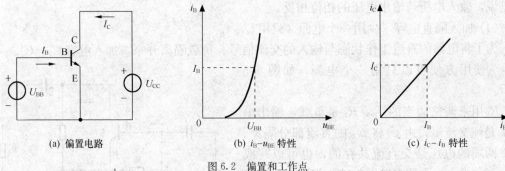

(a) 偏置电路　　　　　　　(b) i_B-u_{BE} 特性　　　　　　　(c) i_C-i_B 特性

图 6.2　偏置和工作点

（2）加入交流输入信号 u_1，如图 6.3（a）所示。

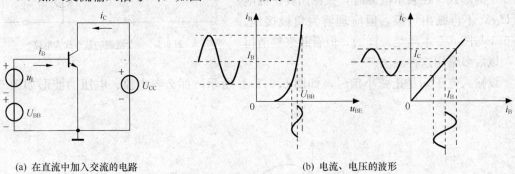

(a) 在直流中加入交流的电路　　　　　　　(b) 电流、电压的波形

图 6.3　加入交流的电路和电流、电压的波形

　　输入电压作用于三极管的发射结上，使三极管的基极电流 i_B 随输入电压而变化，如图 6.3（b）所示，相应的 i_C 也随 i_B 变化，而且 i_C 的变化比 i_B 大的多（β 倍）。i_C 与 i_B 的波形一样，可以认为 i_C 是 i_B 的像。把 i_C 作为输出电流，i_B 作为输入电流，可以说 i_B 被放大了 β 倍。这里，放大过程实际上是电流的控制过程，即用 i_B 来控制 i_C（当然 i_B 的变化是由 u_1 引起的）。当 i_B 增大时要求电源 U_{CC} 多供电，提供更大的 i_C；当 i_B 减小时，要求 U_{CC} 少供电，提供较小的 i_C。注意 u_{BE} 是以 U_{BB} 为中心进行变化的，如果不加 U_{BB}，当 $u_1 > 0.5V$，才有 i_B，这将使 i_C 严重失真。i_B、i_C 都是在直流的基础上变化的。

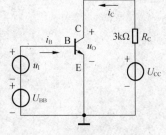

　　（3）将变化的电流 i_C 转换成变化的电压 u_O（如图 6.4 所示）。

　　在输出回路中接入电阻 R_C，在 R_C 上将会有电压的变化（$\Delta i_C R_C$），相应的输出电压 $u_{CE} = u_O$ 也会跟着变化，u_{CE} 的变化量也是 $\Delta i_C R_C$。下面举例说明：

图 6.4　双电源基本放大电路

　　① 设静态时（$u_1 = 0$）$I_C = 2mA$，$R_C = 3k\Omega$，$U_{CC} = 12V$。$u_{CE} = U_{CC} - I_C R_C = 12 - 2 \times 3 = 6V$。

　　② 设 当 u_1 正最大时，i_B 最大，i_C 也最大为 $3mA$，那么，$u_{CE} = 12 - 3 \times 3 = 3V$。

　　u_1 最小时，i_B 最小，i_C 也最小为 $1mA$，那么，$u_{CE} = 12 - 1 \times 3 = 9V$。

即，u_{CE} 是在 6V 的基础上变化的，最大为 9V，最小为 3V。这个变化量比 u_1 要大许多倍，也可以说输入电压 u_1 被放大了，这就是电压放大的基本原理。由以上分析可以看出：当 u_1 增大时，i_B 增大，i_C 增大（从 2mA 增大到 3mA），但 u_{CE} 是减小的（从 6V 减小到 3V）；当 u_1 减小时，i_B 减小，i_C 减小（从 2mA 减小到 1mA），但 u_{CE} 是增大的（从 6V 增大到 9V）。也就是说，输入电压与输出电压的相位相反。

（4）加入隔直电容，少用一个电源（只用U_{CC}）。

为了将电路的直流工作状态与输入的交流信号、负载隔离开来，加入电容C_1、C_2。

为使用方便可以只用一个电源，如图 6.5 所示。

R_B用来调整适当的I_B。R_L是负载，输出电压u_0是纯交流量，由C_2将u_{CE}的直流部分隔掉。c、e 两端的电压是交直流共存的，也可以写成$u_{CE}=U_{CE}+u_{ce}$。为使电路图整洁，将图 6.5 画成图 6.1 的形式。在表示电源时，只标出其正极电压U_{CC}，不再画出负极，但应理解为负极接地。图 6.1 与图 6.5 本质是一样的，但看起来整洁得多，以后多采用这种画法。

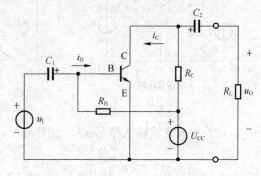

图 6.5　一个电源的基本放大电路

设输入电压u_1是正弦小信号，如图 6.6（a）所示，那么各电流、电压的波形如图 6.6 所示。

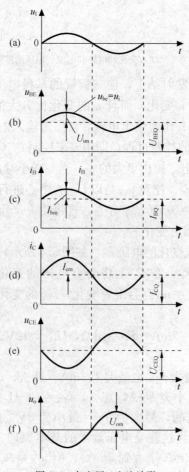

图 6.6　各电压、电流波形

6.2　图解分析法

利用三极管的特性曲线，运用作图分析放大电路性能的方法称为图解法。图解法可以对放大电路的静态工作点以及电压、电流的波形进行直观分析。

1. 直流图解分析

(1) 画出图 6.7 所示的直流通路。

对直流来说电容相当于开路，如图 6.7 (a) 所示。

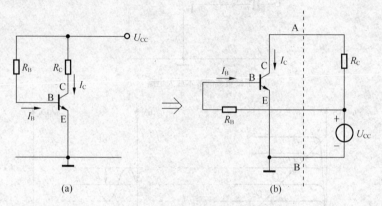

图 6.7　直流通路

无信号输入时，放大电路仅在直流电源的作用下产生直流电流，因而，称电路工作在直流状态，又叫静态。静态时的基极电流可按下面公式进行估算：

$$I_{BQ} = \frac{U_{CC} - 0.7}{R_B} \qquad (6\text{-}1)$$

(2) 画出如图 6.8 所示的直流负载线。

图 6.7 (b) 虚线 AB 的左边是三极管的输出端，U_{CE} 与 I_C 的关系就是三极管的输出特性，如图 6.8 所示。

从图 6.7 (b) 虚线向右看，U_{CE} 与 I_C 的关系满足下式：

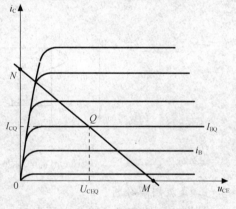

图 6.8　直流负载线

$$U_{CE} = U_{CC} - I_C R_C \qquad (6\text{-}2)$$

式 (6-2) 是反映 U_{CE} 和 I_C 关系的直线方程式，可将其描述的直线与三极管输出特性曲线作于同一坐标中。通过式 (6-2) 找出该直线的两个特殊点。

M 点：当 $I_C = 0$ 时，$U_{CE} = U_{CC}$，M 的坐标为 $(U_{CC}, 0)$。

N 点：当 $u_{CE} = 0$ 时，$I_C = \dfrac{U_{CC}}{R_C}$，N 点的坐标为 $\left(0, \dfrac{U_{CC}}{R_C}\right)$。

连接 M，N 的直线叫直流负载线。图 6.7 (b) 中放大电路的输出回路是一个整体，U_{CE} 和 I_C 之间的即满足三极管输出特性的变化规律，又满足直流负载线方程。因而，直流负载

线和静态 I_{BQ} 对应的那条输出特性曲线的交点，叫静态工作点。该点用 Q 表示。所以也叫 Q 点，如图 6.8 所示。从图中可以找出 Q 的坐标（U_{CEQ}，I_{CQ}）。工作点 Q 的位置很重要，当加入输入信号时，i_B 将以 I_{BQ} 为中心随输入信号而变化，i_C 以 I_{CQ} 为中心而变化，而输出电压将以 U_{CEQ} 为中心沿负载线变化。通常工作点选在负载线的中间附近。

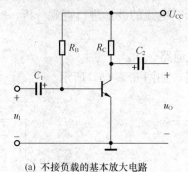

(a) 不接负载的基本放大电路

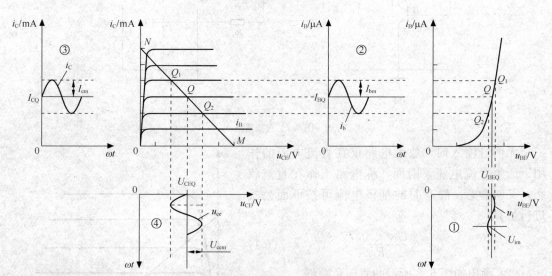

(b) 动态工作图解

图 6.9　不带负载时放大器的动态工作图解

2. 交流图解分析

从图中可以看出：输入电压引起 i_B 变化，i_B 是以 I_B 为中心变化的（$i_B = I_B + i_b$）。i_B 的变化引起 i_C 沿负载线变化，i_C 的变化是以 Q 点为中心在 Q_1 与 Q_2 之间进行的。相应的输出电压以 U_{CEQ} 为中心变化。u_{CE} 的变化部分就是输出电压 u_O，直流成分被电容 C_2 隔断。这里要特别注意电路中的各电流、电压是直流、交流的叠加，而输入、输出的电压信号是纯交流量。

下面分析静态工作点对输出波形的影响。

（1）静态工作电流太小，工作点偏低，引起截止失真。

因工作点偏低，在输入特性曲线的非线性区，当 u_1 正半周时，引起 i_B 的变化大；当 u_1 负半周时，引起 i_B 的变化小。虽然输入电压 u_1 的波形是上下对称的，但 i_B 的波形是上下不对称的，相应的 i_C、输出电压 u_O 的波形也是不对称的，如图 6.10 所示。

（2）静态工作电流太大，工作点偏高，容易引起饱和失真。

　　如果静态基极电流 I_{BQ} 取的比较大，那么 I_{CQ} 也大，工作点会升高，如图 6.11 所示。

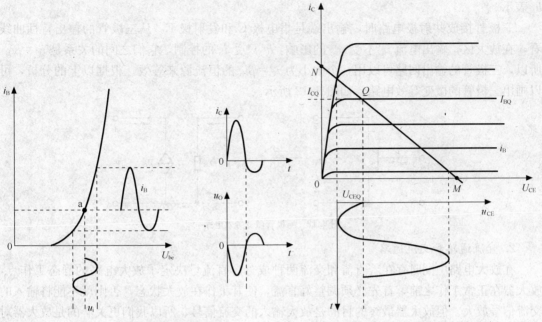

图 6.10　工作点偏低引起的失真　　　　　　　图 6.11　工作点偏高引起的失真

　　从图 6.11 可以看出，当 i_C 增大时，R_C 上的电压增大，u_{CE} 将减小。当 $u_{CE} < 0.7V$ 之后，三极管就进入了饱和状态，i_C 不受 i_B 的控制，i_C 不再增大，u_{CE} 也不再继续下降。所以，当输入信号是完整的正弦信号时，输出电压的下半周被切去一部分。由于这种失真是因为三极管进入饱和状态而引起的，所以称为饱和失真。通常是调整电阻 R_B 来调整工作点。若增大 R_B，i_B 减小，i_C 也减小，工作点下移，对于小信号电压放大器，I_C 一般在 1mA～3mA 左右。

　　上述分析是在不接负载 R_L 的情况下得出的，如果接上 R_L，输出电压将沿交流负载线变化，有关交流负载线的画法，可参考其他书籍。

6.3　微变等效电路分析法

1. 三极管的微变等效电路

　　所谓"微变"，包含两层意思，其一，是对变化量而言，也就是对交流信号而言，它不考虑直流状态；其二，变化的范围极小，工作的输入特性曲线段视为直线。三极管各电压、电流变化量之间的关系成线性关系。

　　三极管接成共射状态时，其输入端是基极和发射极，输入信号加在发射结上。如图 6.1 所示。因有直流电压对发射结的静态偏置，发射结处于导通状态。当输入一个小信号电压 u_{be} 时，就产生一个基极电流 i_b，那么 $\dfrac{u_{be}}{i_b}$ 就相当于一个电阻，称为三极管的交流输入电阻，用 r_{be} 表示。所以三极管的输入端对信号源来说可等效为一个电阻，即三极管的输入电阻。常用下式估算：

$$r_{be} = 300 + (1+\beta)\frac{26}{I_E} \quad (\Omega) \tag{6-3}$$

式中，I_E 是发射极的静态电流，单位为 mA；r_{be} 通常为几百欧到几千欧，在手册中常用 h_{ie} 表示。

三极管接成共射极电路时，输出端是集电极 C 和发射极 E。从三极管的输出特性曲线看，在放大区，输出电流 i_C 不受 u_{ce} 的影响，i_C 只受 i_b 的控制，它们之间的关系是 $i_C = \beta i_b$。所以，三极管的输出回路可以用一个大小为 $i_C = \beta i_b$ 的恒流源来等效。根据以上的分析，可以画出三极管的微变等效电路，如图 6.12 所示。

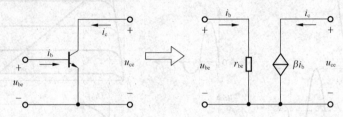

图 6.12　三极管微变等效电路

2. 直流通路和交流通路

在放大电路中同时存在着直流和交流两种成分，直流量决定了放大电路的静态工作点，放大器在正常工作之前，首先必须调整好直流，使其工作在放大状态，否则就不能将输入的交流信号放大。但放大器最终的目的是放大输入的交流信号，所以我们更关心的是放大器对交流的性能指标。为方便分析，将直流和交流分开来研究。这样就要画出放大器的直流通路和交流通路。

直流通路是指放大电路未加交流时，直流电流流过的路径。画直流通路时，放大电路中的电容视为开路。电感视为短路。交流通路是指放大电路交流信号流过的路径，画交流通路时，将容抗小的电容器，内阻小的电源视为短路，见图 6.13 所示。

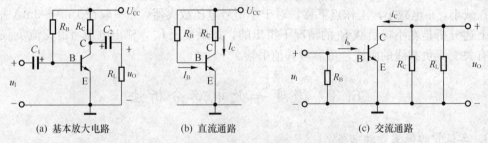

(a) 基本放大电路　　　　(b) 直流通路　　　　(c) 交流通路

图 6.13　基本放大器的直流通路和交流通路

3. 放大器的电压放大倍数分析

将基本放大电路的交流通路中的三极管用微变等效电路代替，得到放大电路的交流等效电路，如图 6.14 所示。

按照电压放大倍数的概念：$A_u = \dfrac{u_O}{u_1}$。

从等效电路来看，输出电压 $u_O = -i_C R_C // R_L$　　（$R_C // R_L$ 表示 R_C 与 R_L 并联）其中负号表示 u_O 与 i_C 的参考方向不是关联的。输入电压为 $u_1 = i_b r_{be}$。

所以得出：

$$A_u = \frac{u_O}{u_1} = \frac{-i_C R_C // R_L}{i_b r_{be}} = -\frac{\beta i_b R_C // R_L}{i_b r_{be}} = -\frac{\beta R_C // R_L}{r_{be}}$$

$$= -\frac{\beta R_{\mathrm{L}}'}{r_{\mathrm{be}}} \tag{6-4}$$

式 (6-4) 是计算放大倍数的基本公式，从公式中可以看出，影响放大器放大能力的有 3 个因素：第一，是负载电阻 R_{C}、R_{L}，增大负载电阻可以提高放大器的放大倍数；第二，是三极管的输入电阻 r_{be}，适当增大放大器的静态电流 I_{E}，可以使 r_{be} 下降，见式 (6-3)，也可以提高放大器的电压放大能力。这是提高放大倍数常用的方法；第三，是三极

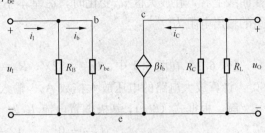

图 6.14 放大器的微变等效电路

管的电流放大系数 β。从公式上看，选用 β 高的三极管是可以提高放大倍数的，但实际上当 β 比较高了以后再提高时，就对提高放大倍数的影响不明显了。这是因为在静态电流相等的情况下，β 值大的三极管，其 r_{be} 值也很大，所以提高放大倍数的作用不明显。

4. 放大器输入电阻、输出电阻概念

(1) 放大器的输入电阻

放大电路输入端加上交流信号电压 u_{I}，将在输入端产生交流电流 i_{I}。这如同在一个电阻上加上交流电压将产生交流电流一样。这个电阻叫做放大器的输入电阻，用 r_{I} 表示。它是一个交流动态电阻，是对交流信号而言的。r_{I} 在数值上等于输入电压与输入电流之比，即

$$r_{\mathrm{I}} = \frac{u_{\mathrm{I}}}{i_{\mathrm{I}}} \tag{6-5}$$

对信号源来说，r_{I} 就是它的等效负载，r_{I} 越大，放大器从信号源获取的电流越小，放大器的输入电压 u_{I} 越接近信号源电压 u_{S}。从放大器的性能来说，输入电阻以大为好。

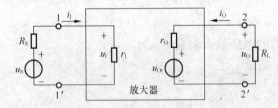

图 6.15 放大器的输入电阻和输出电阻

(2) 放大器的输出电阻

输出电阻 r_{O} 是从放大器输出端（不包括外接负载 R_{L}）看进去的交流等效电阻，放大电路的输出端带有一定的负载时，可以把放大电路看作是具有一定内阻的信号源。这个内阻就是放大电路的输出电阻 r_{O}，如图 6.15 所示。输出电阻反映放大器带负载的能力。当负载 R_{L} 变化时，输出电阻小，输出电压的变化就小，放大器带负载的能力强。所以输出电阻以小为好。

5. 放大电路输入电阻、输出电阻的计算

(1) 输入电阻 r_{I} 的计算

从图 6.14 中看出，放大电路的输入电阻 r_{I} 为 R_B 与 r_{be} 的并联，即

$$r_{\mathrm{I}} = R_B // r_{\mathrm{be}} \tag{6-6}$$

应该注意：r_{I} 与 r_{be} 的意义是不同的，r_{I} 是放大电路的输入电阻，r_{be} 是三极管的输入电阻，两者不能混淆。

(2) 输出电阻 r_{O} 的计算

放大电路的输出端带有一定的负载时，可以把放大电路看作具有一定内阻的信号源。这个内阻就是放大电路的输出电阻。从放大电路的交流等效电路图 6.14 可以看到，输出电阻

为三极管的 C，E 间动态电阻与 R_C 的并联，而 C，E 间的动态电阻是非常大的，从输出特性曲线上看，在放大区 u_{ce} 变化时，i_C 基本不变，就是说 $r_{ce} = u_{ce}/i_C$ 是很大的，所以放大电路的输出电阻为

$$r_O = r_{ce}//R_C \approx R_C \tag{6-7}$$

【例 6.1】在图 6.1 中，$U_{CC}=12V$，$R_B=280k\Omega$，$R_C=4k\Omega$，$R_L=2k\Omega$，三极管的 $\beta=60$，计算放大电路的电压放大倍数 A_u、输入电阻 r_I、输出电阻 r_O。

解 根据式（6-1），基极偏置电流 I_B 为

$$I_B = \frac{U_{CC} - 0.7}{R_B} = \frac{12 - 0.7}{280} = \frac{11.3}{280} = 0.04mA$$

集电极电流 I_C 为 $\qquad I_C = \beta I_B = 60 \times 0.04 = 2.4mA$

发射极电流 I_E 为 $\qquad I_E = I_B + I_C = 0.04 + 2.4 = 2.44mA$

三极管的输入电阻为（见式（6-3））

$$r_{be} = 300 + (1+\beta)\frac{26}{I_E} = 300 + (1+60)\frac{26}{2.44} = 300 + 650 = 950\Omega = 0.95k\Omega$$

等效负载电阻为 $\qquad R_L' = \frac{R_C R_L}{R_C + R_L} = \frac{4 \times 2}{4 + 2} = 1.33k\Omega$

放大电路的放大倍数（见式（6-4））为

$$A_u = -\frac{\beta R_L'}{r_{be}} = -\frac{60 \times 1.33}{0.95} = -84.2$$

放大电路的输入电阻为（见式（6-6））

$$r_I = R_B//r_{be} = \frac{280 \times 0.95}{280 + 0.95} = 0.947k\Omega$$

放大电路的输出电阻为

$$r_O = R_C = 4k\Omega$$

如果信号源的内阻 $R_S=1k\Omega$，输出电压对信号源的电压放大倍数 A_{uS} 为

$$A_{uS} = -\frac{\beta R_L'}{R_S + r_{be}} = -\frac{60 \times 1.33}{1 + 0.95} = -41$$

本 章 小 结

本章对基本放大电路进行了分析。

1. 不失真的放大输入信号是放大电路的基本要求。对放大电路的分析分为静态分析和动态分析。静态分析是在直流工作条件下，确定三极管静态工作点的电压、电流。动态分析是利用微变等效电路法计算放大电路在交流信号作用下的电压放大倍数、输入电阻、输出电阻。

2. 要使放大器正常工作，首先必须设置好静态工作点，保证整个信号周期内三极管都导通。工作点设置不合理时输出电压易产生失真，或输出幅度减小。工作点偏高易产生饱和失真，工作点偏低易产生截止失真。本章是以 NPN 型三极管为例进行分析的，对 PNP 型三极管直流电源的极性要反接。

3. 放大电路在工作时，是交、直流共存的，即交流量和直流量叠加在一起。通常用大

写字母，大写下标来表示直流量，例如 I_B。用小写字母，小写下标表示交流量，例如 i_b。

用小写字母，大写下标来表示总量，即交流与直流的和：$i_B = i_b + I_B$。

习　　题

6-1　什么叫放大电路的静态工作点？为什么要设置静态工作点？

6-2　为什么共射极放大电路的输出电压与输入电压反相？

6-3　从输出特性曲线上看，如果调整 R_B，工作点将怎样变化？如果调整 R_C，工作点将怎样变化？

6-4　在图 6.16 所示电路中，画直流负载线确定工作点 I_{CQ}、U_{CEQ} 及最大电压输出幅度。

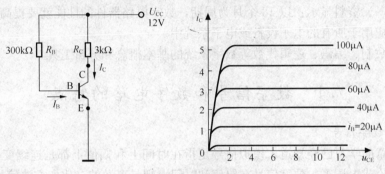

图 6.16　习题 6-4 图

6-5　电路如图 6.17 所示，已知三极管的 $\beta = 100$，当 $R_B = 100k\Omega$、$51k\Omega$ 时，求三极管的 I_B、I_C、U_{CE}。设三极管的饱和为 $U_{CES} = 0.3V$，要使三极管不进入饱和区，R_B 最小为多大？

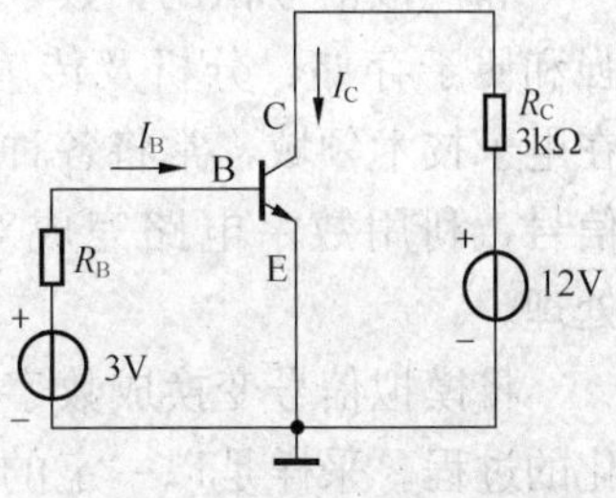

6-6　基本放大电路如图 6.1 所示，已知 $U_{CC} = 12V$，$R_B = 240k\Omega$，$R_L = R_C = 3k\Omega$，三极管 $\beta = 40$，试求

（1）静态工作点的电流、电压。

（2）电压放大倍数。

（3）输入电阻和输出电阻。

（4）若将 R_L 开路，电压放大倍数为多少？

（5）若换一只 $\beta = 100$ 的三极管，电路将工作在什么状态？

（6）用 $\beta = 100$ 的三极管，要使 $I_{CQ} = 2mA$，R_B 应调整到多少？此时放大倍数为多少？

图 6.17　习题 6-5 图

第 7 章

数字电路基础知识

处理数字信号的电路称为数字电路。由于数字电路主要解决输出和输入之间的逻辑关系问题，因而，数字电路又称为数字逻辑电路。随着科学技术的飞速发展，数字技术成为发展最快的技术之一。资料显示：以 18 个月为周期，数字电路器件的性能就要提高一倍。现在，数字电路几乎应用于所有的电子设备或电子系统中。

本章介绍数制、编码、逻辑代数等数字系统的基本概念和分析工具。

7.1 数字信号和数字电路的特点

1. 什么是数字信号

通过前几章的学习已经知道，模拟信号是指在时间上和幅值上都是连续变化的物理量，如正弦交流电流或电压等。数字信号在幅值和时间上则是离散的，比如方波信号发生器产生的方波电流或电压等。图 7.1 给出了模拟信号与数字信号的比较。

和模拟信号相比，数字信号具有抗干扰能力强和便于存储、分析及传输等显著优点，因此，在电子技术领域，常将各种模拟信号变换成数字信号，利用数字电路完成对信号的各种加工和处理。

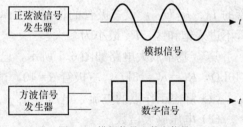

图 7.1 模拟信号和数字信号

将模拟信号变换成数字信号是一个采样和量化的过程。采样是以一定的时间间隔，周期性地获取模拟信号的瞬时值；量化则是对获取的幅值数字化。量化通常用二进制数进行，一位二进制数只有 0 和 1 两个取值，所以，用二进制数量化后的数字信号又称为二值数字量。

2. 数字信号的逻辑取值

数字信号（二值数字量）的逻辑取值通常用 0 和 1 这两个符号表示。说它是逻辑上的，是因为 0 和 1 这两个值所代表的实际意义可以是客观世界中某一事物的两种截然不同的状态，比如，是与非、真与假、有与无、高与低等。在数字电路中二值数字量通常是利用电子器件的开关特性来实现的，0 和 1 往往代表了开关器件在开与关两种状态下产生的输出电平。例如，在图 7.2 所示的电路中，开关元件 k 有两种状态：处于位置 1 或处于位置 2。如果用符号 1 和 0 分别表示 k 的两种状态的话，那么 k 的状态就是一种二值量。同样，电路的输出电平 U_0 也可以看成是一种二值量，当 k 置于位置 1 时，输出电压为 5V（高电平），则 U_0 的逻辑值为 1；k 置于位

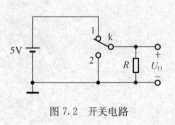

图 7.2 开关电路

置 2 时，输出电压为 0V（低电平），则 U_O 的逻辑值为 0。它们之间的逻辑关系见表 7.1。

表 7.1　　　　　　　　　简单开关电路模型逻辑关系表

开关元件 k 的状态	k 的逻辑取值	U_O 的实际意义	U_O 的逻辑取值
处于位置 1	1	5V	1
处于位置 2	0	0V	0

3. 脉冲与数字信号

若图 7.2 中的开关 k 以时间 τ 为间隔，在 1 和 2 两个位置间周期性地切换，则 U_O 随时间变化的波形如图 7.3 所示。

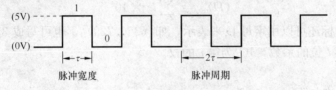

图 7.3　图 7.2 中 U_O 变化波形

在图 7.3 所示波形图中，每一个断续的电压（或电流）称为脉冲。脉冲的宽度占脉冲周期的比值称为占空比，该波形的占空比为 0.5。可以认为，数字信号就是由脉冲信号组合而成的，一串二进制字符，可以用一连串的矩形脉冲组成数字信号。例如，一个二进制字符串 1011001 可用图 7.4 所示的数字信号波形来表示。

4. 数字电路的特点

数字电路的主要特点有如下几个。

（1）采用二进制数，电路中只有 0 和 1 两种
对立的状态存在。电路结构简单、性能稳定、分析方便、抗干扰能力强。

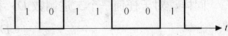

图 7.4　数字信号波形

（2）在数字运算的基础上，可以进行逻辑运算与比较，应用广泛；随着电路中数字位数的增加，运算精度相应提高，可进行较高精度的运算。

（3）与模拟电路分析方法不同。模拟电路以分析微弱信号的放大、变换为主；数字电路以分析输入、输出信号的逻辑关系为主。

7.2　数制和编码

7.2.1　数制

数制是指多位数码中每一位的构成方法以及从低位到高位的进位规则，也称进位计数制。每一种数制都有一组特定的符号，其符号的个数称为这种计数制的基数，基数决定了进位的规则。在计算机中，数据的所有运算、存储、传输等都是用二进制的形式进行的。但在数据的键盘输入、屏幕显示等场合常用十进制数的形式。同时，为了便于书写二进制数，在计算机的文档中，又多采用八进制数和十六进制数的形式。

1. 十进制数

十进制数的特点如下。

① 有十个不同的符号：0、1、2、3、4、5、6、7、8、9（基数为十）。

② 进位规则：逢十进一。

若干个符号并列在一起就构成了一个多位的十进制数，不同位置上的符号所代表的值也不同。例如，在十进制数 356.729 中，符号 3 处在百位的位置上，所以它所代表的值为 300，即 3×10^2，3 称为该位的系数，10^2 称为该位的权；7 这个符号处在小数点后的第一位上，它所代表的值为 0.7，即 7×10^{-1}，7 是该位的系数，10^{-1} 是该位的权。依次类推，可以写出十进制数 356.729 的按权展开式：

$$(356.729)_{10} = 3 \times 10^2 + 5 \times 10^1 + 6 \times 10^0 + 7 \times 10^{-1} + 2 \times 10^{-2} + 9 \times 10^{-3}$$

上式中右边的数用括号加下标的办法来表明它是何种计数制，是常用的表明数制的办法。一般地，对于任何一个十进制数 D，都可以写成下面的形式：

$$(D)_{10} = \sum k_i \times 10^i$$

十进制数的下标还可以用字母 D 来表示，如 $(356.729)_D$，也可写成 356.729D。

式中，k_i 为第 i 位的系数，10^i 为第 i 的权。

2. 二进制数

二进制数的特点如下。

① 有两个不同的符号：0、1（基数为二）。

② 进位规则：逢二进一。

【例 7.1】 二进制数 $(101.11)_2$ 的按权展开式写为

$$(101.11)_2 = 1 \times 2^2 + 0 \times 2^1 + 1 \times 2^0 + 1 \times 2^{-1} + 1 \times 2^{-2}$$

同样，对于任何一个二进制数 D，都可以写成下面的形式：

$$(D)_2 = \sum k_i \times 2^i$$

二进制数的下标还可以用字母 B 来表示，如 $(101.11)_B$，也可写成 101.11B。

3. 八进制数

八进制数的特点如下。

① 有八个不同的符号：0、1、2、3、4、5、6、7（也称基数为八）。

② 进位规则：逢八进一。

$$(157.23)_8 = 1 \times 8^2 + 5 \times 8^1 + 7 \times 8^0 + 2 \times 8^{-1} + 3 \times 8^{-2}$$

【例 7.2】 八进制数 $(157.23)_8$ 的按权展开式写为

对于任何一个八进制数 D，都可以写成下面的形式：

$$(D)_8 = \sum k_i \times 8^i$$

八进制数的下标还可以用字母 O 来表示，如 $(157.23)_O$，也可写成 157.23O。

4. 十六进制数

十六进制数的特点如下。

① 有十六个不同的符号：0~9、A、B、C、D、E、F（也称基数为十六）。

② 进位规则：逢十六进一。

【例 7.3】 十六进制数 $(38B.C6)_{16}$ 的按权展开式写为

$$(38B.C6)_{16} = 3 \times 16^2 + 8 \times 16^1 + B \times 16^0 + C \times 16^{-1} + 6 \times 16^{-2}$$

对于任何一个十六进制数 D，都可以写成下面的形式：

$$(D)_{16} = \sum k_i \times 16^i$$

十六进制数的下标还可以用字母 H 来表示，如（38B. C6）$_H$，也可写成 38B. C6H。

推而广之，对于一个任意进制（如 N 进制）数 D 来说，都可以写为下面的一般形式：

$$D = \sum k_i \times N^i$$

N^i 为第 i 位的权；k_i 为第 i 位的系数；N 为计数基数。

7.2.2 数的算术运算

1. 二进制数的算术运算

二进制数的算术运算规则如下。

加法：$0+0=0$ $0+1=1+0=1$ $1+1=10$（逢二进一）

乘法：$0\times0=0$ $0\times1=1\times0=0$ $1\times1=1$

【例 7.4】（1101）$_2$ ＋（0111）$_2$ ＝（10100）$_2$（注意，各位相加时，逢二进一）

由于二进制数只有 0 和 1 两个数码，其表示和运算都较为简单，因此，在计算机电路中得到广泛应用。

2. 八进制数的算术运算

【例 7.5】（5）$_8$ ＋（3）$_8$ ＝（10）$_8$（逢八进一）

（25）$_8$ ＋（73）$_8$ ＝（120）$_8$（注意，各位相加时，逢八进一）

3. 十六进制数的算术运算

【例 7.6】（9）$_{16}$ ＋（1）$_{16}$ ＝（A）$_{16}$；   （A）$_{16}$ ＋（1）$_{16}$ ＝（B）$_{16}$；（F）$_{16}$ ＋（1）$_{16}$ ＝（10）$_{16}$

7.2.3 数制的转换

将一种计数制的数转换为等值的另一种计数制的数称为数制的转换。

1. 非十进制数转换成十进制数

将一个非十进制数转换成十进制数，只要将该非十进制数写成按权展开式的形式，然后，将展开式中的各项按照十进制数的运算规则相加，其结果就是对应的十进制数。

【例 7.7】试将二进制数（11011.11）$_B$ 转换成十进制数。

解　　　　　$(11011.11)_B = 1\times2^4 + 1\times2^3 + 0\times2^2 + 1\times2^1 + 1\times2^0 + 1\times2^{-1} + 1\times2^{-2}$

$$= 16+8+0+2+1+0.5+0.25$$

$$= (27.75)_D$$

【例 7.8】试将八进制数（153.2）$_O$ 转换成十进制数。

解

$$(153.2)_O = 1\times8^2 + 5\times8^1 + 3\times8^0 + 2\times8^{-1}$$

$$= 64+40+3+0.25$$

$$= (107.25)_D$$

【例 7.9】试将十六进制数（38B. C）$_H$ 转换成十进制数。

解　　　　　　　$(38B.C)_H = 3\times16^2 + 8\times16^1 + B\times16^0 + C\times16^{-1}$

$$= 768+128+11+0.75$$

$$= (907.75)_D$$

2. 十进制数转换成非十进制数

这里只介绍整数的转换方法。

（1）十进制整数转换成二进制整数

用十进制整数除以 2，得到第一个商数和第一个余数；再用第一个商数除以 2，又得到第二个商数和第二个余数；继续下去，直到所得的商数为 0。最后，将这些余数倒序排在一起（即最后一个余数排在最高位，第一个余数排在最低位），就是所求的二进制整数。这个方法称为：除 2 取余，倒序排列。

【例 7.10】试将十进制整数 $(27)_D$ 转换成二进制整数。

解

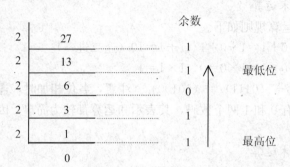

最后的商为 0，所以，得

$$(27)_D = (1101)_B$$

（2）十进制整数转换成八进制整数

与十进制整数转换为二进制整数的方法类似，十进制整数转换成八进制整数采用"除 8 取余，倒序排列"的方法。

【例 7.11】试将十进制整数 $(107)_D$ 转换成八进制整数。

解

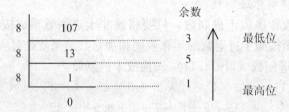

最后的商为 0，所以，得

$$(107)_D = (153)_O$$

（3）十进制整数转换成十六进制整数

同理，十进制整数转换成十六进制整数采用的是"除 16 取余，倒序排列"的方法。

【例 7.12】试将十进制整数 $(907)_D$ 转换成十六进制整数。

解

最后的商为 0，所以，得

$$(907)_D = (38B)_H$$

3. 二进制数、八进制数和十六进制数的相互转换

注意到每一个八进制数的数码都可以用 3 位二进制数来表示，它们的值是相等的，这只要把它们都转换成十进制数就可以得到证明，如：

$$(7)_O = 7 \times 8^0 = (7)_D$$

$$(111)_B = 1 \times 2^2 + 1 \times 2^1 + 1 \times 2^0 = (7)_D$$

所以，有：$(7)_O = (111)_B$

同理，可以证明每一位十六进制数都可以用 4 位二进制数来表示，它们的值是相等的，如：

$$(F)_H = F \times 16^0 = (15)_D$$

$$(1111)_B = 1 \times 2^3 + 1 \times 2^2 + 1 \times 2^1 + 1 \times 2^0 = (15)_D$$

所以，有 $(F)_H = (1111)_B$

(1) 二进制数和八进制数的相互转换

二进制数和八进制数相互转换时，整数部分从低位开始，向左每 3 位二进制数用 1 位八进制数代替，不足 3 位时左边补 0；小数部分则从小数点后的第 1 位开始，向右每 3 位二进制数用 1 位八进制数代替，不足 3 位时在其右边补 0。则可得到对应的八进制数。

【例 7.13】 试将二进制整数 $(1101101)_B$ 转换成八进制数。

解　$(1101101)_B = (001\ \ 101\ \ 101)_B = (155)_O$

【例 7.14】 试将八进制整数 $(346)_O$ 转换成二进制数。

解　$(346)_O = (011\ \ 100\ \ 110)_B = (11100110)_B$

(2) 二进制数和十六进制数的相互转换

方法同上，只是每 4 位二进制数用一位十六进制数代替即可。

【例 7.15】 试将二进制数 $(1101101)_B$ 转换成十六进制数。

解　$(1101101)_B = (0110\ \ 1101)_B = (6D)_H$

【例 7.16】 试将十六进制整数 $(A47)_H$ 转换成二进制数。

解　$(A47)_H = (1010\ \ 0100\ \ 0111)_B = (101001000111)_B$

(3) 八进制数和十六进制数的相互转换

八进制数和十六进制数的相互转换，可通过二进制数来完成。

7.2.4　二进制编码

所谓编码，是指用一个字符串作为代码，来表示一个特定含义的过程。比如，运动员的编号就是用一组十进制数码构成的字符串代码，每一个代码就代表着一个特定的运动员。

二进制编码是指编码时所用的代码是由二进制数码构成的字符串（称为二进制代码）。在计算机中，除了数值运算采用二进制数以外，还有大量的其他类型的数据（比如文字符号等）也必须使用二进制代码的形式来表示（这些代码不同于数值运算的二进制数），只有这样，这些类型的数据才能够在计算机中进行存储、加工和传输等。因此，二进制编码就是要建立二进制代码与十进制数码、文字符号、特殊符号等一一对应的关系。

1 位二进制代码有 2 个（2^1）不同的状态（"0" 和 "1"），可以代表 2 个不同的文字符号；2

位二进制代码有 4 个（2^2）不同的状态（"00"、"01"、"10"、"11"），可以代表 4 个不同的文字符号；由此类推，n 位二进制代码共有 2^n 个不同的状态，因此，最多可以表示 2^n 个不同的文字符号。如果所需编码的文字符号有 N 个，则需要用到的二进制代码的位数 n 应满足如下的关系：

$$2^n \geqslant N$$

下面介绍几种常见的码。

1. 二-十进制编码

二-十进制编码又称 BCD（Binary-Coded-Decimal，二进制编码的十进制码）码。这是用 4 位二进制代码来表示十进制数中的 10 个数码 $0 \sim 9$。4 位二进制代码共有 16 个不同的状态，故可以从中任选 10 个状态来进行编码，而剩余的 6 个状态则为无效状态。根据选取的方式的不同，可以得到不同的二-十进制编码。

最常用的是 8421BCD 码，它是最基本的 BCD 码。它选用 4 位二进制码中的前 10 个状态，即用 $0000 \sim 1001$ 分别代表对应的十进制数码 $0 \sim 9$，$1011 \sim 1111$ 6 种状态不用。8、4、2、1 分别是 4 位二进制代码中各位的权值，故这种码是有权码。表 7.2 中列出了几种常用的 BCD 码的编码方式。

表 7. 2 几种常用的 BCD 码

十 进 制 数	8421 码	2421 码	余 3 码	格 雷 码
0	0000	0000	0011	0000
1	0001	0001	0100	0001
2	0010	0010	0101	0011
3	0011	0011	0110	0010
4	0100	0100	0111	0110
5	0101	1011	1000	0111
6	0110	1100	1001	0101
7	0111	1101	1010	0100
8	1000	1110	1011	1100
9	1001	1111	1100	1000

2421BCD 码也是有权码。而余 3 码则是由 8421BCD 码加 3（0011）得来的，它是一种无权码。2421 码和余 3 码都具有对 9 互补的特点（即 0 和 9、1 和 8、2 和 7、3 和 6、4 和 5 的代码对应位刚好相反，一个是 1 时另一个一定是 0，我们称 0 和 9、1 和 8 互为反码），它们常被用于运算电路中。

格雷码也是一种无权码。格雷码的特点是任何两个相邻的代码都只有一位不同。这个特点使得格雷码在从一个代码状态转换到另一个代码状态时可以有效地减少出错的机会。

2. 奇偶校验码

数码在传送或处理过程中，可能会出现由 0 变为 1 或由 1 变为 0 的错误，奇偶校验码就是具有检验这种错误能力的一种编码。

奇偶校验码由信息位和校验位两部分组成。信息位是位数不限的任一种二进制代码；检验位则仅有一位，它可以放在信息位之前，也可以放在信息位之后。

奇偶校验码分为奇校验和偶校验两种。

① 使信息位和校验位中"1"的个数之和为奇数的，称为奇校验码。

② 使信息位和校验位中"1"的个数之和为偶数的，称为偶校验码。

例如，在一个奇偶校验码中，信息位是 4 位的二进制码 "0011"，若校验位配上 "1"，使得 "1" 的个数之和为奇数，是奇校验码；若校验位配上 "0"，使得 "1" 的个数之和为偶数，则是偶校验码。

在代码传送的接收端，要对接收到的奇偶校验码中 "1" 的个数进行计数，若 "1" 的个数的奇偶性不对，就可判定产生了误码。

3. ASCII 码

ASCII（American Standard Code for Information Interchange）码是美国标准信息交换代码。它采用 7 位二进制数编码，用来表示 128 个字符，其编码表如表 7.3 所示。

表 7.3   ASCII 码表

H \ L	0000	0001	0010	0011	0100	0101	0110	0111
0000	NUL	DLE	SP	0	@	P	`	p
0001	SOH	DC1	!	1	A	Q	a	q
0010	STX	DC2	"	2	B	R	b	r
0011	ETX	DC3	#	3	C	S	c	s
0100	EOT	DC4	$	4	D	T	d	t
0101	ENQ	NAK	%	5	E	U	e	u
0110	ACK	SYN	&.	6	F	V	f	v
0111	BEL	ETB	,	7	G	W	g	w
1000	BS	CAN	)	8	H	X	h	x
1001	HT	EM	(	9	I	Y	i	y
1010	LF	SUB	*	:	J	Z	j	z
1011	VT	ESC	+	;	K	[	k	{
1100	FF	FS	<	L	\	l		
1101	CR	GS	—	=	M	]	m	}
1110	SO	RS	.	>	N	ˆ	n	~
1111	SI	US	/	?	O	—	o	DEL

从表中可以看到，数字 0～9，依次用 0110000～0111001 来表示，最高位通常用作奇偶校验位，但在机器中表示时，常使其为 0，因此，0～9 的 ASCII 码为 30H～39H，大写字母 A～Z 的 ASCII 码为 41H～5AH 等。

7.3 逻 辑 代 数

逻辑代数是 19 世纪中叶英国数学家乔治·布尔创立的一门代数学，所以也称为布尔代数。逻辑代数研究客观事物之间的逻辑关系，是按一定的逻辑规律进行运算的代数。在数字电路中，输入信号是 "条件"，输出信号是 "结果"，因此输入、输出之间存在一定的因果关系，称其为逻辑关系，故可以用逻辑代数来研究数字电路。

7.3.1 逻辑运算

1. 逻辑变量与逻辑函数

和普通代数一样，逻辑代数也有变量和函数，而且，函数和变量也都用字母表示，但逻辑代数中变量（称为逻辑变量）的取值只有两个，即 0 和 1。显然，逻辑变量具有二值性。0 和 1 称为逻辑常数，它们并不表示数量的大小，只代表两种对立的逻辑状态。

逻辑函数是随逻辑自变量变化而变化的因变量，因而，逻辑函数也具有二值性。

逻辑函数 Y 和逻辑变量 A，B，C，…的关系可以表示为：

$$Y = f(A,B,C,\cdots)$$

2. 正逻辑和负逻辑

在数字电路中，数字信号是一种二值信号，即只有高电平和低电平两种情况，如何用两个逻辑值（逻辑 1 和逻辑 0）来表示这两种电平，取决于采用何种逻辑体制。

① 正逻辑体制规定：高电平为逻辑 1，低电平为逻辑 0。

② 负逻辑体制规定：低电平为逻辑 1，高电平为逻辑 0。

本书中若不加说明，均采用正逻辑体制。

3. 基本逻辑运算

在逻辑代数中，有与、或、非 3 种基本逻辑运算，它们可以由相应的逻辑电路来实现，这样的逻辑电路又称为逻辑门电路（简称"逻辑门"），并用相应的符号表示。

（1）与运算

"与运算"又称为"与逻辑"或"逻辑乘"。它代表的是这样一种逻辑关系：在一个具有若干个条件对应一个结果的因果关系的事件中，只有当所有的条件都成立时，结果才成立。

比如，在图 7.5（a）所示的电路中，A 和 B 分别代表两个开关的状态，是条件，它们只有两种情况：闭合或断开；Y 代表灯的状态，是结果，也只有两种情况：亮或灭；它们之间的逻辑关系可以用表格表示，这种用来描述逻辑关系的表格称为真值表，如图 7.5（b）所示。

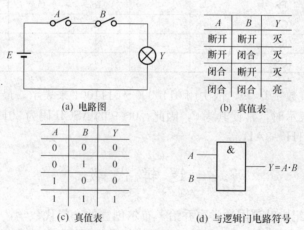

A	B	Y
断开	断开	灭
断开	闭合	灭
闭合	断开	灭
闭合	闭合	亮

(a) 电路图　　　　　　　(b) 真值表

A	B	Y
0	0	0
0	1	0
1	0	0
1	1	1

(c) 真值表　　　　　　(d) 与逻辑门电路符号

图 7.5　与运算

假定用"1"代表开关闭合或灯亮（条件或结果成立），用"0"代表开关断开或灯灭（条件或结果不成立），则真值表又可以写为图 7.5（c）的形式，这是真值表常用的形式。

从真值表可以看出，这是一个与逻辑关系，可以写成下面的表达式：

$$Y = A \cdot B \tag{7-1}$$

式中的小圆点"·"是与运算的运算符号，也称为逻辑乘。在不致引起混淆的情况下，乘号可以省略。图7.5（d）是实现与运算的门电路的逻辑符号。

（2）或运算

或运算也叫逻辑加。它代表的逻辑关系是，在决定事件结果的所有条件中，只要有一个条件成立，结果就成立。

图7.6（a）所示的电路是一个具有或运算的例子。显然，在这个电路中，只要有一个开关闭合，灯就会亮。用"1"表示条件或结果成立，用"0"表示条件或结果不成立，则真值表如图7.6（b）和（c）所示。图7.5（d）是实现或运算的门电路的逻辑符号。

其逻辑关系表达式为

$$Y = A + B \tag{7-2}$$

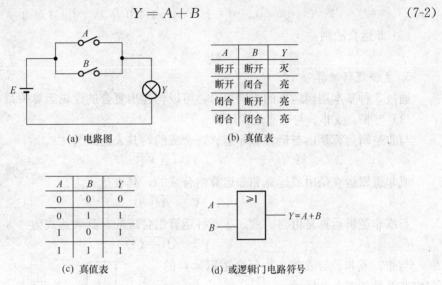

A	B	Y
断开	断开	灭
断开	闭合	亮
闭合	断开	亮
闭合	闭合	亮

(a) 电路图　　　　(b) 真值表

A	B	Y
0	0	0
0	1	1
1	0	1
1	1	1

(c) 真值表　　　　(d) 或逻辑门电路符号

图7.6　或运算

（3）非运算

非运算又称非逻辑，是逻辑的否定。即当条件成立时，其结果不会成立；当条件不成立时，则结果成立。

图7.7（a）所示的电路是一个非运算的例子。在这个例子中，当开关闭合时（条件成立），灯不亮；而当开关断开时（条件不成立），则灯亮。真值表如图7.7（b）和（c）所示。

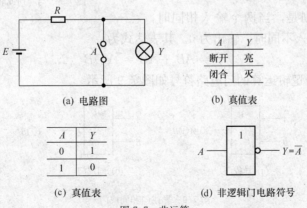

A	Y
断开	亮
闭合	灭

(a) 电路图　　　　(b) 真值表

A	Y
0	1
1	0

(c) 真值表　　　　(d) 非逻辑门电路符号

图7.7　非运算

其逻辑关系表达式为

$$Y = \overline{A} \tag{7-3}$$

通常，A 称为原变量，$\overline{A}$ 称为反变量，变量上的符号"－"是求反的意思。图 7.7（d）是实现非运算的门电路的逻辑符号。

4. 基本逻辑运算法则

（1）与运算法则：

$$0 \cdot 0 = 0, \quad 0 \cdot 1 = 0, \quad 1 \cdot 0 = 0, \quad 1 \cdot 1 = 1$$

（2）或运算法则：

$$0 + 0 = 0, \quad 0 + 1 = 1, \quad 1 + 0 = 1, \quad 1 + 1 = 1$$

（3）非运算法则：

$$\overline{0} = 1, \quad \overline{1} = 0$$

5. 复合逻辑运算

通过 3 种基本逻辑运算的不同组合，可以构建出复合的逻辑运算关系。

（1）与非、或非、与或非逻辑运算

与非逻辑运算是由与运算和非运算组合成的，其表达式为

$$Y = \overline{A \cdot B} \tag{7-4}$$

或非逻辑运算是由或运算和非运算组合成的，其表达式为

$$Y = \overline{A + B} \tag{7-5}$$

与或非逻辑运算是由与、或、非 3 种运算组合成的，其表达式为

$$Y = \overline{AB + CD} \tag{7-6}$$

与非、或非、与或非 3 种复合逻辑运算的门电路符号如图 7.8 所示。

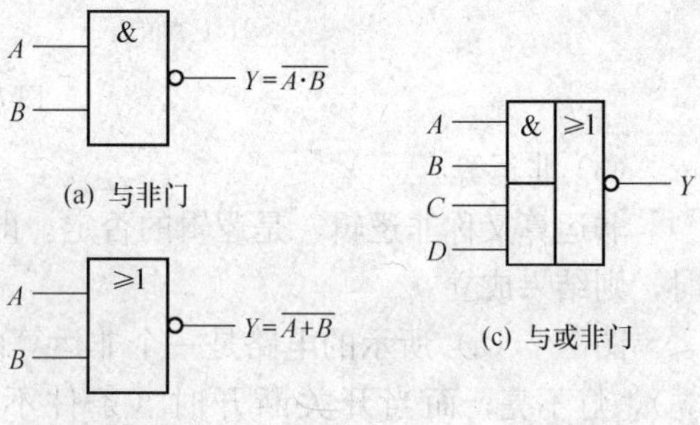

（2）异或、同或逻辑运算

异或和同或逻辑运算是两个输入变量的逻辑函数。

异或运算的规则是，当两个输入相同时，输出为 0；当两个输入不同时，输出为 1。其表达式为

$$Y = A\overline{B} + \overline{A}B = A \oplus B \tag{7-7}$$

同或运算的规则是，当两个输入相同时，输出为 1；当两个输入不同时，输出为 0。其表达式为

$$Y = AB + \overline{A}\overline{B} = A \odot B \tag{7-8}$$

异或、同或复合逻辑运算的门电路符号如图 7.9 所示。

图 7.8　与非门或非门和与或非门

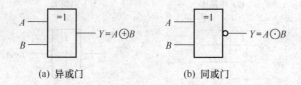

(a) 异或门　　　　　(b) 同或门

图 7.9　异或门和同或门

（3）复合逻辑的真值表

各复合逻辑的真值表如表 7.4 所示。

表 7.4 复合逻辑的真值表

A	B	$\overline{A \cdot B}$	$\overline{A+B}$	$A \oplus B$	$A \odot B$
0	0	1	1	0	1
0	1	1	0	1	0
1	0	1	0	1	0
1	1	0	0	0	1

7.3.2 逻辑函数的建立与表示方法

1. 逻辑函数的建立

在一个逻辑关系中，若输入逻辑变量 A、B、C…的取值确定以后，输出逻辑变量 Y 的值也惟一地被确定，就称 Y 是 A、B、C…的逻辑函数。

建立逻辑函数的步骤如下。

① 分析逻辑关系，找出条件和结果。

② 确定逻辑变量。将条件视为输入变量，将结果视为输出变量（即函数）。

③ 确定使用何种逻辑体制（通常采用正逻辑）。

④ 根据逻辑规律，建立真值表。

【例 7.17】3 个人表决一件事情，结果按"少数服从多数"的原则决定，试建立该逻辑函数。

解

第一步：分析逻辑关系可知，每个人的意见都是条件，通过与否是结果。

第二步：将 3 人的意见设置为自变量 A、B、C，并规定只能有同意或不同意两种意见。将表决结果设置为函数 Y，显然也只有两种情况。

第三步：采用正逻辑体制。对于变量 A、B、C，设同意为逻辑"1"，不同意为逻辑"0"。对于函数 Y，设通过为逻辑"1"，没通过为逻辑"0"。

第四步：根据题义及上述规定列出函数的真值表如表 7.5 所示。

表 7.5 3 人表决的真值表

$A\ B\ C$	Y
0 0 0	0
0 0 1	0
0 1 0	0
0 1 1	1
1 0 0	0
1 0 1	1
1 1 0	1
1 1 1	1

2. 逻辑函数的表示方法

逻辑函数的表示方法有真值表、逻辑表达式、逻辑图、卡诺图和波形图等。其中，卡诺图常用于逻辑函数的化简，波形图常用于逻辑信号的时序分析，这两种表示方法将在后面介绍。

（1）真值表——将输入逻辑变量的各种可能取值和相应的函数值排列在一起而组成的表格。

为避免遗漏，各变量的取值组合应按照二进制递增的次序排列。

真值表的特点如下。

① 输入变量的状态组合与函数值一一对应。输入变量取值一旦确定后，即可直接在真值表中查出相应的函数值。

② 把一个实际的逻辑问题抽象成一个逻辑函数时，使用真值表是最方便的。所以，在建立逻辑函数时，总是先根据逻辑规律列出真值表。

③ 真值表的缺点是，逻辑变量之间的运算关系不直观，不易用门电路来实现。

（2）函数表达式——由逻辑变量和"与"、"或"、"非"3种运算符以及括号等所构成的表达式，如 $Y=AB+(B+A)C$。

（3）逻辑图——逻辑图是由逻辑符号及它们之间的连线而构成的图形，如图 7.10 所示。

这几种表示方法之间是可以互相转换的。

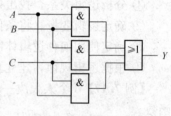

图 7.10　逻辑图示例

【**例 7.18**】将表 7.5 所示的真值表转换成表达式。

真值表中自变量的每一种状态组合都是一个最小项（关于最小项的概念后边会讲到），比如表中第四行 ABC 的取值组合为 011，对应的最小项就是 $\overline{A}BC$。表中 Y 为 1 时对应的最小项共有 4 个，分别是 $\overline{A}BC$、$A\overline{B}C$、$AB\overline{C}$、ABC，将它们求和，便得到 Y 的表达式：

$$Y = \overline{A}BC + A\overline{B}C + AB\overline{C} + ABC$$

【**例 7.19**】根据例 7.18 的表达式画出逻辑图。

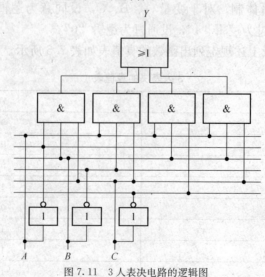

图 7.11　3 人表决电路的逻辑图

需要说明的是，由于例 7.18 得到的表达式不是最简的表达式，所以，由此得到的逻辑图也不是最简的。

7.3.3　逻辑代数的基本定律和规则

1. 基本定律

表 7.6 列出了逻辑代数的基本定律。

表 7.6　　　　　　　　　　　　　逻辑代数的基本定律

名　　称	公式 1	公式 2	说　　明
0—1 律	$A \cdot 1 = A$	$A + 1 = 1$	变量与常量的关系
	$A \cdot 0 = 0$	$A + 0 = A$	
互补律	$A \cdot \overline{A} = 0$	$A + \overline{A} = 1$	
交换律	$A \cdot B = B \cdot A$	$A + B = B + A$	与普通代数相似的定律
结合律	$A(BC) = (AB)C$	$A + (B + C) = (A + B) + C$	
分配律	$A(B + C) = AB + AC$	$A + BC = (A + B)(A + C)$	
重叠律	$A \cdot A = A$	$A + A = A$	逻辑代数中的特殊定律
反演律	$\overline{A \cdot B} = \overline{A} + \overline{B}$	$\overline{A + B} = \overline{A} \cdot \overline{B}$	
还原律	$\overline{\overline{A}} = A$		
吸收律	$(A + B)(A + \overline{B}) = A$	$AB + A\overline{B} = A$	逻辑代数中常用的公式
	$A(A + B) = A$	$A + AB = A$	
	$A(\overline{A} + B) = AB$	$A + \overline{A}B = A + B$	
包含律	$(A + B)(\overline{A} + C)(B + C) = (A + B)(\overline{A} + C)$	$AB + \overline{A}C + BC = AB + \overline{A}C$	

表中给出的公式可以通过真值表进行验证，因为两个相等的逻辑函数必有相同的真值表。

【例 7.20】 证明反演律 $\overline{A \cdot B} = \overline{A} + \overline{B}$。

证　列出 $\overline{A \cdot B}$ 和 $\overline{A} + \overline{B}$ 的真值表如表 7.7 所示。

表 7.7　　　　　　　　　　　　　证明 $\overline{AB} = \overline{A} + \overline{B}$

A	B	$\overline{AB}$	$\overline{A} + \overline{B}$
0	0	1	1
0	1	1	1
1	0	1	1
1	1	0	0

2. 基本规则

(1) 代入规则

对于任何一个逻辑等式，如果将等式两边所有地方出现的同一个变量都用某一个逻辑函数来取代，则此等式仍然成立，这个规则称为代入规则。利用代入规则，可以扩大基本定律的应用范围。

例如，在反演律中用 BC 去代替等式中的 B，则新的等式仍成立：

$$\overline{ABC} = \overline{A} + \overline{BC} = \overline{A} + \overline{B} + \overline{C}$$

由此可以得出摩根定律的推论：

$$\overline{A \cdot B \cdot C \cdot \cdots} = \overline{A} + \overline{B} + \overline{C} + \cdots \tag{7-9}$$

$$\overline{A + B + C + \cdots} = \overline{A} \cdot \overline{B} \cdot \overline{C} \cdot \cdots \tag{7-10}$$

摩根定律是很重要的定律。它提供了一种变换逻辑表达式的方法，即可以将与运算的非变换成或运算，也可以将或运算的非变换成与运算。这种变换有时是非常必要的。

（2）反演规则

将一个逻辑函数 Y 进行下列变换：运算符号"·"变"+"、"+"变"·"，0 变 1、1 变 0，原变量变反变量、反变量变原变量，所得新函数表达式叫做 Y 的反函数，用 $\overline{Y}$ 表示，这就是反演规则。

利用反演规则，可以非常方便地求得一个函数的反函数。

【例 7.21】求函数 $Y = \overline{A}C + B\overline{D}$ 的反函数。

解 $\overline{Y} = (A + \overline{C}) \cdot (\overline{B} + D)$

【例 7.22】求函数 $Y = A \cdot \overline{B} + \overline{C + \overline{D}}$ 的反函数。

解 $\overline{Y} = \overline{A} + \overline{B} \cdot \overline{C} \cdot D$

在应用反演规则求反函数时要注意以下两点。

① 变换中，保持原式中的运算顺序不变，必要时加括号表明。

② 不是单个变量的非号应保持不变。

7.3.4　逻辑函数的最简形式及代数化简法

1. 逻辑函数最简形式

不同的表达式可以是相等的逻辑函数，即它们具有相同的真值表。比如，在 3 人表决的例子（例 7.17）中得到的表达式为

$$Y = \overline{A}BC + A\overline{B}C + AB\overline{C} + ABC \tag{7-11}$$

根据该表达式画出的逻辑图见图 7.11。

可以证明，该表达式与下边的表达式是相等的：

$$Y' = AB + AC + BC \tag{7-12}$$

显然，比起前一个表达式，Y' 的表达式要简单的多。由此可见，由 Y' 的表达式画出的逻辑图也一定比图 7.11 所示的逻辑图简单的多。逻辑图越简单，电路实现就越容易，工作的可靠性也越高。

那么，什么是表达式的最简形式呢？表达式的类型可以有多种，比如：

$$Y = AB + \overline{A}C \qquad\qquad\qquad 与或表达式$$
$$= \overline{\overline{AB} \cdot \overline{\overline{A}C}} \qquad\qquad\qquad 与非－与非表达式$$
$$= \overline{A\overline{B} + \overline{A}\,\overline{C}} \qquad\qquad\qquad 与或非表达式$$
$$= (\overline{A} + B)(A + C) \qquad\qquad\qquad 或与表达式$$
$$= \overline{(\overline{A} + B) + (\overline{A + C})} \qquad\qquad\qquad 或非－或非表达式$$

对于不同类型的表达式，最简的标准也不同。由于和真值表直接对应的是与或表达式，同时，与或表达式也较容易转换成其他类型的表达式，因此，通常把与或表达式看成基本形

式，讨论最简形式也以最简的与或表达式为标准。

最简与或表达式的标准如下。

(1) 乘积项个数最少。

(2) 每一个乘积项中变量的个数最少。

2. 代数化简法

代数法是直接运用基本定律及规则化简逻辑函数。方法有并项法、吸收法、消去法和配项法。

(1) 并项法

利用 $A+\overline{A}=1$ 的公式，将两项合并为一项，并消去一个变量。

例如：

$$Y_1=\overline{A}\,\overline{B}C+\overline{A}BC=\overline{A}C(\overline{B}+B)=\overline{A}C$$

$$Y_2=A\overline{B}C+AB+A\overline{C}=A(\overline{B}C+B+\overline{C})=A(\overline{B}C+\overline{\overline{B}C})=A$$

(2) 吸收法

利用 $A+AB=A$ 的公式消去多余的乘积项。

$$Y=AB+ABC(D+E)=AB[1+C(D+E)]=AB$$

(3) 消去法

利用公式 $A+\overline{A}B=A+B$，消去多余的因子。

例如：

$$AB+\overline{A}C+\overline{B}C=AB+(\overline{A}+\overline{B})C=AB+\overline{AB}C=AB+C$$

(4) 配项法

利用 $A+\overline{A}=1$、$A+A=A$，为某些乘积项配项进行化简。

例如：

$$Y=A\overline{B}+B\overline{C}+\overline{B}C+\overline{A}B=A\overline{B}+B\overline{C}+(A+\overline{A})\,\overline{B}C+\overline{A}B(C+\overline{C})$$

$$=A\overline{B}+B\overline{C}+A\overline{B}C+\overline{A}\,\overline{B}C+\overline{A}BC+\overline{A}B\,\overline{C}$$

$$=(A\overline{B}+A\overline{B}C)+(B\overline{C}+\overline{A}B\,\overline{C})+(\overline{A}\,\overline{B}C+\overline{A}BC)$$

$$=A\overline{B}+B\overline{C}+\overline{A}C$$

【例 7.23】化简函数。

$$Y=AC+\overline{B}C+B\overline{D}+C\overline{D}+A(B+\overline{C})+\overline{A}BC\overline{D}+A\overline{B}DE$$

$$=AC+\overline{B}C+B\overline{D}+C\overline{D}+A\overline{B}\,\overline{C}+A\overline{B}DE$$

$$=AC+\overline{B}C+B\overline{D}+C\overline{D}+A+A\overline{B}DE$$

$$=A+\overline{B}C+B\overline{D}+C\overline{D}$$

$$=A+\overline{B}C+B\overline{D}$$

代数法化简的优点是没有局限性，无论变量个数的多少，都可以化简。缺点是要熟练运用公式和定律，还要有一定技巧，化简的结果是否最简也难以判定。

7.3.5　逻辑函数的卡诺图化简法

1. 逻辑函数的最小项

(1) 最小项的定义

在由 n 个变量组成的乘积项中，每个变量必以原变量或反变量的形式出现且仅出现一次，

该乘积项称为 n 个变量的一个最小项。例如，在前面 3 人表决的例子中，输入变量有 3 个，分别为 A、B、C，由这 3 个变量组成的不同状态组合共有 8 个，代表着 8 个不同的乘积项：$\overline{A}\,\overline{B}\,\overline{C}$、$\overline{A}\,\overline{B}C$、$\overline{A}B\overline{C}$、$\overline{A}BC$、$A\,\overline{B}\,\overline{C}$、$A\,\overline{B}C$、$AB\overline{C}$、$ABC$，在每个乘积项中，每个变量都只出现了一次（或以原变量的形式，或以反变量的形式），因此，它们都是 3 个变量的最小项。

n 变量的逻辑函数，有 2^n 个最小项。两个变量的逻辑函数有 4 个最小项，4 个变量的逻辑函数有 16 个最小项，依次类推。

（2）最小项的性质

为了分析最小项的性质，表 7.8 列出了三变量的最小项真值表。

① 对于任意一个最小项，有且仅有一组变量的取值使它的值等于 1。

② 任意两个不同最小项的乘积恒为 0。

③ n 变量的所有最小项的和恒为 1，如只有当 ABC 取值为 001 时，最小项 $\overline{A}\,\overline{B}C$ 的值等于 1。

对只有一个变量不同的两个最小项称为相邻最小项。具有相邻性的两个最小项之和可以合并。

表 7.8 三变量最小项真值表

$A\ B\ C$	$\overline{A}\,\overline{B}\,\overline{C}$	$\overline{A}\,\overline{B}C$	$\overline{A}B\,\overline{C}$	$\overline{A}BC$	$A\overline{B}\overline{C}$	$A\overline{B}C$	$AB\overline{C}$	ABC	编号
0 0 0	1								m_0
0 0 1		1							m_1
0 1 0			1						m_2
0 1 1				1					m_3
1 0 0					1				m_4
1 0 1						1			m_5
1 1 0							1		m_6
1 1 1								1	m_7

（3）最小项的表示

最小项用 "m_i" 表示，其中，m 表示最小项，下标 i 表示最小项的编号。将最小项的取值为 1 时各输入变量的取值看成二进制数，其对应的十进制数作为最小项的编号。显然，使最小项 $\overline{A}BC$ 的值为 1 的二进制数是 011，对应的十进制数为 3，所以最小项 $\overline{A}BC$ 记为 m_3。

2. 逻辑函数的最小项表达式

任何一个逻辑函数表达式都可以转换为一组最小项之和的形式，称为最小项表达式。最小项表达式是标准与或表达式。

【例 7.24】将以下逻辑函数转换成最小项表达式：

$$Y(A,B,C) = AB + \overline{A}C$$

解：

$$
\begin{aligned}
Y(A,B,C) &= AB + \overline{A}C \\
&= AB(C+\overline{C}) + \overline{A}C(B+\overline{B}) \\
&= ABC + AB\overline{C} + \overline{A}BC + \overline{A}\,\overline{B}C \\
&= m_7 + m_6 + m_3 + m_1 = \sum m(1,3,6,7)
\end{aligned}
$$

【例 7.25】根据真值表 7.9 写出逻辑函数 Y 的最小项表达式。

表 7.9　　　　　　　　　　　　　　　　真值表

A	B	C	Y
0	0	0	0
0	0	1	1
0	1	0	1
0	1	1	0
1	0	0	0
1	0	1	0
1	1	0	1
1	1	1	0

解：由表可知，$Y=1$ 的变量取值组合有 001、010、110，对应的最小项是 $\overline{A}\,\overline{B}C$、$\overline{A}B\overline{C}$、$AB\overline{C}$，将它们求和，就得到 Y 的最小项表达式：

$$Y(A,B,C)=\overline{A}\,\overline{B}C+\overline{A}B\overline{C}+AB\overline{C}$$
$$=m_1+m_2+m_6=\sum m(1,2,6)$$

3. 卡诺图

卡诺图是由美国工程师卡诺（Karnaugh）首先提出的一种用来描述逻辑函数的特殊方格图。在这个方格图中，每一个方格代表逻辑函数的一个最小项，而且是按几何相邻反映逻辑相邻的特点进行最小项排列的。所谓逻辑相邻性，是指两个具有逻辑相邻性的最小项只有一个变量的取值不同。在卡诺图上可以直观地反映出最小项的逻辑相邻性。直观性表现在：①几何相邻性，只要小方格在几何位置上相邻（不管上下左右），它代表的最小项在逻辑上一定是相邻的；②对边相邻性，即与中心轴对称的左右两边和上下两边的小方格也具有相邻性。

（1）二变量卡诺图

二变量的卡诺图如图 7.12（a）所示。

注意，不仅 0 和 1、1 和 3、3 和 2 小方格是相邻的，同时，以对称线为轴，左右两边对称的小方格也是相邻的，如 0 和 2 小方格是相邻的。方格中的 0 即代表第 0 个小方格，也代表最小项 m_0，其余类推。

(a) 二变量卡诺图

(b) 三变量卡诺图

(c) 四变量卡诺图

图 7.12　卡诺图

（2）三变量卡诺图

三变量的卡诺图如图 7.12（b）所示。

图中 0 和 2、4 和 6 小方格也是相邻的。

（3）四变量卡诺图

四变量的卡诺图如图 7.12（c）所示。

图中 0 和 8、0 和 2、8 和 10、10 和 2 小方格也都是相邻的。

4. 建立逻辑函数的卡诺图

（1）根据真值表建立卡诺图

将卡诺图的每一个小方格对应的最小项的取值（"0" 或 "1"）填入该小方格中。

【例 7.26】 某逻辑函数的真值表如表 7.10 所示，试建立卡诺图。

表 7.10　　　　　　　　　　　　　　　　真值表

A	B	C	Y
0	0	0	0
0	0	1	0
0	1	0	0
0	1	1	1
1	0	0	0
1	0	1	1
1	1	0	1
1	1	1	1

解　该函数为三变量函数，先画出三变量卡诺图（如图 7.13 所示），然后根据真值表将 8 个最小项 Y 的取值（"0" 或者 "1"）填入卡诺图中对应的 8 个小方格中即可。

（2）根据逻辑表达式建立卡诺图

① 如果表达式为最小项表达式，则可直接填入卡诺图。

表达式中包含的最小项，在卡诺图的对应小方格中填入 "1"；表达式中没有包含的最小项，在卡诺图的对应小方格中填入 "0"。

【例 7.27】 逻辑函数为最小项表达式：$Y = \overline{A}\,\overline{B}\,\overline{C} + \overline{A}BC + AB\overline{C} + ABC$，试建立卡诺图。

解　写成简化形式：$Y = m_0 + m_3 + m_6 + m_7$

该表达式包含有最小项 m_0、m_3、m_6、m_7，因此，应在卡诺图的 0、3、6、7 小方格中填入 "1"，其余小方格中填入 "0"，如图 7.14 所示。

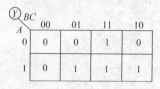

图 7.13　例 7.26 卡诺图　　　　　　　　　图 7.14　例 7.27 卡诺图

② 如果表达式不是最小项表达式，可将其先化成最小项表达式，再填入卡诺图。

③ 即便不是最小项表达式，仍可直接填入，如例 7.28。

【例 7.28】 逻辑函数表达式为 $Y = A\bar{B} + B\bar{C}D$

解 直接填入：

直接填入的方法是，直接在卡诺图中找出所有包含表达式中每一项的小方格，将其全部填上 "1"，其他小方格填 "0"，如图 7.15 所示。

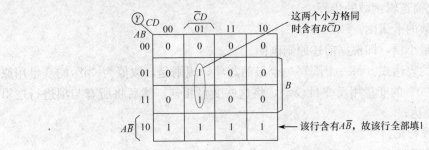

图 7.15 例 7.28 卡诺图

5. 逻辑函数的卡诺图化简法

(1) 卡诺图化简逻辑函数的原理

① 2 个相邻的最小项结合，可以消去 1 个取值不同的变量而合并为 1 项，如图 7.16 (a) 所示。

② 4 个相邻的最小项结合，可以消去 2 个取值不同的变量而合并为 1 项，如图 7.16 (b) 所示。

③ 8 个相邻的最小项结合，可以消去 3 个取值不同的变量而合并为 1 项，如图 7.16 (c) 所示。

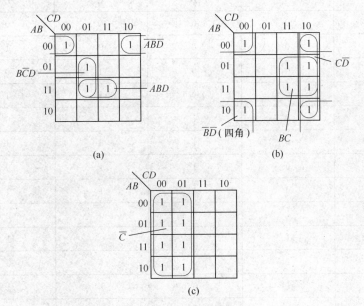

图 7.16 卡诺图化简

总之，2^n 个相邻的最小项结合，可以消去 n 个取值不同的变量而合并为 1 项。

(2) 用卡诺图合并最小项的原则 (画圈的原则)

① 画的圈要尽可能的大，但每个圈内只能含有 $2^n (n = 0, 1, 2, 3 \cdots \cdots)$ 个相邻项。要特别

注意对边相邻性和四角相邻性。

② 圈的个数尽量少。

③ 卡诺图中所有取值为 1 的方格均要被圈过，即不能漏下取值为"1"的最小项。

④ 在新画的包围圈中至少要含有 1 个未被圈过的小方格，否则该包围圈是多余的。

（3）用卡诺图化简逻辑函数的步骤

① 画出逻辑函数的卡诺图。

② 合并相邻的最小项，即根据前述原则画圈。

③ 写出化简后的表达式。每一个圈写一个最简与项，规则是，取值为"1"的变量用原变量表示，取值为"0"的变量用反变量表示，将这些变量相与，然后将所有与项进行逻辑加，即得最简与或表达式

6. 利用约束项进行化简

所谓约束项，是指那些在一个逻辑函数中取值永远都不会（或不允许）为 1 的最小项。也就是说，约束项实际上是不可能出现的逻辑状态。因此，在逻辑函数化简时，若能很好的利用约束项（比如根据需要，令某些约束项的取值为 1，这样并不会破坏逻辑关系），则能够使化简的结果更加简单。

【例 7.29】在表 7.11 的真值表中，A、B、C、D 是十进制数的二进制编码，Y 是 A、B、C、D 的逻辑函数。当十进制数是奇数时，Y 为 1，否则 Y 为 0，求 Y 的最简与或表达式。

表 7.11　　　　　　　　　　　　　　真值表

十 进 制 数	A	B	C	D	Y
0	0	0	0	0	0
1	0	0	0	1	1
2	0	0	1	0	0
3	0	0	1	1	1
4	0	1	0	0	0
5	0	1	0	1	1
6	0	1	1	0	0
7	0	1	1	1	1
8	1	0	0	0	0
9	1	0	0	1	1
—	1	0	1	0	×
—	1	0	1	1	×
—	1	1	0	0	×
—	1	1	0	1	×
—	1	1	1	0	×
—	1	1	1	1	×

解　由真值表看出，因为十进制数只有十个数码，因此，对应的二进制编码 1010～1111 是永远都不会出现的编码，这 6 个最小项都是无关项，也就是约束项，对应的 Y 值处用 × 来表示。

建立的卡诺图如图 7.17 所示。

卡诺图的中间两列圈成的一个圈共含有 8 个最小项，合并后得到最简的与或表达式为

$$Y = D$$

这是利用了 m_{11}、m_{13}、m_{15} 三个约束项的结果。

$\frac{Y \backslash CD}{AB}$	00	01	11	10
00	0	1	1	0
01	0	1	1	0
11	×	×	×	×
10	0	1	×	×

图 7.17　卡诺图

本章小结

本章首先介绍了数字信号的概念。数字信号由矩形脉冲信号组合而成，它在时间和幅值上都是离散的。常见的数字信号是二值数字量，它的每一位只有"0"和"1"两种取值。处理数字信号的电子电路称为数字电路。由于数字信号抗干扰能力强，便于存储、分析和传输，几乎应用于所有的电子设备或电子系统中。

数字计算机是典型的数字电路系统。所有的数据在计算机中都是以二进制的形式表示的，因此，有必要对一切数据用不同的二进制数码来表示，这就是编码。常用的编码是各种 BCD 码和 ASCII 码，前者用来表示十进制数的十个数码 0～9，后者用来表示包括数字、字母和特殊符号等 128 个字符，它们分别在不同的场合使用。BCD 码中要特别注意掌握 8421BCD 码。

数字电路研究的是输入和输出之间的逻辑运算关系。基本的逻辑运算有 3 种：与运算、或运算和非运算。它们的组合可以实现复杂的逻辑运算。

本章着重讨论了逻辑代数。逻辑代数是分析和设计数字逻辑电路的数学工具。一个逻辑问题可以用逻辑函数来描述。逻辑函数可以用真值表、逻辑表达式、卡诺图和逻辑图等方式来表示，这 4 种方式各具特点，可根据需要选用。4 种表示方式之间可以互相转换。

逻辑函数的化简具有重要意义。化简的方法有代数法和卡诺图法两种。代数法化简对变量个数的多少没有限制，但难以判定化简的结果是否最简；卡诺图法适合变量个数较少的情况（一般不超过 5 个），只要规则使用正确，都可得到最简的结果。

习　题

7-1　写出下列各数的按权展开式。

(1) $(375)_{10}$　　　(2) $(110111)_2$　　　(3) $(205)_8$　　　(4) $(9CA)_H$

7-2　完成下列的数制转换。

(1) $(11101)_B = ($　　$)_D = ($　　$)_O = ($　　$)_H$

(2) $(483)_D = ($　　$)_B = ($　　$)_O = ($　　$)_H$

(3) $(A8E)_H = ($　　$)_B = ($　　$)_O = ($　　$)_D$

(4) $(362)_O = ($　　$)_B = ($　　$)_D = ($　　$)_H$

7-3 完成下列十进制数和 8421BCD 码之间的转换。

(1) $(726)_D = ($ $)_{BCD}$

(2) $(105)_D = ($ $)_{BCD}$

(3) $(1101\ 0011\ 1010\ 0001)_{BCD} = ($ $)_D$

(4) $(1111100010111)_{BCD} = ($ $)_D$

7-4 已知逻辑电路和输入信号 A、B、C 的波形如图 7.18 所示，试画出输出 $Y_1 \sim Y_5$ 的波形。

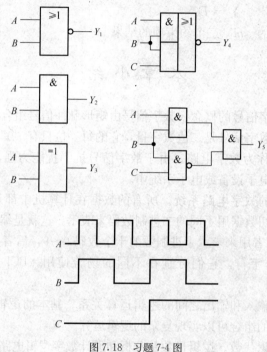

图 7.18 习题 7-4 图

7-5 用 6 位二进制数为信息编码，最多可以有多少个编码？

7-6 为 35 个信息编码，至少需要多少位二进制码？

7-7 用公式法证明下列等式：

(1) $AB + \overline{A}B + (\overline{B} + \overline{C})D = AB + \overline{A}C + D$

(2) $\overline{A}\,\overline{C} + \overline{A}B + BC + \overline{A}\,CD = \overline{A} + BC$

(3) $A + \overline{\overline{A}(B + C)} = A + \overline{B + C}$

(4) $AB(C + D) + D + \overline{D}(A + B)(\overline{B} + \overline{C}) = A + B\overline{C} + D$

(5) $A \oplus B \oplus C = A \odot B \odot C$

(6) $A\overline{B} + BD + CDE + \overline{A}D = A\overline{B} + D$

7-8 用公式法化简下列逻辑函数，写出最简与或式。

(1) $Y = (A + B)(A + \overline{A}B)C + \overline{A}(B + \overline{C}) + \overline{A}B + ABC$

(2) $Y = A + \overline{\overline{B} + CD} + \overline{A\overline{D}\,\overline{B}}$

(3) $Y = ABC\overline{D} + ABD + BC\overline{D} + ABC + BD + B\overline{C}$

(4) $Y = AC(\overline{C}D + \overline{A}B) + BC(\overline{\overline{\overline{B} + AD} + CE})$

(5) $Y = \overline{\overline{A}BC} + \overline{A\overline{B}}$

(6) $Y = A + (\overline{B + \overline{C}})(A + \overline{B} + C)(A + B + C)$

(7) $Y = A\overline{B}(\overline{ACD} + \overline{AD} + \overline{BC})(\overline{A} + B)$

(8) $Y = AD + A\overline{D} + AB + \overline{A}C + BD + ACEF + ABEF + \overline{B}EF + DEFG = A + C + BD + \overline{B}EF$

7-9　用卡诺图化简下列逻辑函数。

(1) $Y(A,B,C) = A\overline{B} + \overline{B}C + BC + A$

(2) $Y(A,B,C,D) = AB + ABD + \overline{A}C + BCD$

(3) $Y(A,B,C,D) = \overline{A}BC + AD + \overline{D}(B + C) + A\overline{C} + \overline{A}\,\overline{D}$

(4) $Y(A,B,C,D) = \sum m(0,\ 1,\ 2,\ 5,\ 7)$

(5) $Y(A,B,C,D) = \sum m(0,\ 2,\ 3,\ 4,\ 8,\ 10,\ 11)$

(6) $Y(A,B,C,D) = \sum m(2,\ 3,\ 6,\ 7,\ 8,\ 10,\ 12,\ 14)$

(7) $Y(A,B,C,D) = \sum m(0,\ 2,\ 5,\ 7,\ 8,\ 10,\ 13,\ 15)$

(8) $Y(A,B,C,D) = \sum m(0,\ 1,\ 2,\ 4,\ 8,\ 9,\ 10,\ 11,\ 12,\ 13,\ 14,\ 15)$

7-10　用卡诺图化简下列具有约束条件的逻辑函数，约束条件为 $AB + AC = 0$。

(1) $Y(A,B,C) = \overline{A}\,\overline{C} + \overline{A}B$

(2) $Y(A,B,C,D) = \sum m(0,\ 2,\ 3,\ 5,\ 6,\ 7,\ 8,\ 9)$

(3) $Y(A,B,C,D) = \sum m(0,\ 2,\ 6,\ 8)$

(4) $Y(A,B,C,D) = \sum m(1,\ 4)$

第 8 章

数字集成门电路

集成逻辑门电路是数字逻辑电路的基本硬件单元，了解集成门电路的基本原理和特性对于合理地选择和使用器件都是非常重要的。数字集成门电路的种类很多，按制作工艺的不同，可分为双极型逻辑门和单极型逻辑门。双极型包括 TTL、ECL、I²L 型，单极型包括 PMOS、NMOS、CMOS 型。其中，TTL 和 CMOS 器件是两种工艺的典型代表，应用也最为广泛。本章主要通过对这两种类型门电路的分析，介绍集成门电路的一般原理和特点。

8.1 TTL 逻辑门电路

TTL 逻辑门电路是由若干个晶体管和电阻组成的，其输入级和输出级都是晶体管，因此，这种门电路称为 TTL（Transistor-Transistor-Logic）门电路。

8.1.1 TTL 与非门

以 TTL 与非门电路为例，分析一下 TTL 电路的特点，特别是输出级的结构，因为大多数 TTL 门电路的输出级都是这种结构。

1. 与非门内部电路

典型 TTL 与非门电路如图 8.1 所示。整个电路分为 3 个部分：由晶体管 T_1 和电阻 R_1 组成输入级；T_2 和 R_2、R_3 组成中间级；T_3、T_4 和 R_4 及二极管 D 组成输出级。

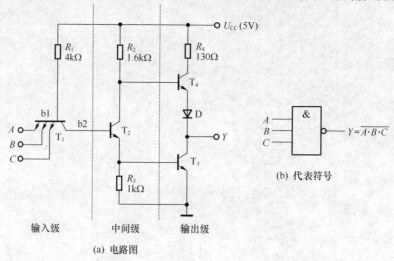

(a) 电路图

图 8.1 典型 TTL 与非门电路

T_1 是个多发射极三极管，当任一个发射极导通时，基极到这个发射极之间的电压就是 0.7V。多个发射极用来接多个输入信号。

T_2 通过发射极和集电极提供了两个相位相反的信号，使得 T_3 和 T_4 总有一个导通、一个截止。

2. 工作原理

(1) 当任何一个输入端有低电平输入时

例如，$U_A = 0.3V$，$U_B = U_C = 3.6V$，即 $A=0$，$B=C=1$，则 T_1 与 A 输入端相连的发射结正向偏置而导通，其基极电位 $U_{b1} = 0.3+0.7 = 1V$，该电位作用于 T_1 的集电结和 T_2、T_3 的发射结上，不足以让这 3 个 PN 结导通，因此，T_2、T_3 都处于截止状态。由于 T_2 截止，则 T_2 的集电极电位 U_{C2} 接近 5V，T_4 和 D 导通，Y 点的输出电压为

$$U_O = U_{C2} - U_{be4} - U_D = 5V - 0.7V - 0.7V = 3.6V$$

输出电压为高电平，有 $Y=1$。即有 A、B、C 中有一个为 0，就有 $Y=1$。

(2) 当所有输入端均为高电平信号输入时

例如，$U_A = U_B = U_C = 3.6V$，即 $A=B=C=1$，则 b1 点的电位抬高。但当 b1 点的电位抬高至 2.1V 时，T_1 的集电结和 T_2、T_3 的发射结均因正向偏置而导通，它们每个结均承担 0.7V 的压降，所以，b1 点的电位便被钳制在 2.1V。对于 T_1 管来讲，由于 $U_{E1} > U_{B1} > U_{C1}$，所以 T_1 此时工作在倒置工作状态。此时，电源 U_{CC} 通过 R_{B1} 和 T_1 的集电结向 T_2 和 T_3 提供基极电流，从而使 T_2 和 T_3 管处于饱和导通状态。而 T_2 管的集电极电位 $U_{C2} = U_{CES2} + U_{B3} = 0.2+0.7 = 0.9$ (V)，这个电位不足以让 T_4 管和二极管 D 导通，所以 T_4 管和二极管 D 均为截止状态。输出电压 $U_O = U_{CES3} = 0.2V$，为低电平。

可见，当输入全为高电平时，输出才为低电平。即有 A、B、C 全为 1，$Y=0$。

显然，该电路具有与非的逻辑功能。

3. TTL 与非门的特性与参数

(1) 电压传输特性

由于 TTL 数字集成电路制造工艺的一致性，只需分析多发射结中一个输入端的电压传输特性即可，后边讲到的输入特性也是一样。

下面简要分析与非门的电压传输特性。

① 当输入电压 $U_1 < 0.6V$ 时，T_1 导通，T_2、T_3 截止，T_4 和 D 导通，输出电压 $U_{OH} = 3.6V$，保持为高电平，如图 8.2 中 ab 段所示。

② b 点以后，随着输入电压 U_1 的增高，T_2 进入放大状态，输出电压线性下降，如图 8.2 中 bc 段所示。

③ c 点以后，随着输入电压 U_1 的继续增高，电路出现迅速翻转，输出电压急速变为低电平，如图 8.2 中 cd 段所示。cd 段的中点对应的输入电压称为域值电压 U_T（U_T 约为 1.3V）。

④ d 点以后，T_3 进入饱和区，输出电压稳定在低电平，输出电压 U_{OL} 等于 T_3 管的饱和压降（约为 0.2V），如图 8.2 中 de 段所示。

一般产品规定 $U_{OH} \geq 2.4V$、$U_{OL} \leq 0.4V$ 即为合格。

(2) 噪声容限

噪声容限是指在不影响电路正常逻辑输出的条件下，电路输入端所允许叠加的噪声电压的最大幅度，它反映了与非门电路的抗干扰能力。

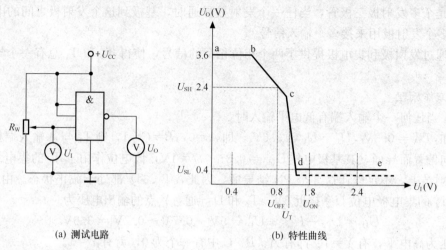

(a) 测试电路   (b) 特性曲线

图 8.2   TTL 与非门电压传输特性

　　噪声容限分为高电平噪声容限（U_{NH}）和低电平噪声容限（U_{NL}），分别同开门电平（U_{ON}）和关门电平（U_{OFF}）有关。

　　① 开门电平（U_{ON}）

　　在保证输出电平为标准低电平时 U_{SL}（对于 TTL 门电路，U_{SL} 为 0.4V）时，对应的最小输入高电平。即有，当输入电压 $U_I > U_{ON}$ 时，与非门电路输出为低电平。一般产品要求 $U_{ON} \leqslant 1.8V$，如图 8.2 所示。

　　② 关门电平（U_{OFF}）

　　在保证输出电平为标准高电平时 U_{SH}（对于 TTL 门电路，U_{SH} 为 2.4V）时，对应的最大输入高电平。即有，当输入电压 $U_I < U_{OFF}$ 时，与非门电路输出为高电平。一般产品要求 $U_{OFF} \geqslant 0.8V$，如图 8.2 所示。

　　③ 高电平噪声容限（U_{NH}）

$$U_{NH} = U_{SH} - U_{ON}$$

U_{NH} 的值越大，电路抗负向干扰电压的能力越强。

　　④ 低电平噪声容限（U_{NL}）

$$U_{NL} = U_{OFF} - U_{SL}$$

U_{NL} 的值越大，电路抗正向干扰电压的能力越强。

　　(3) TTL 与非门输入伏安特性

　　输入伏安特性是指输入电压与输入电流之间的关系特性，如图 8.3 所示。该特性描述了某一输入端电压与电流之间的关系，设其他输入端悬空或接正电源。

　　① 输入短路电流 I_{IS}

　　当 $u_1 = 0$ 时，流经这个输入端的电流称为输入短路电流 I_{IS}。

$$I_{IS} = -\frac{U_{CC} - U_{be1} - U_I}{R_1} = -\frac{U_{CC} - U_{be1}}{R_1} = -\frac{5 - 0.7}{4} \approx -1.1(mA)$$

　　式中的负号"−"表明实际电流是从与非门的输入端流出来的。

　　② 输入漏电流 I_{IH}

　　当 u_1 为高电平（通常 u_1 大于开门电平 U_{ON}）时，流经输入端的电流称为输入漏电流

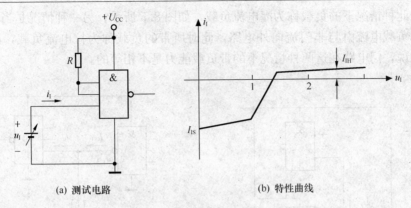

(a) 测试电路　　　　　　　　　(b) 特性曲线

图 8.3　TTL 与非门输入伏安特性

I_{IH}，即 T_1 倒置工作时的反向漏电流。其值很小，约为 $10\mu A$。

（4）输入端负载特性

输入端负载特性研究输入端通过电阻 R_1 接地时，其阻值的大小对门电路逻辑关系的影响，该电阻称为输入端的负载电阻。图 8.4 给出了 TTL 与非门输入负载特性测试电路和曲线。

由于发射极电流在 R_1 上产生压降，该压降作用在输入端，即相当于输入电压。从输入负载特性曲线上可以看出，在电阻 R_1 比较小时，其压降也较小，相当于输入信号是低电平；当 R_1 较大时，其压降也较大，当压降增大至 1.4V 时，电路将发生翻转，此时，相当于输入信号是高电平。

下面给出两个参数。

① 关门电阻 R_{off}：输出为标准高电平时，对应的输入端电阻，一般取 $0.9k\Omega$。

② 开门电阻 R_{on}：输出为标准低电平时，对应的输入端电阻，一般取 $\geqslant 2.5k\Omega$。

输入端负载电阻有重要意义：当 $R_1 < R_{off}$ 时，TTL 与非门输出高电平；当 $R_1 > R_{on}$ 时，TTL 与非门输出低电平。

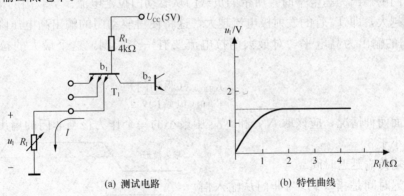

(a) 测试电路　　　　　　　　　(b) 特性曲线

图 8.4　TTL 与非门输入负载特性

（5）扇出系数 N

扇出系数是指一个与非门能够驱动同类与非门的最大数目，反映了与非门的带负载能力。

与非门带负载的情况分为两种：一种是当与非门输出为低电平时，负载电流由外电路流入与非门，此种情况下的负载称为灌电流负载，如图 8.5 所示；另一种情况是当输出电平为高电平时，负载电流由与非门流向外电路，此时所带的负载称为拉电流负载，如图 8.6 所示。一般来说，门电路在这两种情况下的带负载能力是不相等的。

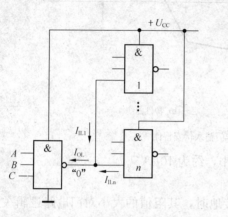 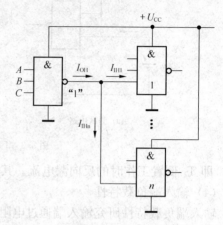

图 8.5 灌电流负载   图 8.6 拉电流负载

① 灌电流负载特性

当驱动门的输出为低电平时，所带的负载门向驱动门灌入电流。负载门的个数越多，灌入到驱动门的电流就越大，则驱动门输出级 T_3 管的饱和程度就越轻，这将使得驱动门的输出电压抬高。为保证 TTL 与非门的输出为低电平，对最大的灌入驱动门的负载电流要有一个限制，这个最大的灌电流表示为 $I_{OL(max)}$。因此，在输出为低电平时，能够驱动同类与非门的最大个数为

$$N_{OL} \leqslant \frac{I_{OL(max)}（驱动门）}{I_{IL}（负载门）}$$

② 拉电流负载特性

当驱动门的输出为高电平时，所带的负载门从驱动门拉走电流。负载门的个数越多，拉走的电流就越大，即 T_4 管的发射极电流越大，这将使得驱动门的输出高电压降低。为保证 TTL 与非门的输出为高电平，对最大的拉电流要有一个限制，这个最大的拉电流表示为 $I_{OH(max)}$。

$$N_{OH} \leqslant \frac{I_{OH(max)}（驱动门）}{I_{IH}（负载门）}$$

综合上面两种情况，应该取 N_{OL} 和 N_{OH} 中最小的一个作为该与非门的扇出系数。通常扇出系数不小于 8。

（6）平均传输延迟时间

传输延迟时间是指 TTL 与非门从输入信号变化到引起输出端的状态发生变化的时间延迟，分为前沿延迟 t_{p1} 和后沿延迟 t_{p2}，如图 8.7 所示。平均传输延迟时间则是两者的平均值，用 t_{pd} 表示，即 $t_{pd} = (t_{p1} + t_{p2})/2$。它是衡量门电路开关速度的一个重要参数，通常为 10～40ns。

图 8.7 传输延迟时间

8.1.2　TTL 反相器

实现 $Y = \overline{A}$ 逻辑关系的门电路称为反相器。TTL 反相器电路与 TTL 与非门电路基本相同,只是反相器电路的输入级是单发射极三极管构成,只有一个输入端。代表符号如图 8.8 所示。

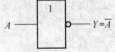

TTL 反相器的工作原理及特性参数均与 TTL 与非门相同,不再赘述。

图 8.8　反相器代表符号

8.1.3　TTL 集电极开路与非门

1. "线与"的概念

先看一个例子:当需要用二输入端的与非门实现 $Y = \overline{AB} \cdot \overline{CD}$ 操作时,要按照图 8.9 所示的电路来实现。

显然,图 8.9 电路中使用了一个与门来实现 Y_1 和 Y_2 的与操作。

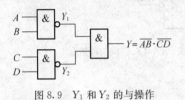

图 8.9　Y_1 和 Y_2 的与操作

能否将 Y_1 和 Y_2 直接用一根导线相连实现与操作呢(即所谓的"线与")?对于 TTL 与非门来说是不可以的。这是因为当把两个与非门的输出端直接相连时,假如一个输出端为高电平,而另一个输出端为低电平,那么,将会形成一条由高电平输出端到低电平输出端的低阻通路,该通路会产生很大的电流。这一方面使低电平输出端的电平值抬高,引起逻辑混乱;另一方面还可能会损坏器件。

但是,并不是所有的门电路都不能"线与"。下面介绍的 TTL 集电极开路与非门就可以实现"线与"。

2. TTL 集电极开路与非门

TTL 集电极开路与非门又称 OC 门,它可以有效地解决"线与"问题。

OC 门电路与 TTL 与非门电路的区别在于输出级。OC 门电路的输出级仅由一个三极管构成,并且其集电极处于开路状态,如图 8.10 所示。

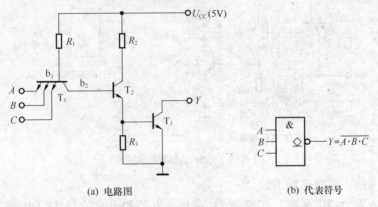

(a) 电路图　　　　　　　　　(b) 代表符号

图 8.10　TTL 集电极开路与非门

由于 T_3 的集电极开路,因此,在使用 OC 门时应通过外接电源和负载电阻的方式为集电极提供电源,如图 8.11 所示。

多个 OC 门实现"线与"时，可使用共同的负载电阻，如图 8.12 所示。只要 R_L 选择的合适，就能保证电路正常工作。通常 R_L 的选择应能保证标准高低电平的要求。另外，由于负载电阻还会起到限流保护的作用，故 R_L 不能太小；同时，负载电阻还会影响到 OC 门的开关速度，所以 R_L 也不能太大。

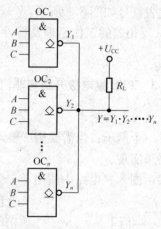

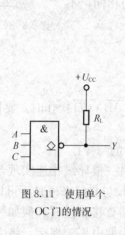

图 8.11　使用单个
OC 门的情况

图 8.12　n 个 OC 门线与的情况

8.1.4　TTL 三态与非门电路

所谓三态门，是指这种与非门电路的输出除了有高电平和低电平两种正常工作状态外，还有第三种状态：高阻态。高阻态意味着输出端具有很高的输出电阻，对外电路来说甚至相当于开路。三态门电路和代表符号如图 8.13 所示。

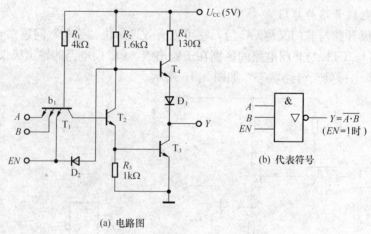

(a) 电路图

图 8.13　三态门电路和代表符号

三态与非门的工作原理如下。

当 EN 输入端为高电平时，二极管 D_2 截止，电路和正常的与非门电路工作情况相同，电路处于正常工作状态，有 $Y = \overline{A \cdot B}$。

当 EN 输入端为低电平时，V_{b1} 约为 1V，故 T_2、T_3 均截止。同时，EN 为低电平使得二极管 D_2 导通，V_{c2} 也只有 1V，使得 T_4 和 D_1 也处于截止状态。所以，此时输出端表现出高电阻状态。

从以上的分析可以看出，三态门能否工作在正常状态，是由 EN 端的状态决定的，因而，EN 端称为使能端。该电路在使能端为高电平时能够正常工作，因而使能信号为高电平有效。图 8.14 所示的三态门电路，使能端则为低电平有效。

在计算机电路中，三态门通常被用于和总线的连接电路，如图 8.15 所示。当多个设备共同使用一条数据线轮流传送数据时，这条数据线就称为总线。例如，在图 8.15 所示的总线结构中，若要实现门 G_3 向门 G_4 传送数据，只要保证 $E_3 = E_4 = 0$、$E_1 = E_2 = E_5 = 1$，则有 $Y_4 = A_3 \cdot B_3$；若要实现门 G_1 向门 G_5 传送数据，只要保证 $E_1 = E_5 = 0$、

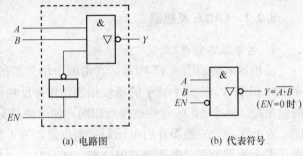

(a) 电路图　　　　　(b) 代表符号

图 8.14　低电平有效三态门电路和代表符号

$E_2 = E_3 = E_4 = 1$，则有 $Y_5 = A_1 \cdot B_1$。可见，只要按时间顺序轮流让 E_1、E_2、E_3 为低电平，G_1、G_2、G_3 就可以共用总线分时传送数据。

用三态门还可以构成数据双向传输的控制电路，如图 8.16 所示。当 $E=1$ 时，G_1 工作，G_2 为高阻态，数据从 A_1 流向 A_2；当 $E=0$ 时，G_2 工作，G_1 为高阻态，数据从 A_2 流向 A_1。

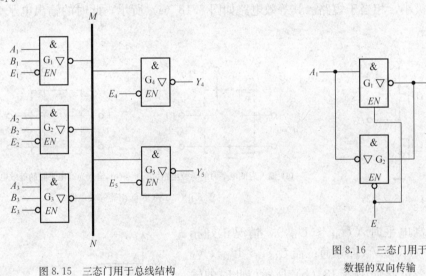

图 8.15　三态门用于总线结构

图 8.16　三态门用于数据的双向传输

8.2　CMOS 门电路

CMOS 门电路是采用 MOS 管构成的逻辑门电路。它通常由 N 沟道 MOS 管（NMOS 管）和 P 沟道 MOS 管（PMOS 管）共同组成。这两种 MOS 管在导电特性上具有互补性，因此，这种门电路称为互补型 MOS 门电路，即 CMOS 门电路。

MOS 管又分为增强型和耗尽型两种。由于增强型 MOS 管在栅源电压 $U_{GS} = 0$ 时，没有

导电沟道，漏极电流 $I_D = 0$，功耗小，因而常被用在集成数字电路中。CMOS 门电路具有工艺简单、集成度高、功耗低、抗干扰能力强等特点，工作速度又可以和 TTL 电路相比，因此，性能远优于 TTL 电路。现在，CMOS 门电路已广泛用于大规模集成器件中，成为占主导地位的逻辑器件。

8.2.1　CMOS 反相器

1. 电路及工作原理

反相器电路如图 8.17 所示。它由两个增强型的 MOS 管组成，一个 NMOS 管 V_N 和一个 PMOS 管 V_P。两个管子的栅极相连，作为反相器的输入端；两个漏极相连，作为反相器的输出端。两个 MOS 管性能接近相同，使电路具有互补和对称的特点。V_N 的栅源开启电压 U_{TN} 为正值，V_P 的栅源开启电压 U_{TP} 为负值，为了保证电路能够正常工作，必须使电源电压大于两个管子的开启电压绝对值之和，即有 $U_{DD} > U_{TN} + |U_{TP}|$。$U_{DD}$ 可在 3V～18V 之间工作。

CMOS 电路的输入电平一般接近于 0V（低电平时）或接近于 $+U_{DD}$（高电平时）。由于两个管子性能接近一致，且电路对称，所以，反相器的阈值电压 U_T 接近 $U_{DD}/2$。图 8.18 给出了 CMOS 反相器工作在两种状态时的等效电路。

当输入为低电平时（$U_{IL} \approx 0V$），V_N 管栅源电压接近 0（即 $U_{GSN} < U_{TN}$），V_N 管截止，等效电阻极大，相当于开路；而 V_P 管的栅源电压接近 $-U_{DD}$（即 $U_{GSP} < U_{TP}$），则 V_P 管导通，等效电阻极小，相当于短路。其等效电路如图 8.18（a）所示，此时的输出电平为高电平，$U_o \approx +U_{DD}$。

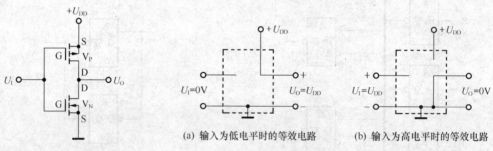

图 8.17　CMOS 反相器　　　　　　　　　　图 8.18　CMOS 反相器等效电路
（a）输入为低电平时的等效电路　　（b）输入为高电平时的等效电路

当输入为高电平时（$U_{IH} \approx U_{DD}$），情况正好相反，有 $U_{GSN} > U_{TN}$，V_N 管导通；而 $U_{GSP} < U_{TP}$，V_P 管截止，其等效电路如图 8.18（b）所示，此时的输出电平为低电平，$U_o \approx 0V$。

显然，在逻辑上，CMOS 反相器实现了逻辑非的功能。

2. CMOS 反相器的电压传输特性

CMOS 反相器的电压传输特性如图 8.19 所示。

AB 段：$U_I < U_{TN}$，$U_{GSN} < U_{TN}$，V_N 管截止；$|U_{GSP}| > |U_{TP}|$，V_P 管导通。输出高电平，$U_O \approx +U_{DD}$。

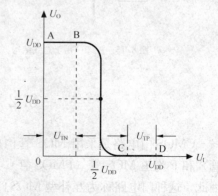

图 8.19　CMOS 反相器的电压传输特性

CD 段：$U_I > (U_{DD} - |U_{TP}|)$，$U_{GSN} > U_{TN}$，$V_N$ 管导通；$|U_{GSP}| < |U_{TP}|$，V_P 管截止。输出低电平，$U_O \approx 0V$。

BC 段：两个管子均满足导通条件。由于性能接近，参数对称，故当输入电压为 $\frac{1}{2}U_{DD}$ 时，输出电压也为 $\frac{1}{2}U_{DD}$。因此，CMOS 反相器的阈值电压为 $U_T = \frac{1}{2}U_{DD}$。

3. CMOS 反相器的主要特点

(1) 静态功耗很小

因为在两种情况下，总有一个管子处于截止工作状态，漏电流极小。

(2) 抗干扰能力强

由于电路的翻转电压为 $\frac{1}{2}U_{DD}$，且通常 $U_{IL} \approx 0V$，$U_{IH} \approx U_{DD}$，因此，电路的噪声容限为 $U_{NL} = U_{NH} = \frac{1}{2}U_{DD}$。

(3) 电源利用率高

电源电压允许在 3V～18V 范围内选取，并且，输出电平的波动范围大，因此，电源电压工作范围宽，电源的利用率高。

8.2.2　CMOS 与非门

图 8.20 是由 4 个 CMOS 管构成的二输入与非门电路。两个 PMOS 管 V_{P1} 和 V_{P2} 并联，两个 NMOS 管 V_{N1} 和 V_{N2} 串联，每个输入端分别和一个 NMOS 及一个 PMOS 管的栅极相连。当 A 和 B 两个输入端中任何一个为低电平时，与之相连的 NMOS 管就会截止，而与之相连的 PMOS 管就会导通，其输出为高电平；只有当两个输入端全为高电平时，相串联的两个 NMOS 管全都导通，相并联的两个 PMOS 管都截止，输出才为低电平。表 8.1 列出了工作状态真值表。

表 8.1　与非门工作状态真值表

A	B	V_{N1}	V_{N2}	V_{P1}	V_{P2}	Y
0	0	截止	截止	导通	导通	1
0	1	截止	导通	导通	截止	1
1	0	导通	截止	截止	导通	1
1	1	导通	导通	截止	截止	0

8.2.3　CMOS 或非门

图 8.21 是由 4 个 CMOS 管构成的二输入或非门电路。和与非门电路相反，两个 NMOS 管 V_{N1} 和 V_{N2} 相并联，两个 PMOS 管 V_{P1} 和 V_{P2} 相串联。A 和 B 两个输入端只要有一个是高电平，两个并联的 NMOS 管总有一个会导通，而两个串联的 PMOS 管总有一个要截止，所以，输出就是低电平。只有当 A 和 B 同时为低电平时，才会使 V_{N1} 和 V_{N2} 同时截止，V_{P1} 和 V_{P2} 同时导通，输出才是高电平。表 8.2 列出了工作状态真值表。

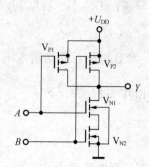

图 8.20　CMOS 与非门电路

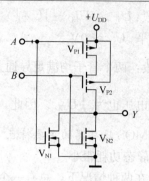

图 8.21　CMOS 或非门电路

表 8.2　　　　　　　　　　　或非门工作状态真值表

A	B	V_{N1}	V_{N2}	V_{P1}	V_{P2}	Y
0	0	截止	截止	导通	导通	1
0	1	截止	导通	导通	截止	0
1	0	导通	截止	截止	导通	0
1	1	导通	导通	截止	截止	0

8.2.4　CMOS 三态门

CMOS 三态门电路如图 8.22 所示。其中 V_{P1} 和 V_{N1} 组成反相器，A 是输入，Y 是输出。V_{P2} 和 V_{N2} 的栅极受使能端 EN 控制。当 $EN=0$ 时，V_{P2} 和 V_{N2} 均导通，整个电路等效为一个反相器，这是电路的工作状态。当 $EN=1$ 时，V_{P2} 和 V_{N2} 均截止，输出端如同开路，电路呈现高阻状态。

8.2.5　CMOS 传输门和模拟开关

（1）CMOS 传输门

CMOS 传输门是一种可以传送模拟信号的开关电路，简称 TG，其电路和逻辑符号如图 8.23 所示。它由两个互补的 MOS

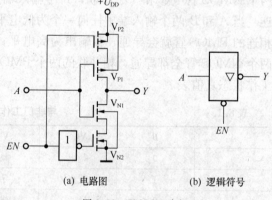

(a) 电路图　　　　(b) 逻辑符号

图 8.22　CMOS 三态门

管并联而成。PMOS 管 V_P 的衬底须接电源 $+U_{DD}$，NMOS 管 V_N 的衬底须接地。由于 MOS 管的栅极和漏极可以互换，所以输入端和输出端也可以互换，因而，传输是双向的。

两个管子的栅极分别接两个互补的控制信号，用于控制传输门的通和断。当 $C=+U_{DD}$，$\bar{C}=0V$（即 $C=1$，$\bar{C}=0$）时，两个管子互补导通，即一个管子由导通变截止时，另一个管子则由截止变导通。所以，整体上看传输门的导通是恒定的，导通电阻近似为一个很小的常数，这正是它可以传送模拟信号的优势。传输门可传送的模拟信号的变化范围在 $0\sim+U_{DD}$ 之间。

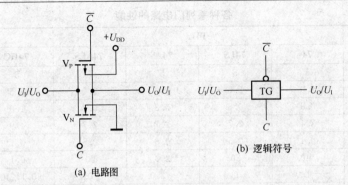

(a) 电路图

(b) 逻辑符号

图 8.23 CMOS 传输门

当 $\overline{C} = + U_{DD}$，$C = 0V$（即 $C = 0$, $\overline{C} = 1$）时，两个管子均截止，传输门断开，起到了隔离输入端和输出端的作用。

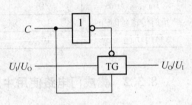

图 8.24 模拟开关

（2）模拟开关

将传输门的两个控制信号输入端用一个反相器连接，可以构成模拟开关电路，如图 8.24 所示。

C 为模拟开关的控制端。当 C 为输入高电平时，TG 导通；当 C 输入低电平时，TG 截止。

8.3 集成门电路系列及使用应注意的问题

8.3.1 集成门电路系列

1. TTL 门电路系列

按消耗的功率和工作速度的不同，TTL 门电路又分为普通型（或标准型）、S（肖特基型）、LS（低功耗肖特基型）、AS（先进的肖特基型）、ALS（先进的低功耗肖特基型）等子系列。它们的工作电压都是5V。"肖特基（Schottky）"是提高电路工作速度的一种电路名称。

此外，按工作环境分，还可以分为54系列和74系列。54系列门电路工作环境温度为 $-55℃ \sim 125℃$；74系列门电路工作环境温度为 $0℃ \sim 70℃$。

2. CMOS 门电路系列

CMOS 逻辑门器件有3大系列：4000系列、74C××系列和硅－氧化铝系列。

4000系列是最早开发的CMOS电路，工作电压为 $3V \sim 18V$。它又有多个子系列，最常用的是子系列 B，如 CD4002B（是包含4个二输入与非门的集成门电路，CD 表示是美国 RCA 公司的产品）。

74C××系列和TTL的74系列在功能和管脚设置上保持一致。74C××系列又分为C（普通 CMOS 型）、HC/HCT（高速 CMOS 型）、AC/ACT（先进的 CMOS 型）等子系列。他们的工作电压都是5V。其中 HCT 和 ACT 系列又是和 TTL 相兼容的。

硅－氧化铝系列用的不多。

3. 各种门电路性能比较

表8.3列出了各种系列门电路的性能。

表 8.3 各种系列门电路的性能

系列 参数	TTL				CMOS	
	74	74LS	74AS	74ALS	74HC	74HCT
电源电压/V	5	5	5	5	5	5
$U_{IH(max)}$/V	2.0	2.0	2.0	2.0	3.5	2.0
$U_{IL(max)}$/V	0.8	0.8	0.8	0.8	1.0	0.8
$U_{OH(max)}$/V	2.4	2.7	2.7	2.7	4.9	4.9
$U_{OL(max)}$/V	0.4	0.5	0.5	0.5	0.1	0.1
$I_{IH(max)}$/μA	40	20	200	20	0.1	0.1
$I_{IL(max)}$/mA	−1.0	−0.4	−2.0	−0.2	$−0.1\times10^{-3}$	$−0.1\times10^{-3}$
$I_{OH(max)}$/mA	0.4	0.4	2	0.4	4	4
$I_{OL(max)}$/mA	−16	−8	−20	−8	−4	−4
每门传输延时/ns	10	8	1.5	2.5	10	13
每门功耗/mW	10	4	20	2	5×10^{-3}	1×10^{-3}

8.3.2 集成门电路使用中应注意的问题

1. TTL 和 CMOS 电路的混用问题

集成电路在使用过程中，常常涉及到 CMOS 电路和 TTL 等其他电路之间的连接问题。无论是 CMOS 驱动 TTL，还是 TTL 驱动 CMOS，都必须使前级器件的输出电流大于后级器件对输入电流的要求，前级器件输出的逻辑电平满足后级器件对输入电平的要求，并不得对器件造成损坏。若不匹配时，则必须使用电平转换或电流转换接口电路。逻辑器件的接口电路主要应注意电平匹配和输出能力两个问题，要和器件的电源电压结合起来考虑。关于这部分内容可参考其他书籍的介绍。

2. 对多余输入端的处理

对于 TTL 门来说，多余的输入端可以悬空；如果前一级有足够的驱动能力，也可以与已用的输入端并联使用；还可以根据逻辑功能的要求将其接电源或接地。

对 CMOS 门来说，由于输入阻抗极高，且输入电容小，当栅极悬空时，极易受外界干扰信号的影响，破坏电路的逻辑功能，甚至还可能损坏器件。所以，多余的输入端不允许悬空。可以与已用的输入端并联使用，也可以根据逻辑功能的要求将其接电源或接地。

3. CMOS 门电路的静电保护问题

虽然各种 CMOS 门电路器件输入端有抗静电的保护措施，但 CMOS 电路的输入阻抗仍达到 $10^8\,\Omega$ 以上，所以太大的瞬变信号和过高的静电电压将使保护电路失去作用。因此，在焊接 CMOS 器件时，电烙铁必须可靠接地，以防电烙铁漏电击穿器件输入端。一般可利用电烙铁断电后的余热焊接，并先焊接接地脚。

另外，也要注意在包装、存储、运输等环节中可能产生的静电问题，可采取多种措施避免静电影响。比如将 CMOS 集成电路放在抗静电的材料中储存和运输，工作台面和使用的设备要可靠接地，手或工具在接触集成块前最好先接一下地，工作人员不穿易产生静电的衣服等。

本 章 小 结

集成逻辑门电路是数字逻辑电路的基本硬件单元。数字集成门电路分为双极型逻辑门和单极型逻辑门。TTL 是双极型逻辑门的典型代表，CMOS 器件是单极型逻辑门的典型代表。它们各有自己的产品系列。

本章详细介绍了 TTL 与非门。它由输入级、中间驱动级和输出级组成，输入级采用多发射极三极管，以形成与非门的多个输入端。其输出级采用了推拉结构，以提高工作速度和带负载能力。TTL 与非门的主要特性有电压传输特性、输入端特性（包括伏安特性和负载特性）、噪声容限、扇出系数等。深入理解 TTL 与非门的特性和参数，有助于理解各类门电路的外特性。

TTL 反相器和 TTL 与非门的区别，仅在于反相器的输入端是单发射极三极管。

集电极开路与非门（OC 门）的特点是可以实现"线与"，但在使用时需要合理选择外接电阻。三态门是具有 3 种输出状态的门电路，即除了高、低电平外，还有第三种状态——高阻态。三态门常用于具有总线传输特点的控制电路中。

CMOS 门电路是目前应用比较广泛的门电路。它由具互补特性的 PMOS 管和 NMOS 管组成。和 TTL 电路相比，CMOS 门电路具有功耗低、噪声容限大、扇出数大的优点。CMOS 门电路不但可以构成反相器、与非门和或非门等门电路外，还可以构成能够传输模拟信号的传输门。使用 CMOS 电路应注意防静电问题，CMOS 器件的输入端不能悬空。

习 题

8-1 某集成门电路，手册上规定 $U_{OL(max)} = 0.4V$，$U_{IL(max)} = 0.2V$，$U_{OH(min)} = 2.4V$，$U_{IH(min)} = 2V$。试求该电路的噪声容限。

8-2 试判断图 8.25 所示 TTL 电路能否按各图要求的逻辑关系正常工作？若电路的接法有错，则修改电路。

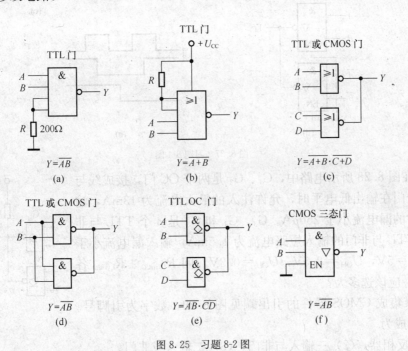

图 8.25 习题 8-2 图

8-3 在图 8.26（a）所示电路中，两个输入信号的波形如图 8.26（b）所示，信号的重复频率为 1MHz，每个门的平均延迟时间 $t_{pd}=20$ns。试画出：

(1) 不考虑 t_{pd} 时的输出波形；

(2) 考虑 t_{pd} 时的输出波形。

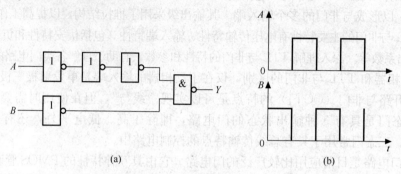

图 8.26　习题 8-3 图

8-4　图 8.27 所示电路均为 TTL 门电路，要求：

(1) 写出 Y_1、Y_2、Y_3、Y_4 的逻辑表达式；

(2) 根据图 8.27（e）所示 A、B、C 的波形，分别画出 $Y_1 \sim Y_4$ 的波形。

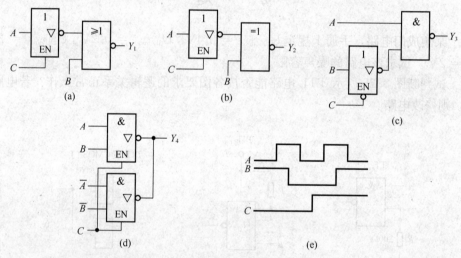

图 8.27　习题 8-4 图

8-5　在图 8.28 所示电路中，G_1、G_2 是两个 OC 门，接成线与形式。每个门在输出低电平时，允许注入的最大电流为 13mA，输出高电平时的漏电流小于 250μA。G_3、G_4 和 G_5 是 3 个 TTL 与非门，已知 TTL 与非门的输入短路电流为 1.5mA，输入漏电流小于 50μA，$U_{CC}=5$V，$U_{OH}=3.5$V，$U_{OL}=0.3$V。问 $R_{L(max)}$、$R_{L(min)}$ 各是多少？R_L 应该选多大？

8-6　某集成 CMOS 器件的引出端见图 8.29，数字为引脚号。试分别连接成为

(1) 三反相器，(2) 三输入与非门，(3) 二输入或非门。

8-7　求图 8.30 所示电路的输出逻辑表达式 L。

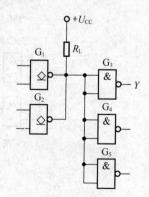

图 8.28　习题 8-5 图

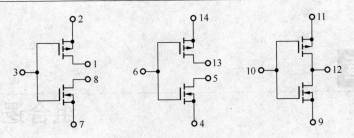

图 8.29　习题 8-6 图

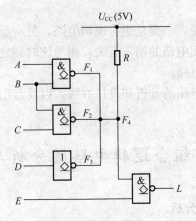

图 8.30　习题 8-7 图

第 9 章

组合逻辑电路

数字逻辑电路分为两大类，一类是组合逻辑电路，另一类是时序逻辑电路。如果电路在任一时刻的输出仅仅与该时刻电路的输入有关，而与该时刻之前电路的状态无关，这样的数字逻辑电路就称为组合逻辑电路。

本章主要介绍组合逻辑电路的分析和设计方法，以及常用的组合逻辑电路的逻辑功能和应用。

9.1 组合逻辑电路的分析与设计

9.1.1 组合逻辑电路的分析

组合逻辑电路的分析，是对一个给定的组合逻辑电路，确定其实现的逻辑功能。分析的一般步骤如下。

（1）根据给定的逻辑电路，从输入到输出逐级写出各个输出端的逻辑表达式。

（2）将各输出端表达式化简，以利于写出真值表（若表达式已为最简形式，则可略去这一步）。

（3）列出真值表。

（4）分析真值表，概括其逻辑功能。

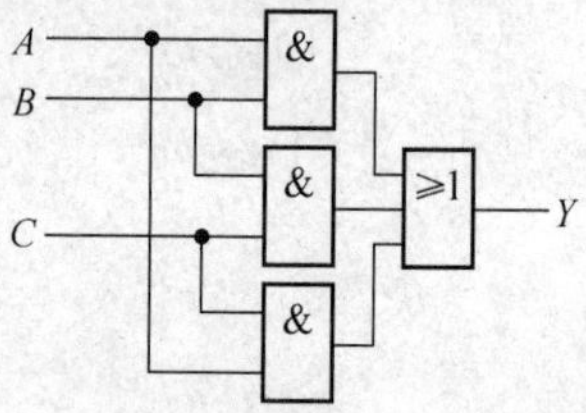

【例 9.1】分析图 9.1 所示电路的逻辑功能。

解　（1）写出该电路输出端 Y 的逻辑表达式。

$$Y = AB + BC + AC$$

（2）列出 Y 的真值表，见表 9.1。

图 9.1 逻辑图

表 9.1　　　　　　　　　　　　　　　真值表

$A\,B\,C$	Y
0 0 0	0
0 0 1	0
0 1 0	0
0 1 1	1
1 0 0	0
1 0 1	1
1 1 0	1
1 1 1	1

（3）分析真值表发现，当 3 个输入变量中，有两个或 3 个变量同时为 1 时，Y 为 1。只有一个为 1 或全为 0 时，Y 为 0。可以概括为该电路是 3 人表决电路。

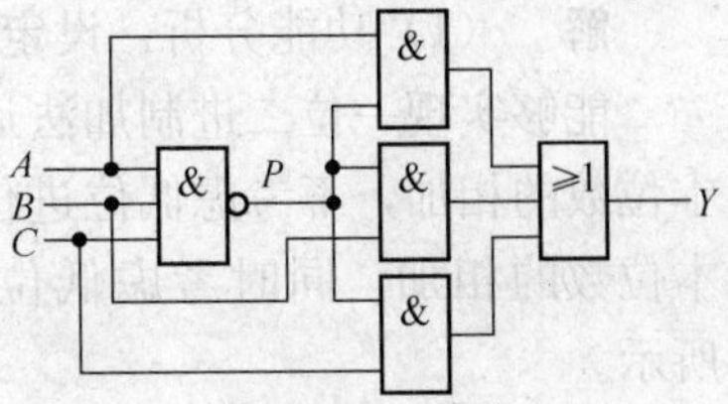

图 9.2　逻辑图

【例 9.2】分析图 9.2 所示电路的逻辑功能。

解　（1）写出该电路输出端 Y 的逻辑表达式。

$$P = \overline{ABC}$$

$$Y = AP + BP + CP = A\overline{ABC} + B\overline{ABC} + C\overline{ABC}$$

（2）化简表达式

$$Y = \overline{ABC}(A + B + C) = \overline{\overline{ABC} + \overline{A + B + C}} = \overline{ABC + \overline{A}\,\overline{B}\,\overline{C}}$$

（3）写出真值表，见表 9.2。

表 9.2　　　　　　　　　　　　　　　真值表

$A\ B\ C$	Y
0 0 0	0
0 0 1	1
0 1 0	1
0 1 1	1
1 0 0	1
1 0 1	1
1 1 0	1
1 1 1	0

（4）分析真值表发现，当 3 个输入变量的值全为 0 或全为 1 时，Y 为 0。否则，当 3 个输入变量的值不一致时，Y 为 1。可以认为该电路是一个判断 3 个变量是否一致的电路。

9.1.2　组合逻辑电路的设计

组合逻辑电路的分析，是根据给定的逻辑功能，设计出实现其功能的最佳逻辑电路。

所谓最佳的电路，是指设计的电路在满足逻辑功能的前提下，所用的器件数最少，路径最短。因为器件越少，功耗就越小，可靠性也越高；路径越短，延迟就越小。

组合逻辑电路的设计常用的方法有两种：一种是传统方法，即采用小规模集成电路（集成门电路）来实现；另一种是采用中规模集成电路来实现。这两种方法略有不同。这里主要介绍传统方法，采用中规模集成电路的方法将在后边的应用中加以介绍。

传统组合逻辑电路设计的一般步骤如下。

（1）分析逻辑功能的要求，确定输入变量和输出变量，并确定 0、1 的含义，列出真值表。

（2）由真值表写出输出函数的逻辑表达式。

（3）对表达式进行化简。

（4）确定所用的门电路器件，并根据所使用的器件转换表达式的形式。

（5）画出逻辑电路图。

【例 9.3】设计一个全加器。

解 （1）功能分析，设定变量，列出真值表。

能够实现一位二进制加法运算的电路称为加法器。如果仅仅是两个本位数的相加，不考虑低位进位的话，这样的加法器称为半加器。两个本位数的相加，同时考虑低位进位的称为全加器。逻辑符号如图 9.3 所示。

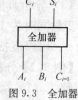

图 9.3　全加器符号

显然，全加器应该有 3 个输入变量：A_i、B_i、C_{i-1}，分别代表两个本位相加的数和一个低位进位信号。有两个输出变量：S_i 和 C_i，分别代表本位和以及本位向高位的进位。其真值表见表 9.3。

表 9.3　　　　　　　　　　　　　　　**全加器真值表**

A_i	B_i	C_{i-1}	S_i	C_i
0	0	0	0	0
0	0	1	1	0
0	1	0	1	0
0	1	1	0	1
1	0	0	1	0
1	0	1	0	1
1	1	0	0	1
1	1	1	1	1

（2）根据真值表写出 S_i 和 C_i 的表达式：

$$S_i = \overline{A_i}\overline{B_i}C_{i-1} + \overline{A_i}B_i\overline{C_{i-1}} + A_i\overline{B_i}\overline{C_{i-1}} + A_iB_iC_{i-1}$$

$$C_i = \overline{A_i}B_iC_{i-1} + A_i\overline{B_i}C_{i-1} + A_iB_i\overline{C_{i-1}} + A_iB_iC_{i-1}$$

（3）确定使用的器件。

由图 9.4 所示的卡诺图可知，S_i 的 4 个最小项不具相邻性，因而，其表达式不能化简，但从表达式可以看出，若转换为异或表达式，则电路较为简单。故选用异或门、与门和或门来实现。

转换表达式：

$$\begin{aligned}
S_i &= \overline{A_i}\overline{B_i}C_{i-1} + \overline{A_i}B_i\overline{C_{i-1}} + A_i\overline{B_i}\overline{C_{i-1}} + A_iB_iC_{i-1} \\
&= (\overline{A_i}B_i + A_i\overline{B_i})C_{i-1} + (\overline{A_i}\,\overline{B_i} + A_iB_i)\overline{C_{i-1}} \\
&= \overline{A_i \oplus B_i} \cdot C_{i-1} + (A_i \oplus B_i) \cdot \overline{C_{i-1}} \\
&= A_i \oplus B_i \oplus C_{i-1} \\
C_i &= \overline{A_i}B_iC_{i-1} + A_i\overline{B_i}C_{i-1} + A_iB_i\overline{C_{i-1}} + A_iB_iC_{i-1} \\
&= (A_i \oplus B_i)C_{i-1} + A_iB_i
\end{aligned}$$

（4）根据上述表达式，可画出有异或门、与门和或门构成的逻辑图，如图 9.5 所示。

如果用与或非门来实现，则表达式可以转化为以下的形式：

$$\begin{aligned}
S_i = \overline{\overline{S_i}} &= \overline{\overline{\overline{A_i}\,\overline{B_i}C_{i-1} + \overline{A_i}B_i\overline{C_{i-1}} + A_i\overline{B_i}\overline{C_{i-1}} + A_iB_iC_{i-1}}} \\
&= \overline{\overline{A_i}\,\overline{B_i}C_{i-1} \cdot \overline{A_i}B_i\overline{C_{i-1}} \cdot A_i\overline{B_i}\overline{C_{i-1}} \cdot A_iB_iC_{i-1}} \\
&= \overline{(A_i + B_i + \overline{C_{i-1}})(A_i + \overline{B_i} + C_{i-1})(\overline{A_i} + B_i + C_{i-1})(\overline{A_i} + \overline{B_i} + \overline{C_{i-1}})}
\end{aligned}$$

$$= \overline{A_i B_i \overline{C}_{i-1}} + \overline{A_i \overline{B}_i C_{i-1}} + \overline{\overline{A}_i B_i C_{i-1}} + \overline{A_i B_i C_{i-1}}$$

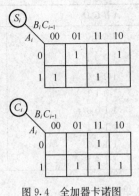

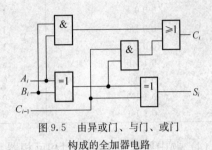

图 9.4　全加器卡诺图　　　　　　　图 9.5　由异或门、与门、或门
构成的全加器电路

由图 9.4 C_i 的卡诺图化简得

$$
\begin{aligned}
C_i &= B_i C_{i-1} + A_i C_{i-1} + A_i B_i \\
&= \overline{\overline{B_i C_{i-1}} \cdot \overline{A_i C_{i-1}} \cdot \overline{A_i B_i}} \\
&= \overline{(\overline{B}_i + \overline{C}_{i-1})(\overline{A}_i + \overline{C}_{i-1})(\overline{A}_i + \overline{B}_i)} \\
&= \overline{\overline{A_i B_i} + \overline{A_i C_{i-1}} + \overline{B_i C_{i-1}}}
\end{aligned}
$$

逻辑图如图 9.6 所示。

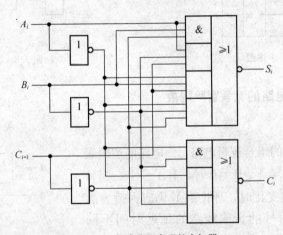

图 9.6　与或非门实现的全加器

图 9.5 的电路较简单，但图 9.6 的电路速度比图 9.5 快。

【例 9.4】用与非门和反相器设计一个 8421BCD 码的检码电路。要求当输入的码值≤5时输出为 1，否则输出为 0。

解

(1) 设定变量，列出真值表。

设 A、B、C、D 为输入的 4 个二进制位，Y 为输出。其真值表见表 9.4。

(2) 直接填入卡诺图，如图 9.7 所示。

(3) 经卡诺图化简，得表达式：

$$Y = \overline{A}\,\overline{B} + \overline{A}\,C$$

表 9.4 真值表

A B C D	Y	A B C D	Y
0 0 0 0	1	1 0 0 0	0
0 0 0 1	1	1 0 0 1	0
0 0 1 0	1	1 0 1 0	×
0 0 1 1	1	1 0 1 1	×
0 1 0 0	0	1 1 0 0	×
0 1 0 1	0	1 1 0 1	×
0 1 1 0	0	1 1 1 0	×
0 1 1 1	0	1 1 1 1	×

（4）题中要求使用与非门和反相器，因此，变换表达式：

$$Y = \overline{\overline{\overline{AB} \cdot \overline{AC}}}$$

（5）画出逻辑图，如图 9.8 所示。

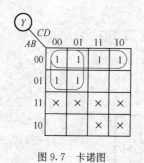

图 9.7 卡诺图

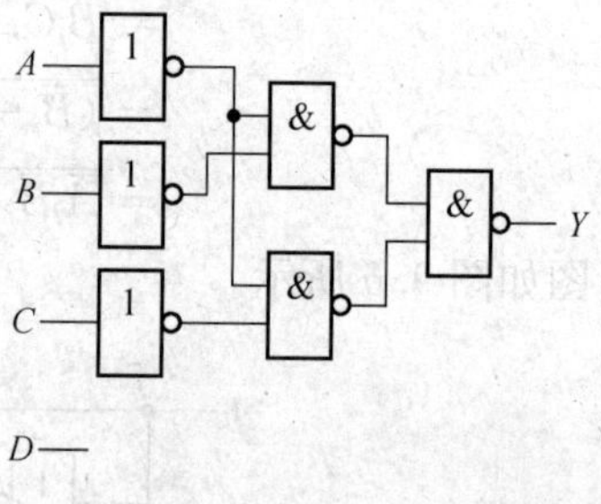

图 9.8 逻辑图

9.1.3 组合逻辑电路的竞争冒险现象

1. 竞争与冒险

如图 9.9（a）所示的组合逻辑电路，该电路的逻辑表达式为 $Y = \overline{AB}$。当 $A = 1$、$B = 0$ 时，有 $Y = 1$。当 A 和 B 同时向相反的方向变化时，理论上 Y 仍应保持为高电平，但由于 A、B 信号的传输线路的延迟时间不同（A 信号经过两个反相器会产生 $2t_{pd}$ 的延迟时间），使得 A 和 B 到达与非门的输入端的时间有差异，因而造成输出端出现了一个很窄的负向脉冲，其波形图如图 9.9（b）所示。

上面的分析忽略了线路的延迟和与非门两个输入端过渡过程的不同所造成的影响。

组合逻辑电路的两个输入信号经过不同的路径到达某一个门电路输入端的时间有先有后，这种现象称为竞争。因为竞争而使得输出端产生瞬时错误的现象称为冒险。

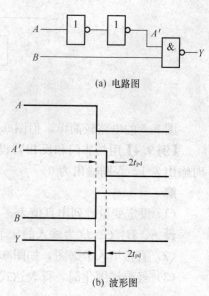

(a) 电路图

(b) 波形图

图 9.9 存在竞争的组合逻辑电路

存在竞争的电路并不一定发生冒险。在图 9.9（a）所示的电路中，如果 A 和 B 不同时发生变化，冒险就不会发生。

竞争冒险特别容易发生在图 9.10 所示的电路中。由于反相器的延迟，使得具有互补的两个信号到达与门（或者或门）的时间有先有后，电路就会发生冒险现象。

即逻辑函数为 $Y = A\overline{A}$ 或 $Y = A + \overline{A}$ 时，电路可能发生冒险现象。

发现冒险现象最有效的方法是实验。利用示波器仔细观察在输入信号各种变化情况下电路的输出信号，可以发现是否会有冒险发生。

2. 冒险现象的消除

冒险现象必须消除，否则会导致错误的结果。

消除冒险现象的方法很多。可以加滤波电容；或是修改逻辑设计，比如增加冗余项，使电路避开 $Y = A\overline{A}$ 或 $Y = A + \overline{A}$ 形式等。但最常用的方法是在组合逻辑电路的输出门引入选通脉冲信号，如图 9.11 所示。

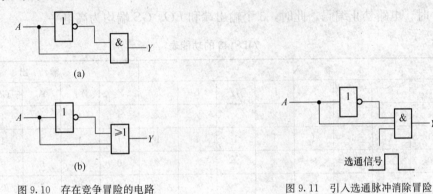

(a)

(b)

图 9.10　存在竞争冒险的电路

图 9.11　引入选通脉冲消除冒险

选通信号

只有当输入信号到达并转换稳定以后，才使选通信号有效。此前，由于没有加选通信号，输出不会产生错误脉冲。

9.2　常用组合逻辑功能器件

常用的组合逻辑电路（包括编码器、译码器、数据选择器、比较器、加法器等）已经被做成中规模集成电路产品，这些器件功能强、功耗低、体积小、使用非常方便。本节介绍74LS 系列的典型产品。

9.2.1　编码器

1. 集成编码器 74LS148

第 7 章介绍了编码的概念，并给出了常用的二进制编码。所谓二进制编码，就是用二进制代码的不同组合状态来表示一组具有特定含义的不同信息。比如 ASCII 码，就是用 7 位二进制代码的 128 个不同的组合状态来表示 128 个不同的字符。

能够实现编码功能的逻辑电路称为编码器。

下面介绍具有优先编码功能的 TTL 集成编码器 74LS148。所谓优先编码，是指当多个输入同时有信号时，电路只对其中优先级别最高的信号进行编码，可保证输出不会发生混乱。

74LS148 的符号及管脚图如图 9.12 所示。它有 8 个数据输入端和 3 个数据输出端，所以又叫 8 线－3 线编码器。图中管脚引线处的小圆圈表示低电平有效。

74LS148 的功能表见表 9.5。

各引脚的功能如下。

$I_0 \sim I_7$ 是 8 个输入端，输入待编码的状态信号，低电平有效，I_7 的优先级别最高，I_0 的级别最低。

$Y_2 \sim Y_0$ 是 3 个输出端，输出 3 位二进制编码信号。

EI 为使能输入端，用来控制编码器的工作状态。当 $EI = 0$ 时，电路允许编码；

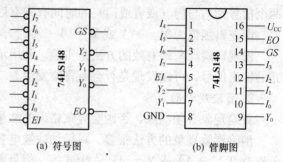

(a) 符号图　　　(b) 管脚图

图 9.12　74LS148 优先编码器

当 $EI = 1$ 时，电路禁止编码，此时，3 个输出端和 EO、GS 端均为高电平。

表 9.5　　　　　　　　　　　　　　74LS148 的功能表

输　入									输　出				
EI	I_7	I_6	I_5	I_4	I_3	I_2	I_1	I_0	Y_2	Y_1	Y_0	GS	EO
1	×	×	×	×	×	×	×	×	1	1	1	1	1
0	1	1	1	1	1	1	1	1	1	1	1	1	0
0	0	×	×	×	×	×	×	×	0	0	0	0	1
0	1	0	×	×	×	×	×	×	0	0	1	0	1
0	1	1	0	×	×	×	×	×	0	1	0	0	1
0	1	1	1	0	×	×	×	×	0	1	1	0	1
0	1	1	1	1	0	×	×	×	1	0	0	0	1
0	1	1	1	1	1	0	×	×	1	0	1	0	1
0	1	1	1	1	1	1	0	×	1	1	0	0	1
0	1	1	1	1	1	1	1	0	1	1	1	0	1

EO 为使能输出端，从表 9.5 可以看出，它只在编码器处于允许编码状态，但又没有编码信号输入时才为低电平。

GS 优先标志输出端，从表 9.5 可以看出，只要编码器处于允许编码状态，且有编码信号输入时，GS 就为低电平。

EO 和 GS 都反映了编码器的工作状态，因而，它们常被用于多个集成电路的级联，以便扩展更多的输入端。

2. 74LS148 的扩展

图 9.13 给出了用两片 74LS148 组成的编码器扩展电路。经过扩展，编码器的输入端增加为 16 个，输出用 4 位二进制代码表示。

下面分析该电路的工作原理。

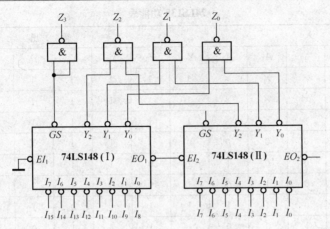

图 9.13 74LS148 的扩展

由于芯片（1）的使能输入端 $EI_1 = 0$（接地），所以芯片（1）允许编码。此时，有以下两种情况。

① 若 $I_{15} \sim I_8$ 中有信号输入，则 $EO_1 = 1$，且使 $EI_2 = 1$，从而使芯片（2）被禁止，芯片（2）的输出 $Y_2 Y_1 Y_0 = 111$，电路的输出由芯片（1）决定。

② 若 $I_{15} \sim I_8$ 中无信号输入，则芯片（1）的输出 $Y_2 Y_1 Y_0 = 111$，并且 $EO_1 = 0$，从而使得 $EI_2 = 0$，芯片（2）允许编码。所以，此时电路的输出由芯片（2）决定。

显然，芯片（1）的优先级高于芯片（2）。

由于电路的 Z_3 输出端由芯片（1）的 GS 信号决定。所以，芯片（2）的编码范围为 0000~0111，芯片（1）的编码范围为 1000~1111。

9.2.2 译码器

译码是编码的逆过程，实现译码的电路称为译码器。译码器把输入的二进制代码转换为代码所代表的特定信号。

1. 集成译码器 74LS138

74LS138 译码器是一种通用的译码器。它有 3 个数据输入端和 8 个数据输出端，所以又叫 3 线－8 线译码器。图 9.14 是它的逻辑功能符号图和管脚图，表 9.6 是它的功能表。

各引脚的功能如下。

$A_2 A_1 A_0$ 是 3 个数据输入端，可输入 3 位二进制代码，输入信号共有 8 种组合状态。

$Y_0 \sim Y_7$ 是 8 个数据输出端，低电平有效，每一个输出端对应一种输入的代码组合。

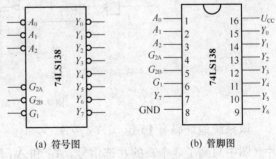

(a) 符号图　　(b) 管脚图

图 9.14 74LS138 优先编码器

G_1、G_{2A}、G_{2B} 是 3 个使能输入端，当 $G_1 = 1$，$G_{2A} + G_{2B} = 0$ 时，译码器被选通，处于工作状态；否则，译码器被禁止，所有输出为高电平。

表 9. 6 **74LS138 功能表**

输			入			输					出		
G_1	G_{2A}	G_{2B}	A_2	A_1	A_0	Y_0	Y_1	Y_2	Y_3	Y_4	Y_5	Y_6	Y_7
0	×	×	×	×	×	1	1	1	1	1	1	1	1
×	1	×	×	×	×	1	1	1	1	1	1	1	1
×	×	1	×	×	×	1	1	1	1	1	1	1	1
1	0	0	0	0	0	0	1	1	1	1	1	1	1
1	0	0	0	0	1	1	0	1	1	1	1	1	1
1	0	0	0	1	0	1	1	0	1	1	1	1	1
1	0	0	0	1	1	1	1	1	0	1	1	1	1
1	0	0	1	0	0	1	1	1	1	0	1	1	1
1	0	0	1	0	1	1	1	1	1	1	0	1	1
1	0	0	1	1	0	1	1	1	1	1	1	0	1
1	0	0	1	1	1	1	1	1	1	1	1	1	0

2.74LS138 译码器的应用

（1）用于地址译码

计算机的存储系统常由多个存储芯片构成，它的寻址电路可用 74LS138 译码器产生存储芯片的片选信号。图 9.15 就是这种应用的一个实例。

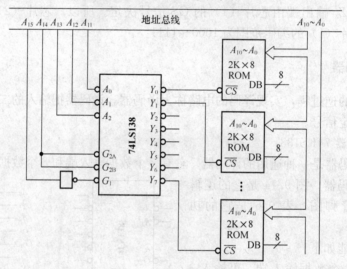

图 9.15 存储器片选电路

该系统地址码有 16 位（$A_{15} \sim A_0$），$A_{10} \sim A_0$ 用于片内寻址，$A_{13} \sim A_{11}$ 用于 8 个存储芯片（图中只画了 3 个）的片选信号，A_{15} 和 A_{14} 用于 74LS138 本身的选通。当 $A_{15}A_{14} = 00$ 时选中该片译码器，当 $A_{13} \sim A_{11}$ 以次从 $000 \sim 111$ 取值时，译码器的 8 个输出端每次有一个输出低电平，选中一个相应的存储芯片。

（2）用作函数发生器

用 74LS138 可以构成任意的 3 变量的逻辑函数，下面通过一个例子加以说明。

【例 9.5】 用 74LS138 实现函数 $Y = \overline{B}\overline{C} + \overline{A}BC$。

解 ① 将 G_1 接 5V，G_{2A}、G_{2B} 接地。根据 74LS138 的功能表可知：

$$Y_0 = \overline{\overline{A}_2\overline{A}_1\overline{A}_0}; \quad Y_1 = \overline{\overline{A}_2\overline{A}_1A_0}; \quad Y_2 = \overline{\overline{A}_2A_1\overline{A}_0}; \quad Y_3 = \overline{\overline{A}_2A_1A_0}$$

$$Y_4 = \overline{A_2\overline{A}_1\overline{A}_0}; \quad Y_5 = \overline{A_2\overline{A}_1A_0}; \quad Y_6 = \overline{A_2A_1\overline{A}_0}; \quad Y_7 = \overline{A_2A_1A_0}$$

② 将 A、B、C 分别接到 A_2、A_1、A_0 输入端，并将表达式化成最小项之和的形式：

$$Y = \overline{B}\overline{C} + \overline{A}BC = (A + \overline{A})\,\overline{B}\overline{C} + \overline{A}BC = (A + \overline{A})\,\overline{B}\overline{C} + \overline{A}BC = A\overline{B}\overline{C} + \overline{A}\,\overline{B}\,\overline{C} + \overline{A}BC$$

$$= A_2\,\overline{A}_1\,\overline{A}_0 + \overline{A}_2\,\overline{A}_1\,\overline{A}_0 + \overline{A}_2A_1A_0 = \overline{Y}_4 + \overline{Y}_0 + \overline{Y}_3$$

利用摩根定律将其变换为 $Y = \overline{Y}_4 + \overline{Y}_0 + \overline{Y}_3 = \overline{\overline{Y}_4 + \overline{Y}_0 + \overline{Y}_3} = \overline{Y_4 Y_0 Y_3}$。

③ 画逻辑图，如图 9.16 所示。

3. 显示译码器

数字系统往往需要把数字量用十进制的形式直观地显示出来，以方便人们的观察，实现这一功能的电路称为数字显示电路。数字显示电路一般由显示译码器、驱动器和显示器件组成。

（1）显示器件

显示器件有好多种，如发光二极管数码管（LED）、辉光数码管、荧光数码管和液晶数码管等。这里介绍在数字系统中广泛使用的 LED 数码管，如图 9.17 所示。

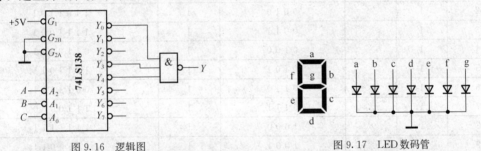

图 9.16　逻辑图　　　　　　　　　　图 9.17　LED 数码管

LED 数码管是由 7 个发光二极管组成的七段式显示器件，它利用 7 个发光段的不同组合来显示不同的十进制数字。LED 数码管有共阳、共阴之分，图 9.17 采用的是共阴极的接法。在共阴极的接法中，哪个二极管的阳极接收到高电平，则哪个二极管发光。

（2）显示译码器

七段显示译码器 74LS48 是一种与共阴极 LED 数码管配合使用的集成译码器，它的符号图和管脚排列图如图 9.18 所示。

各引脚的功能如下。

$A_3 \sim A_0$ 是 BCD 码输入端，A_3 是最高位。$Y_a \sim Y_g$ 是译码输出端，输出高电平为有效电平，可直接驱动共阴极发光二极管显示器。当在输入端输入 8421BCD 码时，驱动显示器显示对应的十进制数。比如，输入 8421BCD 码 0101，对应的十进制数是 5，为了显示 5，译码器的 Y_a、Y_f、Y_g、Y_c、Y_d 输出端应该输出高电平。当输入的不是 8421BCD 码时，输出信号则不能显示十进制数。表 9.7 给出了 74LS48 的功能表。

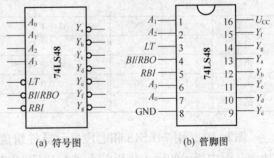

图 9.18　74LS48 显示译码器

74LS48 有 3 个使能端，其功能如下。

(1) 试灯控制端（LT），低电平有效。在 $BI/RBO=1$ 期间，如果 $LT=0$，则 $Y_a \sim Y_g$ 输出全为高电平，七段显示器全亮。该端用来测试译码器本身和显示器件是否正常。

(2) 动态灭零输入端（RBI），低电平有效。当 $LT=1$、$RBI=0$、且输入代码 $A_3 \sim A_0$ 全为 0 时，该位输出不显示，即 0 字被熄灭；当译码输入不全为 0 时，该位正常显示。本输入端用于消隐无效的 0。

(3) 消隐输入/灭零输出端（BI/RBO）。这是一个既可以作输入又可以作输出的双用端子。用作输入并使 $BI=0$ 时，无论其他输入端状态如何，都强制使其输出端均为低电平，显示器 7 个字段全灭，此即消隐输入；用作输出时，则受控于 LT 和 RBI：当 $LT=1$、$RBI=0$，并且输入代码 $A_3 \sim A_0$ 全为 0 时，有 $BI/RBO=0$，表示输出处于灭零状态。其他情况下 $BI/RBO=1$。本端子主要用于显示多位数字时，多个译码器之间的连接。

表 9.7   74LS48 的功能表

| 数 字 | 输 入 | | | BI/RBO | 输 出 |
	LT	RBI	$A_3\,A_2\,A_1\,A_0$		$Y_a\,Y_b\,Y_c\,Y_d\,Y_e\,Y_f\,Y_g$
0	1	1	0 0 0 0	1	1 1 1 1 1 1 0
1	1	×	0 0 0 1	1	0 1 1 0 0 0 0
2	1	×	0 0 1 0	1	1 1 0 1 1 0 1
3	1	×	0 0 1 1	1	1 1 1 1 0 0 1
4	1	×	0 1 0 0	1	0 1 1 0 0 1 1
5	1	×	0 1 0 1	1	1 0 1 1 0 1 1
6	1	×	0 1 1 0	1	0 0 1 1 1 1 1
7	1	×	0 1 1 1	1	1 1 1 0 0 0 0
8	1	×	1 0 0 0	1	1 1 1 1 1 1 1
9	1	×	1 0 0 1	1	1 1 1 0 0 1 1
10	1	×	1 0 1 0	1	0 0 0 1 1 0 1
11	1	×	1 0 1 1	1	0 0 1 1 0 0 1
12	1	×	1 1 0 0	1	0 1 0 0 0 1 1
13	1	×	1 1 0 1	1	1 0 0 1 0 1 1
14	1	×	1 1 1 0	1	1 1 0 1 1 1 1
15	1	×	1 1 1 1	1	0 0 0 0 0 0 0
消隐	×	×	× × × ×	0	0 0 0 0 0 0 0
灭零	1	0	0 0 0 0	0	0 0 0 0 0 0 0
试灯	0	×	× × × ×	1	1 1 1 1 1 1 1

图 9.19 是用 74LS48 和七段显示器件组成的多位数字显示电路。该电路具有动态灭零功能。图中所示的输入代码是十进制数 0903 的 8421BCD 码。由于最高位芯片的 RBI 端接地，输入代码又为 0000，因此最高位灭零（即前导零无显示）。同时，最高位芯片的输出 $RBO=0$，使得第二片的 $RBI=0$，但由于第二片的输入代码不为 0，使得第二片译码器可正常译码输出，显示字符 9。第三片和第四片的 $RBI=1$，不满足灭零条件，因此，正常显示字符 0 和 3。

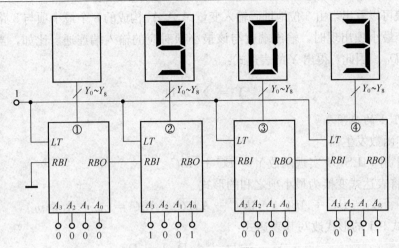

图 9.19　多位数字译码显示电路

9.2.3　数据选择器

数据选择器是一种可以从多路输入信号中选择其中的一路作为输出的器件。它相当于一个多输入、单输出的多路开关，让哪一路输入通过该开关，由数据选择器的地址码决定。

1. 集成数据选择器 74LS151

74LS151 的管脚分配和符号图如图 9.20 所示。

74LS151 有 8 个数据输入端 $D_0 \sim D_7$、2 个互补的输出端 Y 和 $\overline{Y}$；有 3 个地址输入端 $A_2 \sim A_0$，用于选择 8 路输入；EN 是一个使能输入端，低电平有效，当 $EN=1$ 时，该芯片被禁止，Y 端输出低电平。74LS151 的功能表见表 9.8。

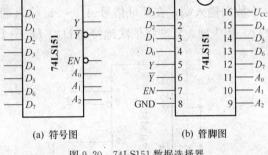

(a) 符号图　　　(b) 管脚图

图 9.20　74LS151 数据选择器

表 9.8　　　　　　　　　　　　74LS151 的功能表

输　　入		输　　出	
EN	$A_2\,A_1\,A_0$	Y	$\overline{Y}$
1	$\times\times\times$	0	1
0	0 0 0	D_0	$\overline{D_0}$
0	0 0 1	D_1	$\overline{D_1}$
0	0 1 0	D_2	$\overline{D_2}$
0	0 1 1	D_3	$\overline{D_3}$
0	1 0 0	D_4	$\overline{D_4}$
0	1 0 1	D_5	$\overline{D_5}$
0	1 1 0	D_6	$\overline{D_6}$
0	1 1 1	D_7	$\overline{D_7}$

由功能表可以看出，由 3 位地址码输入变量 $A_2A_1A_0$ 构成的 8 个最小项与 8 路输入数据相对应，当某个最小项出现时，输出端就与该最小项对应的输入端连通。比如，当 $A_2A_1A_0 = 001$ 时，$Y = D_1$。因此，得出 Y 的表达式：

$$Y = \sum_{i=0}^{7} m_i D_i \tag{9-1}$$

2. 74LS151 的应用

（1）用作函数发生器

【例 9.6】 用 74LS151 实现函数 $Y = \overline{B}\,\overline{C} + \overline{A}BC$。

解 ① 将表达式变换为最小项之和的形式

$$Y = \overline{B}\,\overline{C} + \overline{A}BC = A\overline{B}\,\overline{C} + \overline{A}\,\overline{B}\,\overline{C} + \overline{A}BC = m_0 + m_3 + m_4$$

② 按照式 9-1 的形式改写其表达式：

$$Y = m_0 D_0 + m_3 D_3 + m_4 D_4$$

③ 将与 m_0、m_3、m_4 对应的数据输入端 D_0、D_3、D_4 接高电平，其余数据输入端接低电平。并将 A_2 接 A、A_1 接 B、A_0 接 C。得到能实现 $Y = \overline{B}\,\overline{C} + \overline{A}BC$ 的逻辑图，如图 9.21 所示。

（2）用作数据串/并行转换

图 9.22 是用 74LS151 实现的串并转换电路。该电路将 8 位并行数据输入到 74LS151 的 8 个数据输入端，在地址信号 $A_2 \sim A_0$ 输入端，输入依次变化的地址信号：000→001→…→111。相应地，Y 端将依次地接通 D_0、$D_1 \cdots D_7$ 端，因而在 Y 输出端就可得到串行输出。

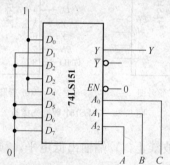

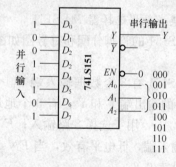

图 9.21　例 9.6 的逻辑图　　　　　　图 9.22　用 74LS151 实现的串并转换电路

9.2.4　数据比较器

数据比较器用于比较两个位数相同的二进制数的大小。74LS85 是 4 位集成数据比较器，其管脚分配图和符号图如图 9.23 所示。功能表见表 9.9。

表 9.9　　　　　　　　　　　　　　　74LS85 功能表

输　入				级 联 输 入			输　出		
$A_3 B_3$	$A_2 B_2$	$A_1 B_1$	$A_0 B_0$	$I_{A>B}$	$I_{A=B}$	$I_{A<B}$	$F_{A>B}$	$F_{A=B}$	$F_{A<B}$
$A_3 > B_3$	$\times$	$\times$	$\times$	$\times$	$\times$	$\times$	1	0	0
$A_3 < B_3$	$\times$	$\times$	$\times$	$\times$	$\times$	$\times$	0	0	1
$A_3 = B_3$	$A_2 > B_2$	$\times$	$\times$	$\times$	$\times$	$\times$	1	0	0

续表

输 入				级 联 输 入			输 出		
A_3B_3	A_2B_2	A_1B_1	A_0B_0	$I_{A>B}$	$I_{A=B}$	$I_{A<B}$	$F_{A>B}$	$F_{A=B}$	$F_{A<B}$
$A_3=B_3$	$A_2<B_2$	×	×	×	×	×	0	0	1
$A_3=B_3$	$A_2=B_2$	$A_1>B_1$	×	×	×	×	1	0	0
$A_3=B_3$	$A_2=B_2$	$A_1<B_1$	×	×	×	×	0	0	1
$A_3=B_3$	$A_2=B_2$	$A_1=B_1$	$A_0>B_0$	×	×	×	1	0	0
$A_3=B_3$	$A_2=B_2$	$A_1=B_1$	$A_0<B_0$	×	×	×	0	0	1
$A_3=B_3$	$A_2=B_2$	$A_1=B_1$	$A_0=B_0$	1	0	0	1	0	0
$A_3=B_3$	$A_2=B_2$	$A_1=B_1$	$A_0=B_0$	0	1	0	0	1	0
$A_3=B_3$	$A_2=B_2$	$A_1=B_1$	$A_0=B_0$	0	0	1	0	0	1

从比较器的输入端 $A_3A_2A_1A_0$ 和 $B_3B_2B_1B_0$ 输入的是两个待比较的 4 位二进制数 A 和 B。3 个输出端 $F_{A>B}$、$F_{A=B}$、$F_{A<B}$ 分别输出比较的结果,例如,当 $A>B$ 时,有 $F_{A>B}=1$,$F_{A=B}=F_{A<B}=0$,依次类推。两个数在比较时,是先从两个数的最高位开始,谁的最高位大则谁大;最高位相等,再比较次高位,逐位依次相比。如果 4 位全都相等,则两个数才相等。

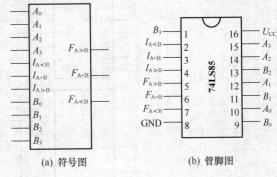

(a) 符号图　　　(b) 管脚图

图 9.23　74LS85 数据比较器

该比较器还有 3 个输入端 $I_{A>B}$、$I_{A=B}$ 和 $I_{A<B}$,输入的是多个芯片级联时低位芯片比较的结果。如果只使用一片 74LS85 对两个 4 位二进制数进行比较,应保证使 $I_{A>B}=0$、$I_{A=B}=1$、$I_{A<B}=0$。

图 9.24 是用两片 74LS85 芯片组成的两个 8 位二进制数比较电路。

9.2.5　加法器

前边介绍了全加器的电路设计。全加器是能够完成两个 1 位二进制数相加并考虑低位进位的逻辑电路。要实现多位数的相加,就必须使用多位数相加的电路。能实现多位数相加的电路称为加法器。加法器是计算机电路完成算术运算的基本逻辑电路。

按照进位方式的不同,加法器分为串行进位加法器和超前进位加法器两种。

1. 串行进位加法器

把 n 位全加器串联起来,低位全加器的进位输出连接到相邻的高位全加器的进位输入,可以构成 n 位加法器,图 9.25 所示为 4 位加法器电路。

由图 9.25 可以看出,进位信号是由低位向高位逐级传递的,这种进位方式称为串行进位。这种加法器电路简单,但由于任何一位的运算都要等到低位的运算完成后才能进行,因而运算速度不高。

2. 超前进位集成加法器 74LS283

超前进位加法器也叫并行进位加法器,在这种电路中,每一位的进位信号仅由两个加数

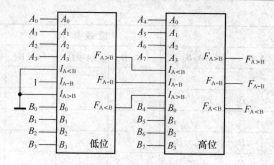

(a) 串联扩展

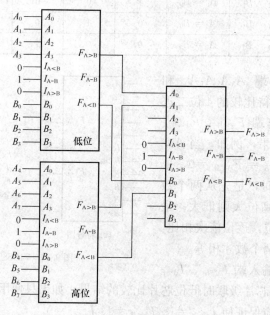

(b) 并联扩展

图 9.24　74LS85 组成的 8 位二进制数比较电路

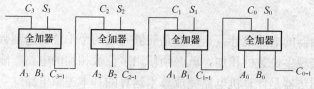

图 9.25　4 位加法器电路

产生而与低位的进位无关，因此，各位的运算可以同时进行，其运算速度大大提高。

（1）超前进位的原理

根据全加器的真值表（表 9.3）得到的表达式如下：

$$S_i = \overline{A}_i\overline{B}_iC_{i-1} + \overline{A}_iB_i\overline{C}_{i-1} + A_i\overline{B}_iC_{i-1} + A_iB_iC_{i-1} = A_i \oplus B_i \oplus C_{i-1}$$

$$C_i = \overline{A}_iB_iC_{i-1} + A_i\overline{B}_iC_{i-1} + A_iB_i\overline{C}_{i-1} + A_iB_iC_{i-1} = (A_i \oplus B_i)C_{i-1} + A_iB_i$$

令 $G_i = A_iB_i$、$P_i = A_i \oplus B_i$

则：$S_i = A_i \oplus B_i \oplus C_{i-1} = P_i \oplus C_{i-1}$

$$C_i = A_iB_i + (A_i \oplus B_i)C_{i-1} = G_i + P_iC_{i-1}$$

由此推出 4 位超前进位加法器的递推公式：

$$\begin{cases} S_0 = P_0 \oplus C_{0-1} \\ C_0 = G_0 + P_0 C_{0-1} \end{cases}$$

$$\begin{cases} S_1 = P_1 \oplus C_0 \\ C_1 = G_1 + P_1 C_0 = G_1 + P_1 G_0 + P_1 P_0 C_{0-1} \end{cases}$$

$$\begin{cases} S_2 = P_2 \oplus C_1 \\ C_2 = G_2 + P_2 C_1 = G_2 + P_2 G_1 + P_2 P_1 G_0 + P_2 P_1 P_0 C_{0-1} \end{cases}$$

$$\begin{cases} S_3 = P_3 \oplus C_2 \\ C_3 = G_3 + P_3 C_2 = G_3 + P_3 G_2 + P_3 P_2 G_1 + P_3 P_2 P_1 G_0 + P_3 P_2 P_1 P_0 C_{0-1} \end{cases}$$

从以上的递推公式可以看出，各位的进位信号除了和两个加数有关外，还都只和 C_{0-1} 有关，而 C_{0-1} 是最低位的进位信号，其值为 0，只要将 C_{0-1} 接地，就可以并行产生各位的进位信号。

（2）74LS283 的管脚分配

74LS283 是 4 位超前进位集成加法器，两个加数分别是 $A_3 A_2 A_1 A_0$ 和 $B_3 B_2 B_1 B_0$，$S_3 S_2 S_1 S_0$ 是和输出，C_{0-1} 为最低位的进位输入端，C_3 为最高位的进位输出端。图 9.26 给出了它的符号图和管脚图。

（3）74LS283 的级联

图 9.27 是由两片 74LS283 级联而构成的 8 位加法器电路。

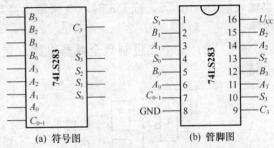

图 9.26　超前进位集成加法器 74LS283

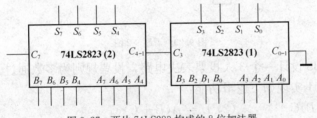

图 9.27　两片 74LS283 构成的 8 位加法器

本 章 小 结

实现某一逻辑功能的电路称为逻辑电路，它分为两大类：组合逻辑电路和时序逻辑电路。组合逻辑电路在任意时刻的输出仅取决于该时刻电路的输入，与输入信号作用前电路的状态无关。

组合逻辑电路的分析是指对一个给定的组合逻辑电路，确定其逻辑功能；组合逻辑电路的设计，则是设计能够实现指定逻辑功能的逻辑电路。分析的步骤是从逻辑图到表达式，再到真值表，然后归纳其逻辑功能；传统的设计的步骤是从逻辑功能到真值表、到表达式、再到逻辑图。设计时，要将表达式化简，并转换为需要的形式。

常用的组合逻辑电路包括编码器、译码器、数据选择器、比较器及加法器等。本章介绍了这些电路的典型产品。这些产品除了可以实现其特定的逻辑功能外，还可以用来设计其他组合逻辑电路。这种设计方法，在对逻辑函数化简和转换时，不是尽量的简化，而是要与使用的器件的表达形式相一致。

正确的使用器件的使能端，可以有效地对器件进行控制和扩展，并可防止竞争冒险现象的发生。

习　　题

9-1　组合逻辑电路如图 9.28 所示。

（1）写出函数 Y 的表达式。

（2）将函数 Y 化为最简与或式，并用与非门实现。

9-2　试分析图 9.29 所示电路的逻辑功能。

9-3　试用与非门设计一个 8421BCD 码的检码电路。要求当输入量 DCBA≤3，或≥8 时，电路输出高电平，否则为低电平。

9-4　设计一个二进制数全减器电路（包括低位的借位）电路。

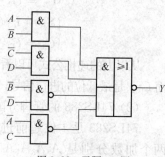

图 9.28　习题 9-1 图

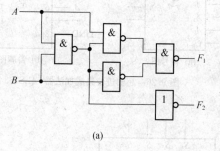

(a)

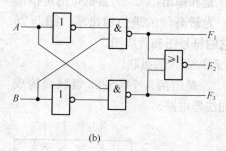

(b)

图 9.29　习题 9-2 图

9-5　用 74LS138 设计一个 3 人投票表决电路，投票规则为多数通过。

9-6　用 74LS151 实现如下逻辑功能：

(1) $L = (A \oplus B)C$　　　　　(2) $L = A(\overline{B} + C)$

9-7　图 9.30 是待设计的一个译码显示电路。已知显示器为共阴极七段 LED 显示器。显示译码器的输入 $DCBA$ 为 8421BCD 码。

（1）试写出显示译码器输出端 f 的逻辑表达式。

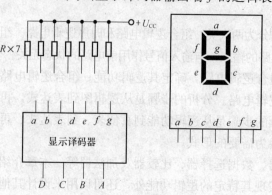

图 9.30　习题 9-7 图

（2）和共阴极显示器连接时，显示译码器输出端应取高电平还是低电平？

（3）完成图 9.30 所示电路的接线（画出其中的一路就行）。

（4）电路中电阻 R 的取值范围应如何考虑？

9-8　试用 5 片 74LS85 采用并联扩展方式构成 16 位二进制数比较电路。

9-9　判断函数 $Y = AB + \overline{A}C + \overline{B}\overline{C}$ 是否存在冒险现象？若有，试消除。

第 10 章

触发器

组合逻辑电路是没有记忆功能的逻辑电路，当输入信号一消失，其输出信号也随之消失。而在计算机电路中，还常常需要完成对信号的存储、记数和定时处理等功能，这些都需要具有记忆功能的逻辑电路——时序逻辑电路来实现。触发器就是构成时序逻辑电路的基本单元。

触发器能够存储一位二值信号，具有记忆功能。按照功能、电路结构和触发方式的不同，触发器可以分为不同的类型。本章主要介绍 RS 触发器、JK 触发器、D 触发器和 T 触发器的逻辑功能和电路结构。

10.1 RS 触发器

10.1.1 基本 RS 触发器

1. 用与非门构成的基本 RS 触发器

（1）电路结构

用两个与非门构成的基本 RS 触发器如图 10.1（a）所示。两个与非门的输入、输出交叉连接，就构成了基本 RS 触发器。它有两个输入端和两个输出端。输出端 Q 的状态代表触发器的状态。如 $Q = 0$，$\overline{Q} = 1$ 时，称触发器处于 0 态；当 $Q = 1$，$\overline{Q} = 0$ 时，称触发器处于 1 态。0 态和 1 态都为稳态，所以触发器在静态时，具有两种可能的稳态，即 0 态和 1 态。

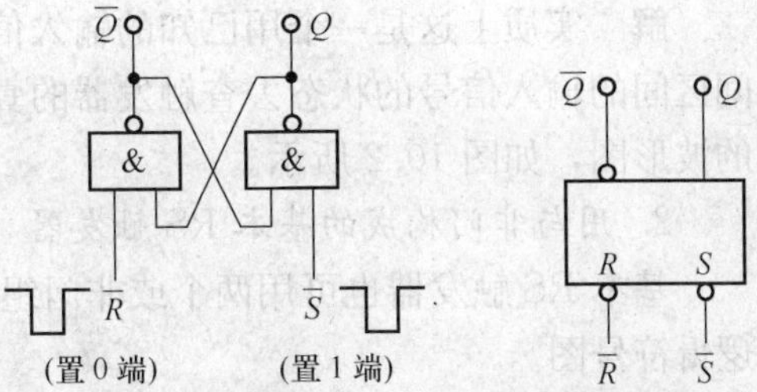

（2）功能分析

根据与非门的逻辑关系，可写出触发器输出端的逻辑表达式：

（置0端）　　（置1端）

(a) 逻辑图　　　　(b) 逻辑符号

图 10.1　基本 RS 触发器

$$Q = \overline{\overline{S}Q} \tag{10-1}$$

$$\overline{Q} = \overline{\overline{R}Q} \tag{10-2}$$

根据以上两式，下面分 4 种情况进行分析。

① $\overline{R} = 0$、$\overline{S} = 1$

当 $\overline{R} = 0$ 时，$\overline{Q} = 1$，由于 $\overline{S} = 1$，所以 $Q = 0$，称触发器处于 0 态。

② $\overline{R} = 1$、$\overline{S} = 0$

由式（10-1）可知，$Q = 1$，再由式（10-2）可得 $\overline{Q} = 0$，称触发器处于 1 态。

由上可知，当触发器的两个输入端加上不同的逻辑电平时，其输出端 Q 和 $\overline{Q}$ 便有两种不同的稳定状态。当 $\bar{R}=0,\bar{S}=1$ 时，触发器置 0；当 $\bar{R}=1,\bar{S}=0$ 时，触发器置 1。由此可知，当 $\bar{R}$ 端加上负脉冲，触发器置 0，所以 $\bar{R}$ 端称置 0 端。当 $\bar{S}$ 端加上负脉冲，触发器置 1，所以 $\bar{S}$ 端称置 1 端。逻辑符号图下面输入端的小圆圈，表示负脉冲有效。

③ $\bar{R}=\bar{S}=1$

当 $\bar{R}=\bar{S}=1$ 时，根据与非门的逻辑功能可以得出结论：触发器保持原来的状态不变。这体现了触发器具有记忆功能。

④ $\bar{R}=\bar{S}=0$

根据与非门的功能，在这种情况下，两个输出端 Q 和 $\bar{Q}$ 全为 1，这既不是定义的 0 状态，也不是定义的 1 状态。并且当两个负脉冲同时撤除后，由于两个与非门的延迟时间不可能完全相等，将不能确定触发器处于 0 态还是 1 态，这种情况应当避免。

上述逻辑关系可用表 10.1 所示的真值表来表示。

表 10.1   **基本 RS 触发器真值表**

$\bar{R}$	$\bar{S}$	Q
0	1	0
1	0	1
1	1	保持
0	0	1*

＊表示当 $\bar{R}$、$\bar{S}$ 同时变为高电平后状态不定。

图 10.1（b）是基本 RS 触发器的代表符号。以后用 F 表示触发器，符号图输入端靠近方框的小圆圈表示低电平触发，或称低电平有效。

【**例 10.1**】已知基本 RS 触发器电路的输入信号电压波形图，试画出 Q 和 $\bar{Q}$ 端对应的电压波形图。

解   实质上这是一个用已知的输入信号状态确定 Q 和 $\bar{Q}$ 状态的问题，只要根据每个时间区间的输入信号的状态去查触发器的真值表，即可找出 Q 和 $\bar{Q}$ 的相应状态，并画出它们的波形图，如图 10.2 所示。

2. 用与非门构成的基本 RS 触发器

基本 RS 触发器也可用两个或非门组成，其逻辑图如图 10.3（a）所示，10.3（b）是它逻辑符号图。

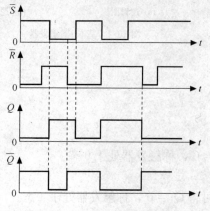

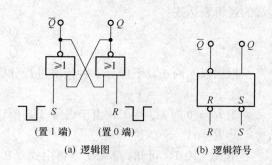

图 10.2   例 10.1 电压波形图   图 10.3   两个或非门构成的基本 RS 触发器

表 10.2		由或非门构成的基本 RS 触发器真值表	
R	*S*		*Q*
1	0		0
0	1		1
0	0		保持
1	1		0 *

* 表示当 R、S 同时回到低电平后状态不定。

R 端为置 0 端。S 端为置 1 端。由于是正脉冲触发器，所以逻辑符号图输入端靠方框处不加小圆圈。

10.1.2 钟控 RS 触发器

1. 电路结构

从前面介绍的基本 RS 触发器可以看出，基本 RS 触发器的输出状态直接受输入信号的控制。在实际应用中，为了协调各部分的动作，往往要求触发器按照一定的时间节拍把 R、S 端的状态反映到输出端。通常把这个外加的时间节拍称为时钟脉冲 CP (Clock Pulse)。其电路如图 10.4 所示。

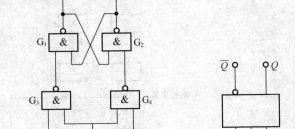

2. 功能分析

由图 10.4 可以得出，当 $CP = 0$ 时，门 G_3、G_4 被封锁，输入端 R、S 的状态不能传过去，G_3、G_4 的输出端 $Q_3 = Q_4 = 1$，Q 和 $\overline{Q}$ 都将保持原来的状态不变。只有当 $CP = 1$ 时，R、S 的状态才能传到 Q、$\overline{Q}$ 端，从而决定 Q 和 $\overline{Q}$ 的状态如果 $R = 1$、

(a) 逻辑图　　　(b) 逻辑符号

图 10.4　钟控 RS 触发器

$S = 0$ 则由基本 RS 触发器功能可知，此时 $Q = 0$，$Q = 1$ 即触发器置于 0 态。其余的情况可以类推，可以得到钟控 RS 触发器的真值表如表 10.3 所示。

表 10.3		钟控 RS 触发器真值表			
CP	*S*	*R*	Q^n	Q^{n+1}	
0	×	×	0	0	
0	×	×	1	1	
1	0	0	0	0	
1	0	0	1	1	
1	1	0	0	1	
1	1	0	1	1	
1	0	1	0	0	
1	0	1	1	0	
1	1	1	0	1 *	
1	1	1	1	1 *	

* 表示当 CP 回到低电平后状态不定。表中符号 × 表示任意状态。

3. 存在的问题

由上述分析可知，这种触发器是在 CP 为高电平 1 时工作。在 CP 为高电平 1 期间，门 G_3、G_4 处于开启状态，若 R、S 发生多次变化将会引起触发器的状态也发生多次变化，降低了电路的抗干扰能力，因此这种触发器的应用受到了一定限制。

10.1.3 主从 RS 触发器

为了克服在 $CP=1$ 期间 R、S 的变化引起触发器状态的变化的缺点，人们又设计了一种受某一时刻（时钟脉冲由高电平变为低电平或由低电平变为高电平）控制的触发器。

1. 电路结构

主从 RS 触发器的基本电路如图 10.5 所示。它由主触发器和从触发器组成。主、从触发器的结构均与同步 RS 触发器相同。同步脉冲 CP 通过门 G_9 为主、从触发器提供两个互补的控制信号。

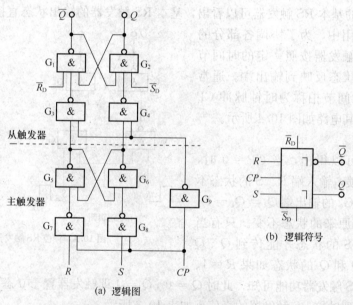

(a) 逻辑图

(b) 逻辑符号

图 10.5 主从 RS 触发器

2. 功能分析

（1）当 $CP=1$ 时，输入端 R、S 的状态传到主触发器的输出端 G_5、G_6，其状态传递关系符合表 10.3。在 $CP=1$ 期间，由于 $G_9=0$，从触发器被封锁，主触发器的状态对从触发器无影响，所以从触发器的状态不变。

（2）当 CP 由 1 变 0 后，门 G_3、G_4 打开，主触发器的 G_5、G_6 的状态将传至从触发器。G_5、G_6 相当于从触发器的 R、S 输入端，其状态传递关系也符合表 10.3。此时门 G_7、G_8 被封锁，R、S 的状态不影响电路的状态。由此可见，这种主从 RS 触发器是在时钟脉冲 CP 的控制下，严格按照节拍将输入端 R、S 的状态传送至输出端 Q 和 $\overline{Q}$。

（3）当 $CP=0$ 时，输入端 R、S 的状态不影响触发器的状态。当 CP 由 0 变 1 时，R、S 的状态决定了主触发器的状态。同时从触发器被封锁，主触发器的状态不影响从触发器的状态。

（4）当 CP 由 1 变 0 为低电平时，主触发器被封锁，此时主触发器原存的状态决定了从触发器的状态，即整个触发器的输出状态。

表 10.4 是主从 RS 触发器的真值表。

表 10.4　　　　　　　　　　　主从 RS 触发器的特性表

CP	S	R	Q^n	Q^{n+1}
×	×	×	×	Q^n
⊓̣	0	0	0	0
⊓̣	0	0	1	1
⊓̣	1	0	0	1
⊓̣	1	0	1	1
⊓̣	0	1	0	0
⊓̣	0	1	1	0
⊓̣	1	1	0	1*
⊓̣	1	1	1	1*

* 表示当 CP 回到低电平后输出状态不定，表中符号×表示任意状态。

此触发器设置了直接置 0 端 $\overline{R}_D$ 和置 1 端 $\overline{S}_D$，$\overline{R}_D$ 和 $\overline{S}_D$ 平时为高电平 1。当 $\overline{R}_D = 0$，$\overline{S}_D = 1$ 无论输入端 R、S 的状态如何，都可以使触发器置于 0 态，即 $Q = 0$，$\overline{Q} = 1$。当 $\overline{R}_D = 1$，$\overline{S}_D = 0$ 可使触发器置于 1 态，即 $Q = 1$，$\overline{Q} = 0$。

图 10.5（b）是它的逻辑符号图，其中的"⌐"表示"延迟输出"，即 CP 返回 0 以后输出状态才改变，因此输出状态的变化发生在 CP 信号的下降沿。

如果把表 10.4 所规定的逻辑关系写成逻辑函数表达式，并利用约束条件化简可得式（10-3），称为 RS 触发器的特性方程。

$$\begin{cases} Q^{n+1} = S + \overline{R}Q^n \\ SR = 0 \end{cases} \tag{10-3}$$

$$SR = 0 \text{ 为约束条件}$$

从同步 RS 触发器到主从 RS 触发器的这一演变，克服了 $CP = 1$ 期间触发器输出状态可能发生多次翻转的问题，但由于主触发器本身是同步 RS 触发器，所以 $CP = 1$ 期间主触发器的输出状态仍会随 R、S 状态的变化而多次发生改变，同时输入信号 R、S 仍然需要遵守约束条件 $RS = 0$。

【例 10.2】已知主从 RS 触发器电路的 CP、R、S 的电压波形图，试画出 Q 和 $\overline{Q}$ 端对应的电压波形图。

解　根据 CP、S、R 的状态与主从 RS 触发器电路的工作原理可得如图 10.6 所示波形图。

在上述的 RS 触发器中，由于约束条件的存在，R、S 的取值受到了限制。为了使用方便，希望即使出现了 $R = S = 1$ 的情况，触发器的状态也是确定的，因而需要进一步改进触发器的电路结构。JK 触发器

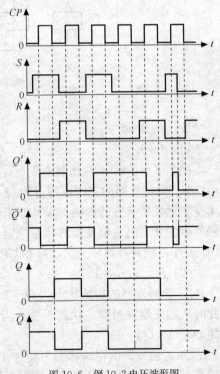

图 10.6　例 10.2 电压波形图

就能够满足这个要求的触发器。

10.2 主从 JK 触发器

1. 电路结构

由表 10.4 可知。当 R、S 端全部为 1 时，输出状态不定。为了避免此状态，可以将 Q 和 $\overline{Q}$ 反馈到 G_7、G_8 的输入端，这样在 $CP=1$ 时，G_7、G_8 的输出不可能同时为 0，这就避免了输出状态不定的问题。按此方法改接后的逻辑电路如图 10.7（a）所示。为了区别于原来的主从 RS 触发器，通常将对应于图 10.5 中的 R 端称为 K 端，S 端称为 J 端。改接后的电路称为主从 JK 触发器。

直接置 0、置 1 端平时为高电平。

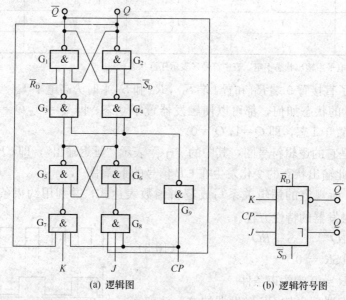

(a) 逻辑图　　　　　　　　　(b) 逻辑符号图

图 10.7　主从 JK 触发器

2. 功能分析

（1）$J=K=1$

因为 $J=K=1$，若此时 $CP=1$，主触发器的状态由从触发器的反馈信号 Q 和 $\overline{Q}$ 决定。由主从 RS 触发器的工作原理可知 $Q'=\overline{Q}$，$\overline{Q}'=Q$。此时由于 $\overline{CP}=0$，从触发器被封锁，不受主触发器状态的影响，保持原来的状态不变。当 CP 由 1 变 0 后，主触发器被封锁，从触发器的状态由主触发器的状态决定，即 $Q=Q'=\overline{Q}$，$\overline{Q}=\overline{Q}'=Q$。也就是说，来了一个 CP 脉冲，触发器翻转一次，且在 CP 的下降沿翻转。

（2）$J=1$，$K=0$

① 若触发器的初始状态为 $Q=0$、$\overline{Q}=1$，在 $CP=1$ 时，使主触发器 $Q'=1$，$\overline{Q}'=0$，此时从触发器被封锁，状态不变。当 CP 由 1 变 0 后，将主触发器的状态传送到从触发器，使 $Q=1$，$\overline{Q}=0$。

② 若触发器的初始状态为 $Q=1$，$\overline{Q}=0$，此时由于 $\overline{Q}=0$ 封锁了门 G_8，$K=0$ 封锁了门 G_7，则不论 CP 为 1 或 0，主触发器和从触发器均保持原状态不变。即 $Q=1$，$\overline{Q}=0$。

由此可见，在 $J=1$、$K=0$ 时，不论触发器原来的状态如何，来了个 CP 后，触发器均为 1 态。

（3）$J=0$，$K=1$

按上述分析方法可得到触发器为 0 态。

（4）$J=0$，$K=0$

由于 J、K 均为 0，主触发器被封锁，状态不变，CP 作用后，从触发器的状态也不会改变，保持原态不变。

综上所述，可得 JK 触发器的真值表，见表 10.5。

表 10.5　　　　　　　　　　　　主从 JK 触发器的特性表

J	K	Q^n	Q^{n+1}	说　　明
0	0	0	0	输出状态不变
0	0	1	1	
0	1	0	0	输出状态与 J 端相同
0	1	1	0	
1	0	0	1	输出状态与 J 端相同
1	0	1	1	
1	1	0	1	每来一个时钟脉冲，输出状态改变一次
1	1	1	0	

由表 10.5 可以得到 JK 触发器的特性方程为

$$Q^{n+1} = J\,\overline{Q^n} + \overline{K}Q^n \tag{10-4}$$

3. 存在的问题

主从 JK 触发器是一种电平触发器，在 CP 为高电平期间，若 J 或 K 的信号发生了变化，触发器的状态可能会发生一次错误性的翻转。在 $CP=1$ 期间，由于输入端 J 或 K 信号的变化，只能使主触发器的状态改变一次的现象，称为主从 JK 触发器的一次翻转问题。

产生一次翻转问题的根本原因是主触发器将 J 由 0 变 1 后产生的状态存储下来，使 $\overline{Q'} = 0$ 的信号封锁了 G_6，因而在 J 由 1 恢复到 0 后，Q' 的状态也不会随之改变。

并非所有的跳变信号都能使主触发器发生一次翻转，只有当 $Q=0$，在 $CP=1$ 时，J 由 0 变 1，或当 $Q=1$，在 $CP=1$ 时 K 由 0 变 1 这两种情况下，才能产生一次翻转现象。

为了克服一次翻转现象，人们设计了边沿触发器。

10.3　边沿 D 触发器

1. D 触发器

前面介绍的主从 JK 触发器功能比较完善，应用较多。它有两个输入端 J 和 K，在有些场合下，在 K 端前面加一反相器再和 J 端相连，这样输入端就只有一个，常用 D 表示，这样的触发器称 D 触发器。D 触发器的逻辑功能和 JK 触发器 J、K 端不同状态时的功能相同。其真值表见表 10.6。

表 10.6 D 触发器的真值表

D	Q^n	Q^{n+1}	说　明
0	0	0	
0	1	0	输出状态与 D 端相同
1	0	1	
1	1	1	

由真值表可得 D 触发器的特性方程：

$$Q^{n+1} = D \tag{10-5}$$

主从 D 触发器同样存在一次翻转问题。

现在用得较多的是边沿 D 触发器（也称为维持阻塞 D 触发器）。其电路如图 10.8 所示。

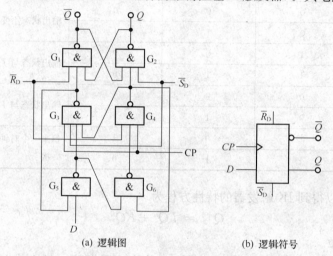

(a) 逻辑图　　　　　　(b) 逻辑符号

图 10.8　边沿 D 触发器

2. 电路结构

边沿 D 触发器由 6 个与非门组成。G_1 和 G_2 构成基本 RS 触发器。

3. 功能分析

(1) $CP = 0$ 时，G_3 和 G_4 被封锁，$G_3 = G_4 = 1$，触发器处于稳态。但此时由于 G_5、G_6 门打开，输入端 D 的信号可以送入 G_5 和 G_6，使 $G_5 = \overline{D}$，$G_6 = D$。

(2) 当 CP 由 0 变 1 时触发器翻转。这时 G_3 和 G_4 打开，其输出由 G_5、G_6 的状态决定。如当 $D = 0$，$G_5 = 1$，$G_6 = 0$，从而使 $G_4 = 1$，$G_3 = 0$。这时基本 RS 触发器的状态为 $Q = 0$，$\overline{Q} = 1$。若 $D = 1$，$G_5 = 0$，$G_6 = 1$，使 $G_3 = 1$，$G_4 = 0$，触发器的状态为 $Q = 1$，$\overline{Q} = 0$。

(3) 触发器翻转后，在 $CP = 1$ 期间 D 端的信号变化不会影响触发器的状态。

① 当 $D = 0$ 时，触发器翻转后，$G_3 = 0$，由于 G_3 至 G_5 的反馈线将 G_5 封锁，因此 G_5、G_6、G_3 和 G_4 在 D 发生变化时都不会改变状态。

② 当 $D = 1$ 时，触发器翻转后，$G_4 = 0$，由于 G_4 至 G_3 和 G_6 的反馈线将 G_3 和 G_6 封锁，因此 G_6、G_3 和 G_4 在 D 发生变化时都不会改变其状态。

因此这种触发器在 CP 上升沿前接收信号，上升沿触发翻转，随之封锁输入信号。所以该电路不存在一次翻转现象。这一特点有效地提高了触发器的抗干扰能力，因而也提高了电路工作的可靠性。

现在所用触发器基本上都是集成电路触发器。集成触发器种类很多，例如 74LS175 就是一个 4D 触发器。时钟脉冲 CP 和清零端 CLR 是公用的，4 个触发器都是边沿触发方式。表 10.7 是它的功能表。

表 10.7   **74LS175 的功能表**

输 入			输 出
CLR	*CP*	*D*	
0	×	×	0
1	↑	1	1
1	↑	0	0

10.4   不同触发器的转换

10.4.1   其他类型的触发器

1. T 触发器

在某些应用场合下，需要这样一种逻辑功能的触发器：当控制信号 $T=1$ 时，每来一个 CP 脉冲信号它的状态就翻转一次；而当 $T=0$ 时，CP 脉冲信号到达后它的状态保持不变。具备这种逻辑功能的触发器叫做 T 触发器。根据它的定义，可得出 T 触发器的真值表，如表 10.8 所示。

表 10.8   **T 触发器的真值表**

T	*Q*	Q^{n+1}
0	0	0
0	1	1
1	0	1
1	1	0

根据 T 触发器的真值表可写出其特性方程

$$Q^{n+1} = T\overline{Q^n} + \overline{T}Q^n \tag{10-6}$$

事实上，只要将 JK 触发器的两个输入端接在一起作为 T 端，就可以构成 T 触发器。所以，在触发器的定型产品中通常没有专门的 T 触发器。

2. T′ 触发器

当 T 触发器的控制端接至固定的高电平时（即 T 恒等于 1），则式（10-6）变为

$$Q^{n+1} = \overline{Q^n} \tag{10-7}$$

所以每次 CP 脉冲信号作用后，触发器必然翻转成与初态相反的状态。有时也把这种接法的触发器叫做 T′ 触发器。事实上 T′ 触发器只是处于一种特定工作状态（$T=1$）下的 T 触发器而已。

10.4.2   不同触发器的转换

不同功能类型的触发器之间可以相互转换，常见的有以下几种转换。

1. 将 JK 触发器转换为 D 触发器

比较 JK 触发器和 D 触发器的特性方程或真值表可以看出，当 $J=D$，$K=\overline{D}$ 时，两触

发器状态相同，所以可将 JK 触发器转换为 D 触发器。其电路如图 10.9 所示。

2. 将 JK 触发器转换为 T 触发器

将 JK 触发器的两个输入端接在一起作为 T 端，就可以构成 T 触发器。其电路如图 10.10 所示。

3. 将 D 触发器转换为 T′ 触发器

比较 D 触发器和 T′ 触发器的特性方程或真值表发现当 $D = \overline{Q^n}$ 时，两触发器状态相同，所以可将 D 触发器转换为 T′ 触发器。其电路如图 10.11 所示。

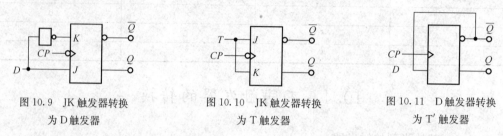

图 10.9　JK 触发器转换　　　　图 10.10　JK 触发器转换　　　　图 10.11　D 触发器转换
　　为 D 触发器　　　　　　　　　　为 T 触发器　　　　　　　　　　为 T′ 触发器

比较 JK 触发器、RS 触发器、T 触发器可知，JK 触发器的逻辑功能最强，它包含了 RS 触发器和 T 触发器的所有逻辑功能。所以在需要使用 RS 触发器和 T 触发器的场合完全可以用 JK 触发器来取代。例如，将 J、K 分别当作 S、R 使用时就是 RS 触发器，将 J、K 连在一起可当作 T 触发器使用。因此目前生产的时钟控制触发器定型产品中只有 JK 触发器和 D 触发器两大类。

本 章 小 结

触发器是数字电路中的基本逻辑单元。它有两个稳定的状态，在外界信号的作用下，可以从一个稳态转变成另一个稳态。

触发器的逻辑功能和结构形式是两个不同的概念。所谓逻辑功能，是指触发器的次态输出、现态及输入信号的关系。根据逻辑功能，触发器分为 RS、D、JK 和 T 等几种类型。而基本 RS 触发器，同步 RS 触发器、主从触发器、边沿触发器等是指电路的不同结构形式。同一逻辑功能的触发器，可以用不同的电路结构形式来实现。反过来，同一种电路结构形式，也可以构成不同功能的各类触发器。

集成电路触发器应用广泛，种类较多。由于工作中一般采用宽脉冲触发或电位触发，在触发脉冲持续的时间里（包括前沿、平顶和后沿），都有可能对触发器发生作用，使触发器空翻造成误动作。因而采用主从触发器和边沿触发器，来克服空翻现象和改善某些性能。

习　　题

10-1　在本章图 10.1（a）所示的基本 RS 触发器中，试分别画出下列 3 种情况下 Q 端的波形。脉冲信号如图 10.12 所示。

(1) $\overline{R}$ 端接地，$\overline{S}$ 端接脉冲；

(2) $\overline{R}$ 端悬空，$\overline{S}$ 端接脉冲；

(3) $\overline{S}$ 端悬空，$\overline{R}$ 端接脉冲。

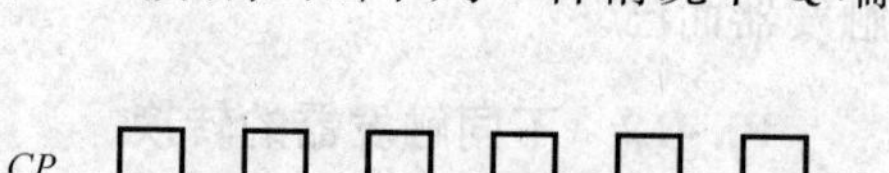

图 10.12　习题 10-1 图

10-2　同步 RS 触发器，若初始状态为 0 态，R、S 端和 CP 端的输入信号如图 10.13 所示，试画出 Q 和 $\bar{Q}$ 端的波形。

10-3 设主从 JK 触发器的初始状态为 0 态，试画出在图 10.14 示的 CP、J、K 信号作用下触发器端 Q 和 $\bar{Q}$ 的波形。

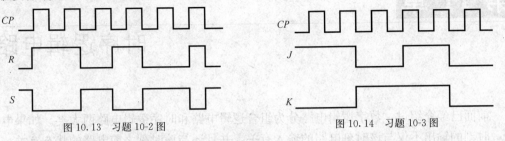

图 10.13 习题 10-2 图　　　　图 10.14 习题 10-3 图

10-4 电路如图 10.15 所示，设触发器的初始状态为 0 态，试画出各触发器在时钟脉冲 CP 作用下 Q 端的波形。

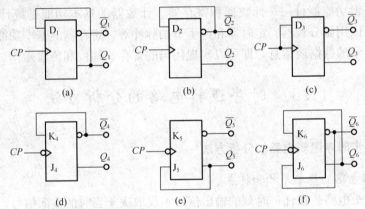

图 10.15 习题 10-4 图

10-5 什么叫一次翻转？D 边沿触发器为什么能克服一次翻转现象？

10-6 试画出图 10.16 所示电路 Q_1，Q_2 端的波形图。

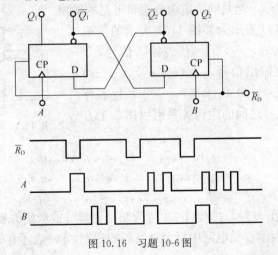

图 10.16 习题 10-6 图

第 11 章

时序逻辑电路

前面已经介绍过，数字逻辑电路分为组合逻辑电路和时序逻辑电路两大类。如果电路在任一时刻的输出不仅与该时刻电路的输入有关，并且还与该时刻之前电路的状态有关，这样的数字逻辑电路就称为时序逻辑电路。

本章主要介绍时序逻辑电路的分析方法，以及在计算机和其他数字系统中广泛采用的两种常用的时序逻辑功能器件——计数器和寄存器。计数器的基本功能是统计时钟脉冲的个数，计数器也可以用做分频器、定时器和产生节拍脉冲等。寄存器的基本功能是存储或传输用二进制数码表示的数据或信息，即可以实现代码的寄存、移位和传输操作。

11.1 时序逻辑电路的分析方法

11.1.1 同步时序逻辑电路的分析方法

1. 时序逻辑电路的基本结构和特点

所谓时序逻辑电路是指任一时刻的输出信号不仅取决于当时的输入信号，而且还取决于电路原来的状态，或者说，还与以前的输入有关。

时序电路在电路结构上有两个显著的特点。第一，时序电路通常包含组合电路和存储电路两个组成部分，而存储电路是必不可少的。第二，存储电路的输出状态必须反馈到组合电路的输入端，与输入信号一起共同决定组合逻辑电路的输出。

时序电路的框图可以表示为如图 11.1 所示的普遍形式。图中的 X（x_1，x_2，$\cdots$，x_i）代表输入信号，Y（y_1，y_2，$\cdots$，y_j）代表输出信号，Z（z_1，z_2，$\cdots$，z_k）代表存储电路的输入信号，Q（q_1，q_2，$\cdots$，q_l）代表存储电路的输出。这些信号之间的逻辑关系可以用 3 个方程组来描述。

图 11.1　时序逻辑电路的结构框图

$$y_j = f_j(x_1, x_2, \ldots, x_i, q_1, q_2, \ldots, q_l) \tag{11-1}$$
$$z_k = g_k(x_1, x_2, \ldots, x_i, q_1, q_2, \ldots, q_l) \tag{11-2}$$
$$q_l^{n+1} = h_l(z_1, z_2, \ldots, z_k, q_1^n, q_2^n, \ldots, q_l^n) \tag{11-3}$$

式（11-1）称为输出方程，式（11-2）称为驱动方程（或激励方程），式（11-3）称为状态方程。$q_1^n, q_2^n, \ldots, q_l^n$ 表示存储电路中每个触发器的现态，q_l^{n+1} 表示存储电路中每个触发器的次态。

需要说明的是，在有些具体的时序电路中，并不都具备图 11.1 所示的完整形式。例如，有的时序电路中没有组合电路部分,而有的时序电路又可能没有输入逻辑变量,但它们在逻辑功能上仍具有时序电路的基本特征。

在分析时序电路时只要把状态变量和输入信号一样当作逻辑函数的输入变量处理,那么分析组合电路的一些运算方法仍然可以使用。不过,由于任意时刻状态变量的取值都和电路的历史情况有关,所以分析起来要比组合电路复杂一些。为便于描述存储电路的状态及其转换规律,还要引入一些新的表示方法和分析方法。至于时序电路的设计方法,则更复杂一些。

2. 时序逻辑电路的分类

由于存储电路中触发器的动作特点不同,时序逻辑电路可以分为同步时序逻辑电路和异步时序逻辑电路。在同步逻辑时序电路中,所有触发器状态的变化都是在同一时钟信号操作下同时发生的。而在异步时序逻辑电路中,触发器状态的变化不是同时发生的。在异步时序逻辑电路中,没有统一的时钟脉冲,有些触发器的时钟输入端与时钟脉冲源相连,只有这些触发器的状态变化才与时钟脉冲同步,其他不与时钟脉冲源相连的触发器状态的变化并不与时钟脉冲同步,所以异步时序逻辑电路的工作速度比同步时序逻辑电路的工作速度低。

3. 时序逻辑电路的分析方法

分析一个时序电路,就是要找出给定时序电路的逻辑功能。具体地说,就是要求找出电路的状态和输出的状态在输入变量和时钟信号作用下的变化规律。

首先讨论同步时序电路的分析方法。由于同步时序电路中所有触发器都是在同一个时钟信号操作下工作的,所以分析方法比较简单。

时序电路的逻辑功能可以用输出方程、驱动方程和状态方程全面描述。因此,只要能写出给定逻辑电路的这 3 个方程,那么它的逻辑功能也就表示清楚了。根据这 3 个方程,就能够求得在任何给定输入变量状态和电路状态下电路的输出和次态。

4. 分析同步时序电路的一般步骤

(1) 从给定的逻辑图中写出每个触发器的驱动方程(亦即存储电路中每个触发器输入信号的逻辑函数式)和输出方程。

(2) 将得到的驱动方程代入到相应触发器的特性方程中,得到每个触发器的状态方程。

(3) 把电路的输入和现态的各种可能的取值组合代入到状态方程和输出方程进行计算,从而得到相应的次态和输出。

(4) 画出状态转换图、状态转换表或时序图,并据此分析并确定电路的逻辑功能。

【例 11.1】 写出图 11.2 时序逻辑电路的驱动方程、状态方程和输出方程。已知 FF_1、FF_2 和 FF_3 是 3 个主从结构的 TTL 触发器,下降沿动作,输入端悬空时和逻辑 1 状态等效。

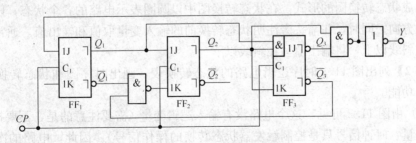

图 11.2 例 11.1 的时序逻辑电路

解 (1) 从图 11.1 给定的逻辑图可写出电路的驱动方程为

$$J_1 = \overline{Q_2^n \cdot Q_3^n} \qquad K_1 = 1$$

$$J_2 = Q_1^n \qquad K_2 = \overline{\overline{Q_1^n \cdot Q_3^n}} \tag{11-4}$$

$$J_3 = Q_1^n Q_2^n \qquad K_3 = Q_2^n$$

(2) 将得到的驱动方程代入 JK 触发器的特性方程中去，可以得到电路的状态方程

$$Q_1^{n+1} = \overline{Q_2^n \cdot Q_3^n} \cdot \overline{Q_1^n}$$

$$Q_2^{n+1} = Q_1^n \cdot \overline{Q_2^n} + \overline{Q_1^n} \cdot \overline{Q_3^n} \cdot Q_2^n \tag{11-5}$$

$$Q_3^{n+1} = Q_1^n \cdot Q_2^n \cdot \overline{Q_3^n} + \overline{Q_2^n} \cdot Q_3^n$$

(3) 根据逻辑图写出输出方程为

$$Y = Q_2^n \cdot Q_3^n$$

从理论上讲，有了驱动方程、状态方程和输出方程以后，时序电路的逻辑功能就已经描述清楚了。然而通过例 11.1 可以发现，从这一组方程式中还不能获得电路逻辑功能的完整印象。这主要是由于电路每一时刻的状态都和电路的历史情况有关的缘故。如果把电路在一系列时钟信号作用下状态转换的全部过程写出来，则电路的逻辑功能便可一目了然。

5. 时序逻辑电路的描述方法

用于描述时序逻辑电路状态转换全部过程的方法有状态转换表（也称状态转换真值表）、状态转换图和时序图等几种。由于这 3 种方法和方程组一样，都可以用来描述同一个时序电路的逻辑功能，所以它们之间可以互相转换。

(1) 状态转换表

若将任何一组输入变量及电路初态的取值代入状态方程和输出方程，即可算出电路的次态和现态下的输出值；以得到的次态作为新的初态，和这时的输入变量取值一起再代入状态方程和输出方程进行计算，又得到一组新的次态和输出值。如此继续下去，把全部的计算结果列成真值表的形式，就得到了状态转换表。

(2) 时序图

为便于用实验观察的方法检查时序电路的逻辑功能，还可以将状态转换表的内容画成时序波形的形式。在时钟脉冲序列作用下，电路状态、输出状态随时间变化的波形图叫做时序图。

(3) 状态转换图

为了以更加形象的方式直观地显示出时序电路的逻辑功能，还可以进一步把状态转换表的内容表示成状态转换图的形式。在状态转换图中以圆圈表示电路的各个状态，以箭头表示状态转换的方向。同时，在箭头旁注明状态转换前的输入变量取值和输出值。通常将输入变量取值写在斜线以上，将输出值写在斜线以下。

【例 11.2】列出图 11.2 时序逻辑电路的状态转换表，画出时序图和状态转换图并确定电路的逻辑功能。

解 (1) 由图 11.2 可见，这个电路没有输入逻辑变量（需要注意的是，不要把 CP 当作输入逻辑变量，时钟信号只是控制触发器状态转换的操作信号）。因此，电路的次态和输出只取决于电路的初态。设电路的初态为 $Q_3^n Q_2^n Q_1^n = 000$，代入式（11-4）和式（11-5）后得到

$$Q_3^{n+1} = 0$$
$$Q_2^{n+1} = 0$$
$$Q_1^{n+1} = 1$$
$$Y = 0$$

将这一结果作为新的初态，即 $Q_3^n Q_2^n Q_1^n = 001$，重新代入式（11-4）和式（11-5），又得到一组新的次态和输出值。如此继续下去即可发现，当 $Q_3^n Q_2^n Q_1^n = 110$ 时，次态 $Q_3^{n+1} Q_2^{n+1} Q_1^{n+1} = 000$，返回了最初设定的初态。如果再继续算下去，电路的状态和输出将按照前面的变化顺序反复循环。这样就得到了表 11.1 的状态转换表。

表 11.1   图 11.2 电路的状态转换表

Q_3^n	Q_2^n	Q_1^n	Q_3^{n+1}	Q_2^{n+1}	Q_1^{n+1}	Y
0	0	0	0	0	1	0
0	0	1	0	1	0	0
0	1	0	0	1	1	0
0	1	1	1	0	0	0
1	0	0	1	0	1	0
1	0	1	1	1	0	0
1	1	0	0	0	0	1
1	1	1	0	0	0	1

最后还要检查一下得到的状态转换表是否包含了电路所有可能出现的状态。结果发现，$Q_3^n Q_2^n Q_1^n$ 的状态组合共有 8 种，而根据上述计算过程列出的状态转换表中只有 7 种状态，缺少 $Q_3^n Q_2^n Q_1^n = 111$ 这个状态。将此状态代入式（11-4）和式（11-5）计算得到 $Q_3^{n+1} Q_2^{n+1} Q_1^{n+1} = 000$，$Y = 1$。把这个计算结果补充到表中以后，才得到完整的状态转换表。

从表 11.1 上很容易看出，每经过 7 个时钟信号以后电路的状态循环变化一次，所以这个电路具有对时钟信号计数的功能。同时，因为每经过 7 个时钟脉冲作用以后输出端 Y 输出一个脉冲（由 0 变 1，再由 1 变 0），所以这是一个七进制计数器，Y 端的输出就是进位脉冲。

（2）根据状态转换表画出时序图如图 11.3 所示。

（3）根据状态转换表画出状态转换图如图 11.4 所示。

因为图 11.2 电路没有输入逻辑变量，所以斜线上方没有注字。

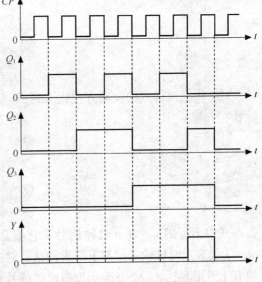

图 11.3　图 11.2 的时序图

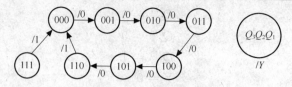

图 11.4 图 11.2 的状态转换图

11.1.2 异步时序逻辑电路的分析方法

异步时序电路的分析方法和同步时序电路的分析方法有所不同。在异步时序电路中，每次电路状态发生转换时并不是所有触发器都有时钟信号。只有那些有时钟信号的触发器才需要用特性方程去计算次态，而没有时钟信号的触发器将保持原来的状态不变。因此，在分析异步时序电路时还需要找出每次电路状态转换时哪些触发器有时钟信号，哪些触发器没有时钟信号。所以，分析异步时序电路要比分析同步时序电路复杂。

【例 11.3】 已知异步时序电路的逻辑图如图 11.5 所示，试分析它的逻辑功能，画出电路的状态转换图和时序图。触发器和门电路均为 TTL 电路。

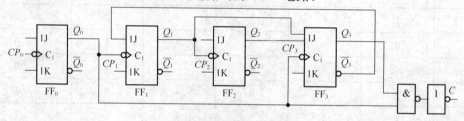

图 11.5 例 11.3 的时序逻辑电路

解 （1）首先根据逻辑图可写出驱动方程为

$$J_0 = K_0 = 1$$
$$J_1 = \overline{Q_3^n} \quad K_1 = 1$$
$$J_2 = K_2 = 1$$
$$J_3 = Q_1^n Q_2^n \quad K_3 = 1$$

（2）将上面得到的驱动方程代入到 JK 触发器的特性方程 $Q^{n+1} = J\overline{Q^n} + \overline{K}Q^n$ 后得到电路的状态方程

$$Q_0^{n+1} = \overline{Q_0^n} \cdot cp_0$$
$$Q_1^{n+1} = \overline{Q_3^n} \cdot \overline{Q_1^n} \cdot cp_1$$
$$Q_2^{n+1} = \overline{Q_2^n} \cdot cp_2$$
$$Q_3^{n+1} = Q_1^n \cdot Q_2^n \cdot \overline{Q_3^n} \cdot cp_3$$

式中小写的 cp 表示时钟信号，它不是一个逻辑变量。对下降沿动作的触发器而言，$cp=1$ 仅表示时钟输入端有下降沿到达；对上升沿动作的触发器而言，$cp=1$ 表示时钟输入端有上升沿到达。$cp=0$ 表示没有时钟信号到达，触发器保持原来的状态不变。

（3）根据电路图写出输出方程为

$$C = Q_0^n Q_3^n$$

（4）为了画电路的状态转换图，需要列出电路的状态转换表。在计算触发器的次态时，首先应找出每次电路状态转换时各个触发器是否有 cp 信号。为此，可以从给定的 cp_0 连续作用下列出 Q_0 的对应值（如表 11.2 所示）。根据 Q_0 每次从 1 变 0 的时刻产生 cp_1 和 cp_3，即可得到表 11.2 中 cp_1 和 cp_3 的对应值。而 Q_1 每次从 1 变 0 的时刻将产生 cp_2。以 $Q_3 Q_2 Q_1 Q_0 = 0000$ 为初态代入到上面的状态方程和输出方程中依次计算下去，就得到了表 11.2 所示的状态转换表。

表 11.2　　　　　　　　　图 11.5 电路的状态转换表

cp_0 的顺序	触发器状态				时　钟　信　号				输出 C
	Q_3	Q_2	Q_1	Q_0	cp_3	cp_2	cp_1	cp_0	
0	0	0	0	0	0	0	0	0	0
1	0	0	0	1	0	0	0	1	0
2	0	0	1	0	1	0	1	1	0
3	0	0	1	1	0	0	0	1	0
4	0	1	0	0	1	1	1	1	0
5	0	1	0	1	0	0	0	1	0
6	0	1	1	0	1	0	1	1	0
7	0	1	1	1	0	0	0	1	0
8	1	0	0	0	1	1	1	1	0
9	1	0	0	1	0	0	0	1	1
10	0	0	0	0	1	0	1	1	0
0	1	0	1	0	0	0	0	0	0
1	1	0	1	1	0	0	0	1	1
2	0	1	0	0	1	1	1	1	0
0	1	1	0	0	0	0	0	0	0
1	1	1	0	1	0	0	0	1	1
2	0	1	0	0	1	0	1	1	0
0	1	1	1	0	0	0	0	0	0
1	1	1	1	1	0	0	0	1	1
2	0	0	0	0	1	1	1	1	0

（5）由状态转换表可得到如图 11.6 所示的状态转换图。状态转换图表明，当电路处于有效循环的 10 种状态以外的任何一种状态，都会在时钟信号作用下最终进入 10 种状态循环中去。具有这种特点的时序电路叫做能够自行启动的时序电路。

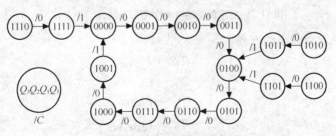

图 11.6　图 11.5 的状态转换图

从图 11.6 的状态转换图中还可以看出，图 11.5 电路是一个异步十进制加法计数器电路。

11.2 集成计数器

计数器是用来累计和寄存输入脉冲个数的时序逻辑器件，它是数字系统中用途最广泛的基本部件之一，几乎在各种数字系统中都有计数器。计数器不仅能用于对时钟脉冲计数，还可以用于分频、定时、产生节拍脉冲和脉冲序列以及进行数字运算等。

11.2.1 计数器的分类

计数器的种类非常繁多。如果按计数器中的触发器是否同时翻转分类，可以把计数器分为同步式和异步式两种。在同步计数器中，当时钟脉冲输入时触发器的翻转是同时发生的。而在异步计数器中，触发器的翻转有先有后，不是同时发生的。

如果按计数过程中计数器中的数字增减分类，又可以把计数器分为加法计数器、减法计数器和可逆计数器（或称为加/减计数器）。随着计数脉冲的不断输入而作递增计数的叫加法计数器，作递减计数的叫减法计数器，可增可减的叫可逆计数器。

如果按计数器中数字的编码方式分类，还可以分为二进制计数器、二-十进制计数器、循环码计数器等。

此外，有时也用计数器的计数容量来区分各种不同的计数器，如十进制计数器、六十进制计数器等。

目前生产的同步计数器芯片基本上分为二进制和十进制两种。首先讨论同步二进制计数器。

1. 同步二进制加法计数器

如图 11.7 所示是由 T 触发器构成的同步二进制加法计数器。

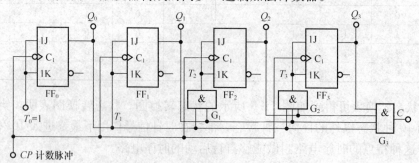

图 11.7 由 T 触发器构成的同步二进制加法计数器

由图可得各触发器的驱动方程：

$$T_0 = 1$$
$$T_1 = Q_0$$
$$T_2 = Q_0 Q_1$$
$$T_3 = Q_0 Q_1 Q_2$$

将上面的驱动方程代入到 T 触发器的特性方程中得到电路的状态方程：

$$Q_0^{n+1} = \overline{Q_0^n}$$

$$Q_1^{n+1} = Q_0^n \cdot \overline{Q_1^n} + \overline{Q_0^n} \cdot Q_1^n$$

$$Q_2^{n+1} = Q_0^n \cdot Q_1^n \cdot \overline{Q_2^n} + \overline{Q_0^n \cdot Q_1^n} \cdot Q_2^n$$

$$Q_3^{n+1} = Q_0^n \cdot Q_1^n \cdot Q_2^n \cdot \overline{Q_3^n} + \overline{Q_0^n \cdot Q_1^n \cdot Q_2^n} \cdot Q_3^n$$

电路的输出方程为

$$C = Q_0 Q_1 Q_2 Q_3$$

利用状态方程和驱动方程可求出电路的状态转换表，如表 11.3 所示。

表 11.3 **图 11.7 电路的状态转换表**

计数顺序	电路状态				等效十进制数	进位输出 C
	Q_3	Q_2	Q_1	Q_0		
0	0	0	0	0	0	0
1	0	0	0	1	1	0
2	0	0	1	0	2	0
3	0	0	1	1	3	0
4	0	1	0	0	4	0
5	0	1	0	1	5	0
6	0	1	1	0	6	0
7	0	1	1	1	7	0
8	1	0	0	0	8	0
9	1	0	0	1	9	0
10	1	0	1	0	10	0
11	1	0	1	1	11	0
12	1	1	0	0	12	0
13	1	1	0	1	13	0
14	1	1	1	0	14	0
15	1	1	1	1	15	1
16	0	0	0	0	0	0

根据状态转换表可画出状态转换图如图 11.8 所示，时序图如图 11.9 所示。

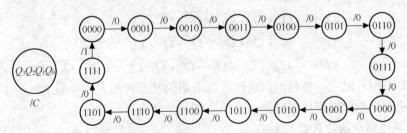

图 11.8 图 11.7 的状态转换图

由时序图可以看出，若计数输入脉冲的频率为 f_0，则 Q_0、Q_1、Q_2 和 Q_3 端输出脉冲的

频率将依次为 $\frac{1}{2}f_0$、$\frac{1}{4}f_0$、$\frac{1}{8}f_0$ 和 $\frac{1}{16}f_0$。针对计数器的这种分频功能，也把它叫做分频器。

另外，每输入 16 个计数脉冲计数器工作一个循环，并在输出端 Q_3 产生一个进位输出信号，所以也把这个电路称为十六进制计数器。计数器中能计到的最大数称为计数器的容量，它等于计数器所有各位全为 1 时的数值。N 位二进制计数器的容量为 $2^n - 1$。

2. 同步十进制加法计数器

如图 11.10 所示电路是用 T 触发器组成的同步十进制加法计数器电路，它是在图 11.7 同步二进制加法计数器电路的基础上略加修改而成的。

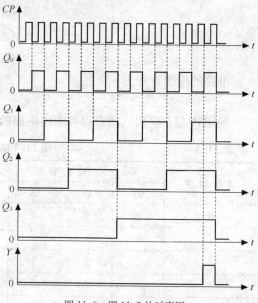

图 11.9　图 11.7 的时序图

从逻辑图可写出电路的驱动方程为

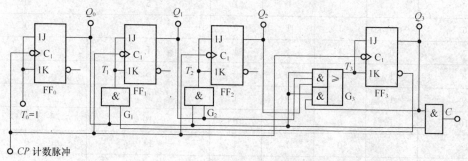

图 11.10　同步十进制加法计数器

$$T_0 = 1$$
$$T_1 = Q_0^n \cdot \overline{Q_3^n}$$
$$T_2 = Q_0^n \cdot Q_1^n$$
$$T_3 = Q_0^n \cdot Q_1^n \cdot Q_2^n + Q_0^n \cdot Q_3^n$$

将驱动方程代入到 T 触发器的特性方程即得到电路的状态方程

$$Q_0^{n+1} = \overline{Q_0^n}$$
$$Q_1^{n+1} = Q_0^n \cdot \overline{Q_1^n} \cdot \overline{Q_3^n} + \overline{Q_0^n \cdot \overline{Q_3^n}} \cdot Q_1^n$$
$$Q_2^{n+1} = Q_0^n \cdot Q_1^n \cdot \overline{Q_2^n} + \overline{Q_0^n \cdot Q_1^n} \cdot Q_2^n$$
$$Q_3^{n+1} = (Q_0^n \cdot Q_1^n \cdot Q_2^n + Q_0^n \cdot Q_3^n)\overline{Q_3^n} + \overline{(Q_0^n \cdot Q_1^n \cdot Q_2^n + Q_0^n \cdot Q_3^n)}Q_3^n$$

根据状态方程可以进一步列出加法计数器电路的状态转换表，并画出如图 11.11 所示的电路状态转换图。由状态转换图可见，这个电路是能够自启动的。

3. 异步二进制加法计数器

异步计数器在做"加 1"计数时是采取从低位到高位逐位进位的方式工作的。因此，其中的各个触发器不是同步翻转的。

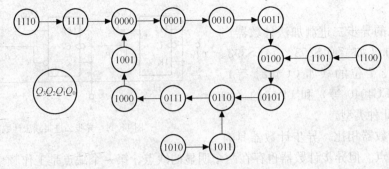

图 11.11　图 11.10 的状态转换图

首先讨论二进制加法计数器的构成方法。按照二进制加法计数规则，每一位如果已经是 1，则再记入 1 时应变为 0，同时向高位发出进位信号，使高位翻转。若使用下降沿动作的 JK 触发器组成计数器，则只要将低位触发器的 Q 端接至高位触发器的时钟输入端就行了。当低位由 1 变为 0 时，Q 端的下降沿正好可以作为高位的时钟信号。

如图 11.12 所示是用下降沿触发的 JK 触发器组成的 3 位二进制加法计数器。因为所有的触发器都是在时钟信号下降沿动作，所以进位信号应从低位的 Q 端引出。最低位触发器的时钟信号 CP_0 也就是要记录的计数输入脉冲。

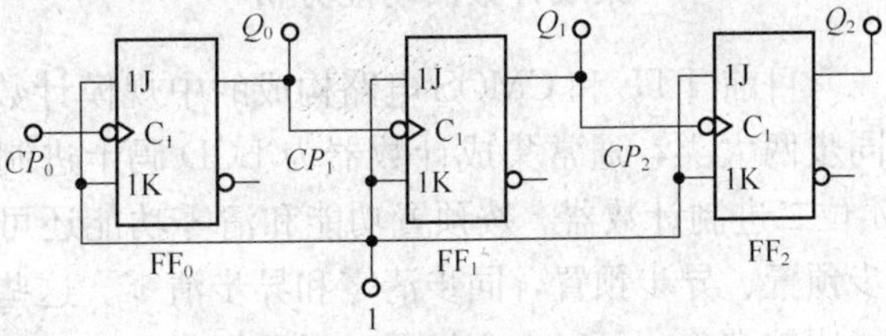

图 11.12　异步二进制加法计数器

根据 JK 触发器的翻转规律即可画出在一系列 CP_0 脉冲信号作用下 Q_0、Q_1、Q_2 的电压波形，如图 11.13 所示。由图可见，触发器输出端新状态的建立要比 CP 下降沿滞后一个传输延迟时间 t_{pd}。

从时序图出发还可以列出电路的状态转换表，画出状态转换图。这些都和同步二进制计数器相同，不再重复。

用上升沿触发的 JK 触发器同样可以组成异步二进制加法计数器，但每一级触发器的进位脉冲应改由 $\bar{Q}$ 端输出。

如果将 JK 触发器之间按二进制减法计数规则连接，就得到二进制减法计数器。按照二进制减法计数规则：若低位触发器已经为 0，则再输入一个减法计数脉冲后应翻成 1，同时向高位发出借位信号，使高位翻转。图 11.14 就是按上述规则接成的 3 位二进制减法计数器。图中仍采用下降沿动作的 JK 触发器。

将异步二进制减法计数器和异步二进制加法计数器作个比较即可发现：它们都是将低位触发器的一个输出端接到高位触发器的时钟输入端而组成的。在采用下降沿动作的 JK 触发器时，加法计数器以 Q 端为输出端，减法计数器以 $\bar{Q}$ 端为输出端。而在采用上升沿动作的 JK 触发器时，情况正好相反，加法计数器以 $\bar{Q}$ 端为输出端，减法计数器以 Q 端为输

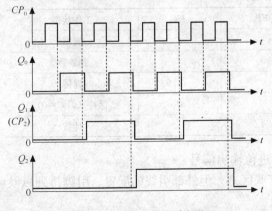

图 11.13　图 11.12 的时序图

出端。

目前常见的异步二进制加法计数器产品有 4 位的（如 74LS293、74LS393、74HC393 等）、7 位的（如 CC4024 等）、12 位的（如 CC4040 等）和 14 位的（如 CC4060 等）几种类型。

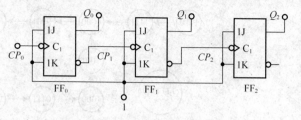

图 11.14　异步二进制减法计数器

和同步计数器相比，异步计数器具有结构简单的优点。但异步计数器也存在两个明显的缺点。第一个缺点是工作频率比较低。因为异步计数器的各级触发器是以串行进位方式连接的，所以在最不利的情况下要经过所有各级触发器传输延迟时间之和以后新状态才能稳定建立起来。第二个缺点是在电路状态译码时存在竞争－冒险现象。这两个缺点使异步计数器的应用受到了很大的限制。

其他类型的计数器在这里不再详细讲述。

11.2.2　集成计数器功能分析

目前 TTL 和 CMOS 电路构成的中规模计数器品种很多，应用广泛。它们可分为异步、同步两大类，通常集成计数器为 BCD 码十进制计数器和 4 位二进制计数器。按预置功能和清零功能还可以分为同步预置、异步预置，同步清零和异步清零。这些计数器功能比较完善，可以自主扩展，通用性强。

1. 4 位同步二进制计数器 74161

如图 11.15 所示为符号图，表 11.4 为 74161 的功能表。

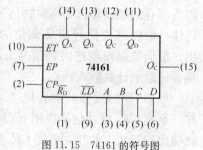

图 11.15　74161 的符号图

4 位同步二进制计数器 74161 除了具有二进制加法计数功能外，还具有预置数、保持和异步置零等附加功能。图中 $\overline{LD}$ 为预置数控制端，$D_0 \sim D_3$ 为数据输入端，Q_C 为进位输出端，$\overline{R_D}$ 为异步置零（复位）端，EP 和 ET 为工作状态控制端。

表 11.4 是 74161 的功能表，它给出了当 EP 和 ET 为不同取值时电路的工作状态。

表 11.4　　　　　　　　　　　　　74161 的功能表

CP	$\overline{R_D}$	$\overline{LD}$	EP	ET	工作状态
×	0	×	×	×	置零
↑	1	0	×	×	预置数
×	1	1	0	1	保持
×	1	1	×	0	保持（但 $C=0$）
↑	1	1	1	1	计数

可以利用 Q_C 端输出的高电平或下降沿作为进位输出信号。

74LS161 在内部电路结构形式上与 74161 有些区别，但外部引线的配置、引脚排列以及功能表都和 74161 相同。

此外，有些同步计数器（例如 74LS162、74LS163）是采用同步置零方式的，应注意与

74161 这种异步置零方式的区别。在同步置零的计数器电路中，$\overline{R_D}$ 出现低电平后要等 CP 信号到达时才能将触发器置零。而在异步置零的计数器电路中，只要 $\overline{R_D}$ 出现低电平，触发器立即被置零，不受 CP 的控制。

2. 同步十六进制加/减计数器 74LS191

表 11.5   **74LS191 的功能表**

CP_1	$\overline{S}$	$\overline{LD}$	$\overline{U}/D$	工作状态
$\times$	1	1	$\times$	保持
$\times$	$\times$	0	$\times$	预置数
$\uparrow$	0	1	0	加法计数
$\uparrow$	0	1	1	减法计数

74LS191 是既能进行递增计数又能进行递减计数的同步十六进制加/减计数器，又称之为可逆计数器。74LS191 具有异步预置数功能，当 $\overline{LD}=0$ 时，将立即把 $D_0 \sim D_3$ 的状态置入，与计数脉冲无关。

倘若加法计数脉冲和减法计数脉冲来自两个不同的脉冲源，则需要使用双时钟结构的加/减计数器计数。74LS193 是双时钟加/减计数器。

3. 同步十进制加法计数器 74160

74160 的功能表与 74161 的功能表（表 11.4）相同。所不同的仅在于 74160 是十进制而 74161 是十六进制。74160 各输入端的功能和用法与 74161 对应的输入端相同，不再赘述。

4. 同步十进制加/减计数器 74LS190

74LS190 各输入端、输出端的功能及用法与同步十六进制加/减计数器 74LS191 类似。74LS190 的功能表也与 74LS191 的功能表（见表 11.5）相同。

同步十进制加/减计数器也有单时钟和双时钟两种结构形式，并各有定型的集成电路产品。属于单时钟类型的除 74LS190 以外还有 74LS168、CC4510 等，属于双时钟类型的有 74LS192、CC40192 等。

5. 二-五-十进制异步计数器 74LS290

74LS290 是使用起来很灵活的计数器，其符号图如图 11.16 所示。若以 CP_0 为计数输入端、Q_0 为输出端，即得到二进制计数器（或二分频器）；若以 CP_1 为输入端、Q_3 为输出端，则得到五进制计数器（或五分频器）；若将 CP_1 与 Q_0 相连，同时以 CP_0 为输入端、Q_3 为输出端，则得到十进制计数器（或十分频器）。所以将这个电路称为二-五-十进制异步计数器。此外，74LS290 电路中还设置了两个置 0 输入端 R_{01}、R_{02}，两个置 9 输入端 S_{91}、S_{92}，以便工作时根据需要将计数器预先置成 0000 或 1001 状态。

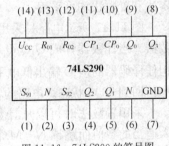

图 11.16   74LS290 的符号图

11.2.3 集成计数器的应用

从降低成本考虑，集成电路的定型产品必须有足够大的批量。因此，目前常见的计数器芯片在计数进制上只作应用较广的几种类型，如十进制、十六进制、7 位二进制、12 位二进制、14 位二进制等。在需要其他任意一种进制的计数器时，只能用已有的计数器产品经过外电路的不同连接方式得到。

假定已有的是 N 进制计数器，而需要得到的是 M 进制计数器。这时有 $M<N$ 和 $M>N$ 两种可能的情况。下面分别讨论两种情况下构成任意一种进制计数器的方法。

1. $M<N$ 的情况

在 N 进制计数器的顺序计数过程中，若设法使之跳越 $N-M$ 个状态，就可以得到 M 进制计数器了。实现跳越的方法有置零法（或称复位法）和置数法（或称置位法）两种。

（1）置零法

置零法适用于有异步置零输入端的计数器。

设原有的计数器为 N 进制，当它从全 0 状态 S_0 开始计数并接收了 M 个计数脉冲以后，电路进入 S_M 状态。如果将 S_M 状态译码产生一个置零信号加到计数器的异步置零输入端，则计数器将立刻返回 S_0 状态，这样就可以跳过 $N-M$ 个状态而得到 M 进制计数器。

由于电路一旦进入 S_M 状态后立即又被置成 S_0 状态，所以 S_M 状态仅在极短的瞬时出现，在稳定的状态循环中不包括 S_M 状态。

（2）置位法

置位法适用于有预置数功能的计数器电路。

置位法与置零法不同，它是通过给计数器重复置入某个数值的方法跳越 $N-M$ 个状态，从而获得 M 进制计数器的。置数操作可以在电路的任何一个状态下进行，所以电路形式不惟一。

对于同步式预置数的计数器（如 74160、74161），$\overline{LD}=0$ 的信号应从 S_i 状态译出，待下一个 CP 信号到来时，才将要置入的数据置入计数器中。稳定的状态循环中包含有 S_i 状态。而对于异步式预置数的计数器（如 74LS190、74LS191），只要 $\overline{LD}=0$ 信号一出现，立即会将数据置入计数器中，而不受 CP 信号的控制，因此 $\overline{LD}=0$ 信号应从 S_{i+1} 状态译出。S_{i+1} 状态只在极短的瞬间出现，稳态的状态循环中不包含这个状态。

【例 11.4】利用同步十进制计数器 74160，接成同步六进制计数器。

解 因为 74160 兼有异步置零和预置数功能，所以置零法和置数法均可采用。

图 11.17 所示电路是采用异步置零法接成的六进制计数器。当计数器计成 $Q_3Q_2Q_1Q_0=0110$（即 S_M）状态时，担任译码器的门 G 输出低电平信号给 $\overline{R}_D$ 端，将计数器置零，回到 0000 状态。电路的状态转换图如图 11.18 所示。

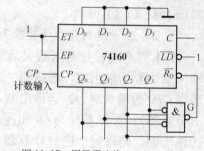

图 11.17 用置零法将 74LS160 接成六进制计数器

采用置数法时可以从计数循环中的任何一个状态置入适当的数值而跳越 $N-M$ 个状态，得到 M 进制计数器。图 11.19 中给出了两个不同的方案。其中图 11.19（a）的接法是用 $Q_3Q_2Q_1Q_0=0101$ 状态译码产生 $\overline{LD}=0$ 信号，下一个 CP 信号到达时置入 0000 状态，从而跳过 0110～1001 这 4 个状态，得到六进制计数器，如图 11.20 中的实线所表示的那样。

从图 11.20 的状态转换图中可以发现，图 11.19（a）电路所取的 6 个循环状态中没有 1001 这个状态。因为进位输出信号 C 是由 1001 状态译码产生的，所以计数过程中 C 端始终

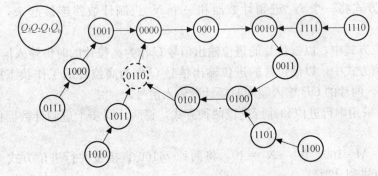

图 11.18 图 11.17 电路的状态转换图

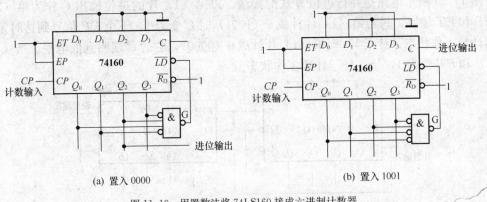

(a) 置入 0000   (b) 置入 1001

图 11.19 用置数法将 74LS160 接成六进制计数器

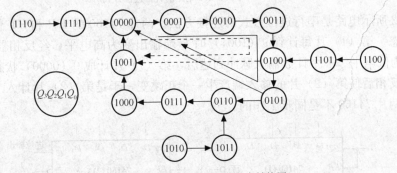

图 11.20 图 11.19 电路的状态转换图

没有输出信号。图 11.17 电路也存在同样的问题。这时的进位输出信号只能从 Q_2 端引出。

若采用图 11.19 (b) 电路的方案，则可以从 C 端得到进位输出信号。在这种接法下，是用 0100 状态译码产生 $\overline{LD} = 0$ 信号，下个 CP 信号到来时置入 1001（如图 11.20 中的虚线所示），因而循环状态中包含了 1001 这个状态，每个计数循环都会在 C 端给出一个进位脉冲。

2. $M > N$ 的情况

必须用多片 N 进制计数器组合起来才能构成 M 进制计数器。各片之间（或称为各级之间）的连接方式可分为串行进位方式、并行进位方式、整体置零方式和整体置数方式几种。下面以两级之间的连接为例说明这 4 种连接方式的原理。

(1) 串行进位和并行进位方式

若 M 可以分解为两个小于 N 的因数相乘，即 $M = N_1 \times N_2$，则可采用串行进位方式或并行进位方式将一个 N_1 进制计数器和一个 N_2 进制计数器连接起来，构成 M 进制计数器。

在串行进位方式中，以低位片的进位输出信号 C 作为高位片的时钟输入信号 CP。

在并行进位方式中，以低位片的进位输出信号 C 作为高位片的工作状态控制信号（计数的使能信号），两片的 CP 输入端同时接计数输入信号。

【例 11.5】 采用串行进位和并行进位两种方式，将两片同步十进制计数器接成百进制计数器。

解　本例中 $M=100$，$N_1=N_2=10$，将两片 74160 直接按并行进位方式或串行进位方式连接即可得百进制计数器。

图 11.21 所示电路是并行进位方式的接法。以第（1）片的进位输出 C 作为第（2）片的 EP 和 ET 输入，每当第（1）片计成 9（1001）时 C 变为 1，下个 CP 信号到达时第（2）片为计数工作状态，计入 1，而第（1）片计成 0（0000），它的 C 端回到低电平。第（1）片的 EP 和 ET 恒为 1，始终处于计数工作状态。

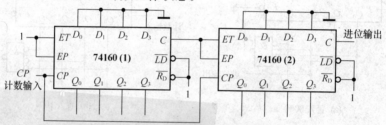

图 11.21　例 11.2.2 电路的并行进位方式

图 11.22 所示电路是串行进位方式的连接方法。两片 74160 的 EP 和 ET 恒为 1，都工作在计数状态。第（1）片每计到 9（1001）时 C 端输出变为高电平，经反相器后使第（2）片的 CP 端为低电平。下个计数输入脉冲到达后，第（1）片计成 0（0000）状态，C 端跳回低电平，经反相后使第（2）片的输入端产生一个正跳变，于是第（2）片计入 1。可见，在这种接法下两片 74160 不是同步工作的。

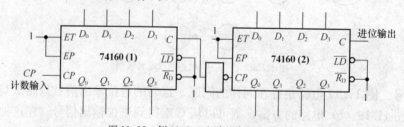

图 11.22　例 11.2.2 电路的串行进位方式

在 N_1、N_2 不等于 N 时，可以先将两个 N 进制计数器分别接成 N_1 进制计数器和 N_2 进制计数器，然后再以并行进位方式或串行进位方式将它们连接起来。

（2）整体置零方式和整体置数方式

当 M 为大于 N 的素数时，不能分解成 N_1 和 N_2，上面讲的并行进位方式和串行进位方式就行不通了。这时必须采取整体置零方式或整体置数方式构成 M 进制计数器。

所谓整体置零方式，是首先将两片 N 进制计数器按最简单的方式接成一个大于 M 进制的计数器（例如 $N \times N$ 进制），然后在计数器计为 M 状态时译出异步置零信号 $\overline{R_D}=0$；将两片 N 进制计数器同时置零。这种方式的基本原理和 M<N 时的置零法是一样的。

而整体置数方式的原理与 M<N 时的置数法类似。首先需将两片 N 进制计数器用最简单的连接方式接成一个大于 M 进制的计数器（例如 N×N 进制），然后在选定的某一状态下译出 $\overline{LD}=0$ 信号，将两个 N 进制计数器同时置入适当的数据，跳过多余的状态，获得 M 进制计数器。采用这种接法要求已有的 N 进制计数器本身必须具有预置数功能。

当 M 不是素数时整体置零法和整体置数法也可以使用。

【例 11.6】 分别用整体置零法和整体置数法把两片同步十进制计数器 74160 接成二十九进制计数器。

解 因为 $M=29$ 是一个素数，所以必须用整体置零法或整体置数法构成二十九进制计数器。

图 11.23 是整体置零方式的接法。首先将两片 74160 以并行进位方式连成一个百进制计数器。当计数器从全 0 状态开始计数，计入 29 个脉冲时，经门 G_1 译码产生低电平信号立刻将两片 74160 同时置零，于是就得到了二十九进制计数器。需要注意的是计数过程中第（2）片 74160 不出现 1001 状态，因而它的 C 端不能给出进位信号。而且，门 G_1 输出的脉冲持续时间极短，也不宜作进位输出信号。如果要求输出进位信号持续时间为一个时钟信号周期，则应从电路的 28 状态译出。当电路计入 28 个脉冲后门 G_2 输出变为低电平，第 29 个计数脉冲到达后门 G_2 的输出跳变为高电平。

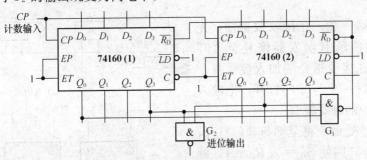

图 11.23 例 11.6 电路的整体置零方式

通过这个例子可以看到，整体置零法不仅可靠性较差，而且往往还要另加译码电路才能得到需要的进位输出信号。

采用整体置数方式可以避免置零法的缺点。图 11.24 所示电路是采用整体置数方式接成的二十九进制计数器。首先仍需将两片 74160 接成百进制计数器。然后将电路的 28 状态译

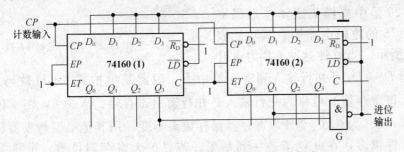

图 11.24 例 11.2.3 电路的整体置数方式

码产生 $\overline{LD}=0$ 信号，同时加到两片 74160 上，在下个计数脉冲（第 29 个输入脉冲）到达时，将 0000 同时置入两片 74160 中，从而得到二十九进制计数器。进位信号可以直接由门 G 的输出端引出。

11.3 寄　存　器

寄存器与移位寄存器均是数字系统中常见的主要部件，寄存器用来存入二进制数码或信息，移位寄存器除具寄存器的功能外，还可将数码移位。

11.3.1 寄存器原理分析

1. 寄存器的结构及工作原理

寄存器是存放二进制数码的，必须有记忆单元触发器，每个触发器能存放一位二进制码，存放 N 位数码，就应具有 N 个触发器。寄存器为了保证正常存数，还必须有适当的门电路组成控制电路。

寄存器接收数码或信息的方式有两种：单拍式和双拍式。图 11.25 表示了这两种方式，它们都利用了触发器的 $\overline{R}_D$、$\overline{S}_D$。工作过程如下。

双拍式。第一拍，在接收数据前，先用复零负脉冲使所有触发器恢复至 "0"态。第二拍，在接受指令端加入接受指令（正脉冲）。将每一个与非门打开，把输入端数据写入相应的触发器中。

单拍式。接受命令将全部与非门打开，如输入数据是 1，则使 $\overline{S}_D=0$、$\overline{R}_D=1$，触发器无论原来是何态，均将触发器置 "1"，即将数据 "1" 写入触发器。如输入数据是 "0"，则使 $\overline{S}_D=1$，$\overline{R}_D=0$，触发器置 "0"，将数据写入触发器。

2. 中规模集成 4 位数码寄存器 74LS175

图 11.26 是中规模集成 4 位数码寄存器 74LS175 的逻辑电路图，其功能表如表 11.6 所示。当时钟脉冲 CP 为上升

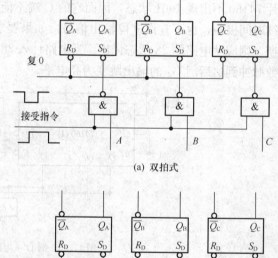

(a) 双拍式

(b) 单拍式

图 11.25　3 位二进制寄存器

沿时，数码 $D_0 \sim D_3$ 可并行输入到寄存器中去，因此是单拍式。4 位数码 $Q_0 \sim Q_3$ 并行输出，故该寄存器又可称为并行输入、并行输出寄存器。$\overline{C}_r$ 为 0，则 4 位数码寄存器异步清零。CP 为 0，$\overline{C}_r$ 为 1，寄存器保存数码不变。用其他类型触发器构成的寄存器的集成器件很多，在此就不一一列举了。若要扩大寄存器位数，可将多片器件进行级联。

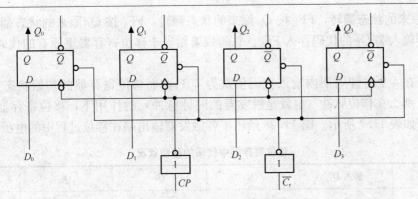

图 11.26　74LS175 的逻辑图

表 11.6　　　　　　　　　　　　　　　　**74LS175 功能表**

$\overline{C_r}$	CP	D	Q	$\overline{Q}$
0	×	×	0	1
1	↑	1	1	0
1	↑	0	0	1
1	0	×	保持	

11.3.2　移位寄存器

移位寄存器具有数码的寄存和移位两个功能，若在移位脉冲（一般是时钟脉冲）的作用下，寄存器中的数码向左移动一位，则称左移，如依次向右移动一位，称为右移。移位寄存器具有单向移位功能的称为单向移位寄存器；既可左移又可右移的称双向移位寄存器。移位寄存器不但可以用来寄存代码，还可以用来实现数据的串行—并行转换、数值的运算以及数据处理等。

1. 移位寄存器的结构

图 11.27 所示电路是由边沿触发结构的 D 触发器组成的 4 位移位寄存器。其中第一个触发器 FF_0 的输入端接收输入信号，其余的每个触发器输入端均与前边一个触发器的 Q 端相连。

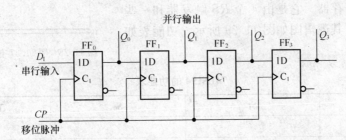

图 11.27　用 D 触发器构成的移位寄存器

2. 移位寄存器的工作原理

因为从 CP 上升沿到达开始到输出端建立新的状态要经过一段传输延迟时间，所以当 CP 的上升沿同时作用于所有的触发器时，它们输入端（D 端）的状态还没有改变。于是

FF_1 按 Q_0 原来的状态翻转，FF_2 按 Q_1 原来的状态翻转，FF_3 按 Q_2 原来的状态翻转。同时，加到寄存器输入端 D_1 的代码存入 FF_0。总的效果相当于移位寄存器里原有的代码依次右移了一位。

　　例如，在 4 个时钟周期内输入代码依次为 1011，而移位寄存器的初始状态为 $Q_0 Q_1 Q_2$ Q_3＝0000；那么在移位脉冲（也就是触发器的时钟脉冲）的作用下，移位寄存器里代码的移动状况将如表 11.7 所示。图 11.28 给出了各触发器输出端在移位过程中的电压波形图。

表 11.7　　　　　　　　　　　　移位寄存器中代码的移动状况

CP 的顺序	输入 D_1	Q_0	Q_1	Q_2	Q_3
0	0	0	0	0	0
1	1	1	0	0	0
2	0	0	1	0	0
3	1	1	0	1	0
4	1	1	1	0	1

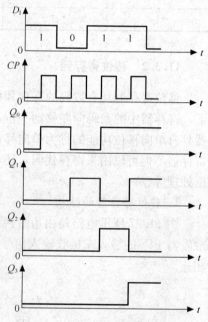

图 11.28　图 11.27 电路的电压波形图

　　可以看到，经过 4 个 CP 信号以后，串行输入的 4 位代码全部移入了移位寄存器中，同时在 4 个触发器的输出端得到了并行输出的代码。因此，利用移位寄存器可以实现代码的串行－并行转换。

　　如果首先将 4 位数据并行地置入移位寄存器的 4 个触发器中，然后连续加入 4 个移位脉冲，则移位寄存器里的 4 位代码将从串行输出端 D_0 依次送出，从而实现了数据的并行－串行转换。

　　为便于扩展逻辑功能和增加使用的灵活性，在定型生产的移位寄存器集成电路上有的又附加了左、右移控制、数据并行输入、保持、异步置零（复位）等功能。

　　3. 4 位双向移位寄存器 74LS194

　　74LS194 就是一个 4 位双向移位寄存器，是典型的中规模集成移位寄存器。它是由 4 个 RS 触发器和一些门电路所构成的。其逻辑图如图 11.29 所示，功能表如表 11.8 所示。

表 11.8　　　　　　　　　　　　74LS194 的功能表

$\overline{C_r}$	S_1	S_0	工 作 状 态
0	×	×	置零
1	0	0	保持
1	0	1	右移
1	1	0	左移
1	1	1	并行输入

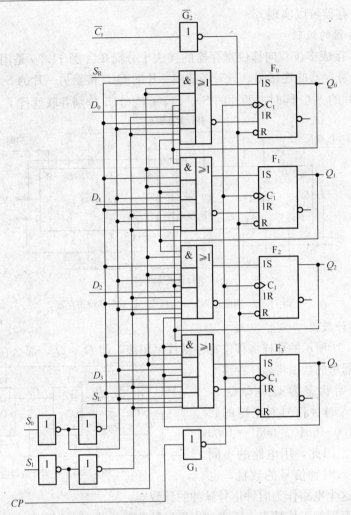

图 11.29　74LS194 的逻辑图

图中 Q_0、Q_1、Q_2、Q_3 是 4 个触发器的输出端。D_0、D_1、D_2、D_3 是并行数据输入端。S_R 是右移串行数据输入端，S_L 是左移串行数据输入端。$\overline{C_r}$ 是直接清零端，低电平有效。CP 是同步时钟脉冲输入端，输入脉冲的上升沿引起移位寄存器状态的转换。

S_1、S_0 是工作方式选择端，其选择功能是：$S_1 S_0 = 00$ 为状态保持；$S_1 S_0 = 01$ 为右移；$S_1 S_0 = 10$ 为左移；$S_1 S_0 = 11$ 为并行送数。这些功能的实现是由逻辑图中的门电路来保证的。

11.3.3　集成移位寄存器的应用

1. 在数据传送体系转换中的应用

数字系统中数据传送体系有两种：串行传送体系，每一节拍只传送一位信息，N 位数据需 N 个节拍才能传送出去；并行传送体系，一个节拍同时传送 N 位数据。

在数字系统中，两种传送系统均存在，如计算机主机是并行传送数据，而有的外设是串行传送数据，因此存在串行转换为并行、并行转换为串行两种数据传送体系的转换，这些转换使用前述的寄存器可以实现。

2. 移位寄存器的级联

用 74LS194 接成多位双向移位寄存器的接法十分简单。图 11.30 是用两片 74LS194 接成 8 位双向移位寄存器的连接图。只需将其中一片的 Q_3，接至另一片的 S_R 端，而将另一片的 Q_0 接到这一片的 S_L，同时把两片的 S_1、S_0、CP 和 $\overline{C_r}$ 分别并联就行了。

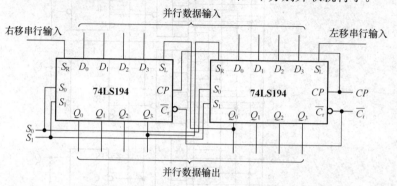

图 11.30　用两片 74LS194 接成 8 位双向移位寄存器

3. 构成环形计数器

如果按图 11.31 所示的那样将移位寄存器首尾相接，即 $D_0 = Q_3$，那么在连续不断地输入时钟信号时寄存器里的数据将循环右移。

例如，设初始状态为 $Q_0 Q_1 Q_2 Q_3 = 1000$，则不断输入时钟信号时电路的状态将按 $1000-0100-0010-0001-1000$ 的次序循环变化。因此，用电路的不同状态能够表示输入时钟信号的数目，也就是说，可以把这个电路作为时钟信号脉冲的计数器。

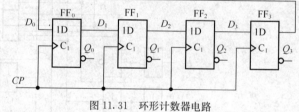

图 11.31　环形计数器电路

根据移位寄存器的工作特点，不必列出环形计数器的状态方程即可直接画出图 11.32 所示的状态转换图。如果取由 1000、0100、0010 和 0001 所组成的状态循环为所需要的有效循环，那么同时还存在着其他几种无效循环。而且，一旦脱离有效循环之后，电路将不会自动返回有效循环中去，所以图 11.31 的环形计数器是不能自启动的。为确保它能正常工作，必须首先通过串行输入端或并行输入端将电路置成有效循环中的某个状态，然后再开始计数。

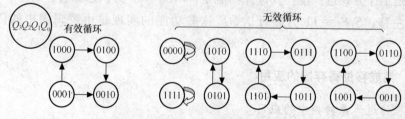

图 11.32　图 11.31 电路的状态转换图

环形计数器的突出优点是电路的结构极其简单，并且在有效循环的每个状态中只包含一个 1（或 0）时，可以直接以各触发器输出端的 1 状态表示电路的一个状态，不需要另外加译码电路。它的主要缺点是没有充分利用电路的状态。用 n 位移位寄存器组成的环形计数器

只用了 n 个状态，而电路总共有 2^n 个状态，这显然是一种浪费。

4. 构成扭环形计数器

为了在不改变移位寄存器内部结构的条件下提高环形计数器的电路状态利用率，又设计了扭环形计数器。

如果按图 11.33 所示连接电路就可构成扭环形计数器。从图 11.34 的状态转换图中可以看出，扭环形计数器的状态利用率比环形计数器提高了一倍，但仍然有 $2^n - 2n$ 个状态没有利用。

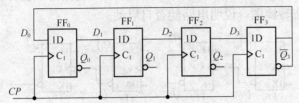

图 11.33　扭环形计数器电路

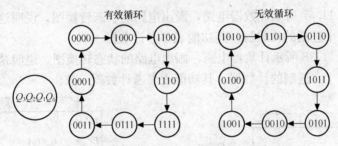

图 11.34　图 11.33 电路的状态转换图

本 章 小 结

时序逻辑电路与组合逻辑电路不同，在逻辑功能及其描述方法、电路结构、分析方法和设计方法上都有区别于组合逻辑电路的明显特点。在时序逻辑电路中，任一时刻的输出信号不仅和当时的输入信号有关，而且还与电路原来的状态有关。

用于描述时序电路逻辑功能的方法有方程组（由驱动方程、状态方程和输出方程组成）、状态转换表、状态转换图和时序图等。

为了记忆电路的状态，时序电路必须包含存储电路。同时存储电路又和输入变量一起，决定输出的状态。

由于具体的时序电路千变万化，所以它们的种类不胜枚举。本章介绍的计数器、寄存器、移位寄存器、环形计数器、扭环形计数器只是常见的几种，因此必须掌握时序电路的共同特点和一般的分析方法和设计方法，才能适应对各种时序电路进行分析或设计的需要。

习　　题

11-1　分析图 11.35 所示时序电路的逻辑功能，写出电路的驱动方程、状态方程和输出方程，画出电路的状态转换图，说明电路能否自启动。

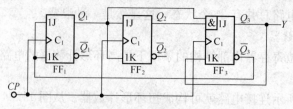

图 11.35 习题 11-1 图

11-2 分析图 11.36 所示时序电路的逻辑功能，写出电路的驱动方程、状态方程和输出方程，画出电路的状态转换图，说明电路能否自启动。

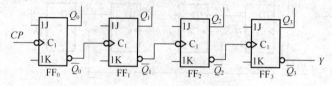

图 11.36 习题 11-2 图

11-3 分析图 11.37 所示计数器电路，画出电路的状态转换图，说明这是多少进制的计数器。74LS160 是十进制的计数器，其功能表参考计数器一节。

11-4 分析图 11.38 所示计数器电路，画出电路的状态转换图，说明这是多少进制的计数器。74LS161 是十六进制的计数器，其功能表参考计数器一节。

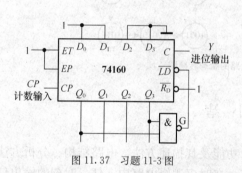

图 11.37 习题 11-3 图

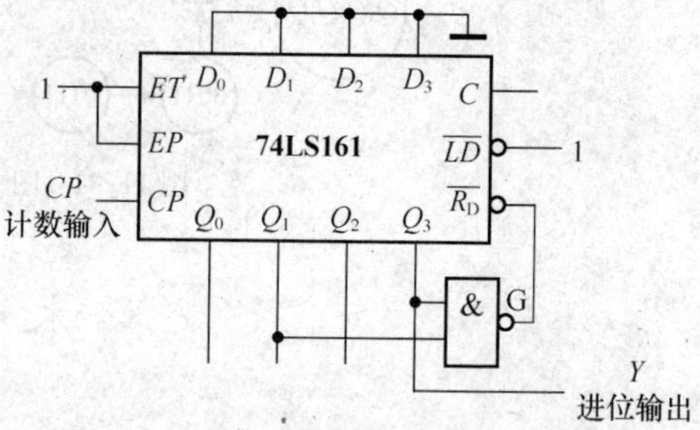

图 11.38 习题 11-4 图

11-5 试用 4 位同步二进制计数器 74LS161 接成十二进制计数器，标出输入、输出端。可附加必要的门电路。

11-6 试分析图 11.39 所示计数器在 $M=1$ 和 $M=0$ 时各为几进制。

11-7 设计一个可控进制的计数器，当输入控制变量 $N=0$ 时工作在五进制，$N=1$ 时工作在十五进制，标出计数输入端和进位输出端。

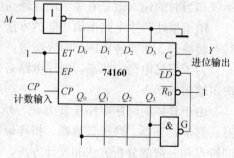

图 11.39 习题 11-6 图

11-8 用同步十进制计数器 74160 设计一个三百六十五进制的计数器。要求各位间为十进制关系。允许附加必要的门电路。

11-9 试画出用 4 片 74LS194 组成 16 位双向移位寄存器的逻辑图。

第 12 章

脉冲产生电路

在数字电路或数字系统中，常需要各种脉冲波形，如时钟脉冲、定时信号等。这些脉冲波形的获得有两种方法：一是使用脉冲信号产生器直接产生；二是利用已有的信号对其进行变换，使之成为满足系统要求的脉冲信号。

本章主要介绍 555 定时器、多谐振荡器、单稳态触发器、施密特触发器以及利用 555 定时器构成多谐振荡器、单稳态触发器及施密特触发等内容。

12.1 概　　述

在同步时序电路中，作为时钟信号的矩形脉冲控制和协调着整个系统的工作。

获得矩形脉冲波形的途径有两种：一种是利用各种形式的多谐振荡器电路直接产生所需要的矩形脉冲。另一种是通过各种整形电路把已有的周期性变化波形变换为符合要求的矩形脉冲。当然，在采用整形的方法获取矩形脉冲时，是以能够找到频率和幅度都符合要求的一种已有的电压信号为前提的。

正因为时钟信号控制和协调着整个系统的工作，所以时钟脉冲的特性关系到系统能否正常工作。通常用图 12.1 所示的几个主要参数来定量描述矩形脉冲的特性。

脉冲周期 T 是指周期性重复的脉冲序列中，两个相邻脉冲之间的时间间隔。也可以使用频率 f 表示单位时间内脉冲重复的次数。

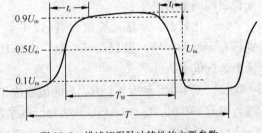

图 12.1　描述矩形脉冲特性的主要参数

脉冲幅度 U_m 是指脉冲电压的最大变化幅度。

脉冲宽度 T_W 是指从脉冲前沿到达 $0.5U_m$ 起，到脉冲后沿到达 $0.5U_m$ 为止的一段时间。

上升时间 t_r 是指脉冲上升沿从 $0.1U_m$ 上升到 $0.9U_m$ 所需要的时间。

下降时间 t_f 是指脉冲下降沿从 $0.9U_m$ 下降到 $0.1U_m$ 所需要的时间。

占空比 q 是指脉冲宽度与脉冲周期的比值，即 $q = T_W/T$。

12.2　555 定时器

1. 555 定时器的用途及类型

555 定时器是目前应用最多的一种数字－模拟混合的时基电路，用它可以构成多谐振荡器、单稳态电路和施密特电路等脉冲产生和波形变换电路，所以在波形的产生和变换、工业自动控制、定时、仿真、家用电器、电子乐器、防盗报警等方面获得了广泛的应用。

在目前的集成定时器产品中，双极型的有 5G555（NE555），CMOS 型的有 CC7555、CC7556 等，器件的电源电压为 4.5V~18V；能提供与 TTL、MOS 电路相兼容的逻辑电平。

2. CC555 定时器的电路结构

下面以 CC7555 为例，介绍定时器的功能。

图 10.2 所示为 CC7555 的电路结构图，CC7555 为双列直插式封装，共有 8 个引脚。

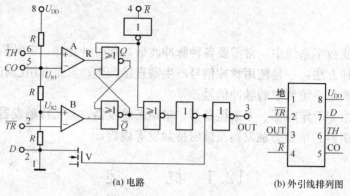

(a) 电路   (b) 外引线排列图

图 12.2   CC7555 集成定时电路

3. CC7555 的组成部分及其功能

（1）分压器：由 3 个阻值为 5kΩ 的等值电阻 R 构成电阻分压器（故得名 555 定时器），它向比较器 A 和 B 提供参考电压：$U_{R1} = \frac{2}{3}U_{DD}$、$U_{R2} = \frac{1}{3}U_{DD}$。电压控制端 CO 也可外加控制电压改变参考电压值，CO 端不用时，可以接一个 $0.01\mu F$ 的去耦电容，以消除干扰，保证控制端的参考电压。

（2）比较器：集成运算放大器 A、B 组成两个电压比较器，每个比较器的两个输入端分别标有＋号和－号，当 $U_+ > U_-$ 时，电压比较器输出为高电平，当 $U_+ < U_-$ 时，比较器的输出为低电平。

（3）基本 RS 触发器：R、S 的值取决于比较器 A、B 的输出。$\overline{R}$ 端为 RS 触发器的复位端，当 $\overline{R} = 0$ 时，$Q = 0$，OUT 端为低电平。

（4）放电管 V（也称开关管）和输出缓冲器：V 管为 N 沟道增强型 MOS 管，当 OUT 为低电平时，其栅极电位为高电平，V 导通；当 OUT 为高电平时栅极电位为低电平，V 截止。OUT 前面的反相器构成输出缓冲器，用来提高定时器的带负载能力，同时也隔离负载对定时器的影响。

4. CC7555 功能表

由上述 CC7555 的组成部分及其功能分析，可得到表 12.1 所示 CC7555 的功能表。

表 12.1 CC7555 的功能表

输　　入			输　　出	
高 触 发 端 TH	低触发端 $\overline{TR}$	复位端 $\overline{R}$	输出端 OUT	放电管 V 状态
$\times$	$\times$	0	低	导通
$> \frac{2}{3}U_{DD}$	$> \frac{1}{3}U_{DD}$	1	低	导通
$< \frac{2}{3}U_{DD}$	$> \frac{1}{3}U_{DD}$	1	不变	保持原状态

输　　入			输　　出	
高 触 发 端 TH	低触发端 $\overline{TR}$	复位端 $\overline{R}$	输出端 OUT	放电管 V 状态
$< \frac{2}{3} U_{DD}$	$< \frac{1}{3} U_{DD}$	1	高	截止
$> \frac{2}{3} U_{DD}$	$< \frac{1}{3} U_{DD}$	1	高	截止

CC7555 的静态电流约 $80\mu A$，输入电流约 $0.1\mu A$，输入阻抗很高。

12.3　多谐振荡器

多谐振荡器是一种自激振荡器，在接通电源后，不需要外加触发信号就能自动产生矩形脉冲。由于矩形波中除基波外，还有丰富的谐波分量，故得名多谐振荡器。时序电路中的时钟信号即为矩形脉冲波。

产生矩形脉冲的电路很多，例如用 TTL 与非门构成的基本多谐振荡器和 RC 环形振荡器，用 CMOS 或非门组成的多谐振荡器。本节主要介绍用集成定时器构成的多谐振荡器和频率稳定性高的石英晶体振荡器。多谐振荡器的符号如图 12.3 所示。

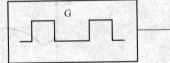

图 12.3　多谐振荡器

12.3.1　用 555 定时器构成的多谐振荡器

1. 电路结构及工作波形

用 CC7555 构成的多谐振荡器如图 12.4（a）所示，R_1、R_2 和 C 是外接的定时元件。电路的工作波形如图 12.4（b）所示。

2. 功能分析

下面结合 CC7555 的功能来进行分析图 12.4（a）由 CC7555 定时器构成的多谐振荡器电路。

（1）工作原理

参看图 12.2 和表 12.1，接通电源瞬间，TH 和 $\overline{TR}$ 端的电位 $u_C=0$，基本 RS 触发器的 $R=0$，$S=1$，触发器置 1，输出 OUT（u_O）为高电平，MOS 管截止，电源经 R_1、R_2 对 C 充电，u_C 逐渐升高。当 $u_C > \frac{2}{3} U_{DD}$ 时，比较器 A 的输出即 RS 触发器的 R 端跳变为高电平，比较器 B 的输出即 RS 触发器的 S 端跳变为低电平，RS 触发器置 0，输出 OUT（u_O）跳变为低电平，这时 MOS 管导通，电容 C 通过 R_2 及 MOS 管放电，u_C 下降。当 $u_C < \frac{1}{3} U_{DD}$ 时，比较器 B 的输出即 RS 触发器的 S 端跳变为高电平，比较器 A 的输出即 RS 触发器的 R 端跳变为低电平，输出 OUT（u_O）再次跳变到高电平，MOS 截止，C 再次充电，如此周而复始，输出端就得到了重复的脉冲序列。

由上述分析可知，多谐振荡器无稳定状态，只有两个暂稳态，故又称为无稳态电路。

（2）电路的特性参数计算

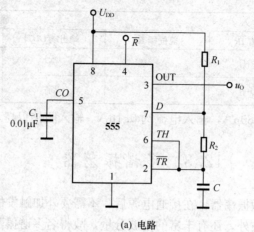

(a) 电路

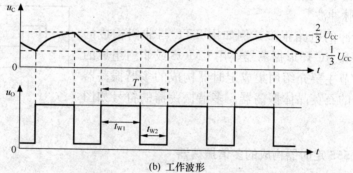

(b) 工作波形

图 12.4　由 CC7555 定时器构成的多谐振荡器

$$t_{W1} = \tau_1 \ln \frac{u_C(\infty) - u_C(0^+)}{u_C(\infty) - u_C(t_{W1})}$$

$$= \tau_1 \ln \frac{U_{DD} - \frac{1}{3}U_{DD}}{U_{DD} - \frac{2}{3}U_{DD}}$$

$$= \tau_1 \ln 2 \approx 0.7(R_1 + R_2)C \quad (\text{式中 } \tau_1 = (R_1 + R_2)C)$$

$$t_{W2} = \tau_2 \ln \frac{u_C(\infty) - u_C(0^+)}{u_C(\infty) - u_C(t_{W2})}$$

$$= \tau_2 \ln \frac{0 - \frac{2}{3}U_{DD}}{0 - \frac{1}{3}U_{DD}}$$

$$= \tau_2 \ln 2 \approx 0.7R_2C_1 \quad (\text{式中 } \tau_2 = R_2C_1)$$

振荡周期　　$T = t_{W1} + t_{W2} \approx 0.7(R_1 + 2R_2)C$

振荡频率　　$f = \dfrac{1}{T} \approx \dfrac{1.43}{(R_1 + 2R_2)C}$

占空比 $q = \dfrac{t_{W1}}{t_{W1} + t_{W2}} \approx \dfrac{0.7(R_1 + R_2)C_1}{0.7(R_1 + 2R_2)C_1} = \dfrac{R_1 + R_2}{R_1 + 2R_2}$

（占空比：脉冲宽度与周期之比）

3. 多谐振荡器应用举例：间歇音响电路

用两个 555 多谐振荡器可以构成间歇音响电路，如图 12.5（a）所示，调节 R_{A1}、R_{B1}、C_1 和 R_{A2}、R_{B2}、C_2 使振荡器 I 的频率为 1Hz，振荡器 II 的频率为 1kHz。由于振荡器 I 的输出接到振荡器 II 的复位端 $\overline{R}$（4 脚），因此在 u_{O1} 输出高电平时，振荡器 II 才能振荡，u_{O1} 为低电平时，II 被复位，振荡停止。这样，扬声器便发出间歇（频率为 1Hz）的 1kHz 音响，其工作波形如图 12.5（b）所示。

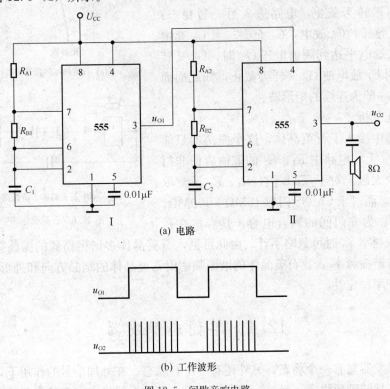

(a) 电路

(b) 工作波形

图 12.5　间歇音响电路

12.3.2　石英晶体振荡器

1. 石英晶体的选频特性

经过加工后的石英晶体，有其各自固定的共振频率，其符号和阻抗频率特性如图 12.6（a）所示。由其阻抗频率特性可知，石英晶体的选频特性极好，只有频率为 f_0 的信号才能通过晶体，其他频率信号都会被晶体衰减。图 12.6（b）所示为一种典型的石英晶体多谐振荡器电路。

2. 石英晶体多谐振荡器

在许多应用场合下都对多谐振荡器的振荡频率稳定性有严格的要求。例如在将多谐振荡器作为数字钟的脉冲源使用时，它的频率稳定性直接影响着记时的准确性。在这种情况下，前面介绍的多谐振荡器电路难以满足要求。因为在这些多谐振荡器中振荡频率主要取决于门电路输入电压在充、放电过程中达到转换电平所需要的时间，所以频率稳定性不可能很高。

为了得到稳定度很高的脉冲信号，目前普遍采用在多谐振荡电路中接入石英晶体，组成石英晶体多谐振荡器，其电路如图 12.6（b）所示。

（1）工作原理

图 12.6（b）中，非门 G_1、G_2 及 R_1、R_2、C_1、C_2 构成基本多谐振荡器，它的两个暂稳态是一个非门导通，另一个非门截止。假设 G_1 导通，G_2 截止，则 C_1 充电，C_2 放电；当 C_1 充电到使 G_2 输入端电平达到阈值电压 U_T 时，G_2 转到导通，同时 C_2 的放电也使 G_1 转为截止，电路进入另一暂稳态：G_1 截止，G_2 导通，C_1 放电，C_2 充电；当 C_2 充电到使 G_1 输入端电平达到阈值电压 U_T 时，G_1 又转为导通，同时 C_1 放电使 G_2 又转为截止，如此周而复始，输出 u_O 即为连续的矩形波。

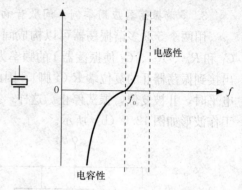

(a) 石英晶体的符号和阻抗频率特性

（2）功能分析

由于电路中接入了石英晶体，这个振荡器只能谐振在频率 f_0 上。电路中 R_1、R_2 的取值应使非门工作在线性放大区。对于 TTL 门，R_1、R_2 通常取 $0.7k\Omega \sim 2k\Omega$，而对于 CMOS 门取 $10M\Omega \sim 100M\Omega$。

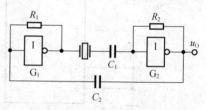

(b) 石英晶体多谐振荡器电路

图 12.6　石英晶体多谐振荡器

电容 C_1、C_2 作为非门间的耦合电容，其容抗在石英晶体的谐振频率 f_0 时可忽略不计。由此可见，石英晶体多谐振荡器的振荡频率取决于石英晶体的固有谐振频率 f_0。石英晶体的谐振频率由石英晶体的结晶方向和外形尺寸所决定，具有极高的频率稳定性。

12.4　单稳态触发器

单稳态触发器只有一个稳态，另外还有一个暂稳态。在外加信号的作用下，单稳态触发器能够从稳态翻转到暂稳态，经过一定的时间后又自动返回稳态，电路在暂稳态的时间等于单稳态触发器输出脉冲的宽度。

单稳态触发器的工作特性具有如下显著特点。

① 它有稳态和暂稳态两个不同的工作状态。

② 在外界触发脉冲作用下，能从稳态翻转到暂稳态，在暂稳态维持一段以后，再自动返回稳态。

③ 暂稳态维持时间的长短取决于电路本身的参数，与触发脉冲的宽度和幅度无关。

由于具备这些特点，单稳态触发器被广泛应用于脉冲整形、延时（产生滞后于触发脉冲的输出脉冲）以及定时（产生固定时间宽度的脉冲信号）等。

构成单稳态触发器的电路很多，例如可采用门电路组成微分型单稳态触发器和积分型单稳态触发器，本节主要介绍由集成 555 定时器构成的单稳态触发器。

12.4.1　用 555 定时器构成的单稳态触发器

1. 电路结构

如图 12.7（a）所示为用 555 定时器构成的单稳态触发器电路。

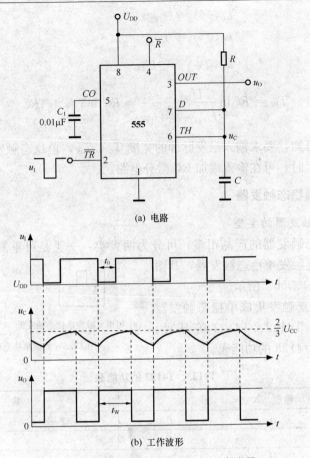

(a) 电路

(b) 工作波形

图 12.7 用 555 定时器构成的单稳态触发器

2. 功能分析

输入触发信号 u_1 加在低触发端 $\overline{TR}$，OUT 端输出信号 u_O，R 和 C 是外接定时元件。

(1) 接通电源后，触发信号没有到来时，低触发端 $\overline{TR} = U_{DD}$，电源 U_{DD} 对 C 充电到 $u_C > \frac{2}{3}U_{DD}$ 时，输出 OUT 端为低电平，此时放电管 V 导通，C 放电到 $u_C \approx 0$，TH 端为低电平，并保持输出 OUT 端 u_O 为低电平（参看表 12-1），电路处于稳态。

(2) 输入端触发信号到来时，u_1 负跳变为 $u_1 \frac{1}{3}U_{DD}$，输出 OUT 端跳变为高电平，放电管 V 截止，电源经 R 向电容 C 充电，电路处于暂稳态。

(3) 随着电容 C 的充电，u_C 逐渐升高，TH 端的电位也不断上升，当上升到 $u_C > \frac{2}{3}U_{DD}$ 时（此时 u_1 必须已恢复到 U_{DD}），输出 OUT 端又跳变为低电平，放电管 V 导通，电容 C 又放电到 $u_C \approx 0$，电路又回到稳态。

3. 电路参数

输出脉冲宽度 T_W 为定时电容 C 上的电压 u_C 由零上升到 $\frac{2}{3}U_{DD}$ 所需的时间。T_W 的计算如下：

$$T_W = \tau \ln \frac{u_C(\infty) - u_C(0^+)}{u_C(\infty) - u_C(t_W)}$$

$$\tau = RC$$

$$u_C(\infty) = U_{DD}$$

$$u_C(0^+) = 0$$

$$u_C(T_W) = \frac{2}{3}U_{DD}$$

因此
$$T_W = RC\ln\frac{U_{DD}-0}{U_{DD}-\frac{2}{3}U_{DD}} = RC\ln 3 \approx 1.1RC$$

通过以上分析可知，要求输入触发脉冲的宽度 $T_0 < T_W$，单稳态触发器方能由暂稳态返回稳态。若 $T_0 > T_W$ 时，可在输入端加 RC 微分电路。

12.4.2　集成单稳态触发器

1. 集成单稳态触发器的类型

目前集成单稳态触发器的产品很多，可分为两大类：一类是可重复触发的单稳态触发器，另一类为非重复触发单稳态触发器，其图形符号如图 12.8 （a）、（b）所示。

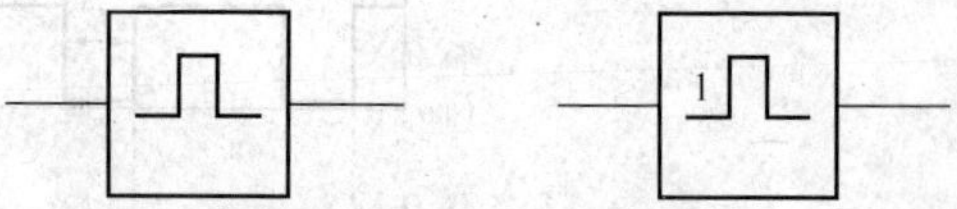

国产 TTL 可重复触发集成单稳态触发器有 T1122、T1123、T4122、T4123 等品种。表 12.2 是 T1123、T4123 的功能表。

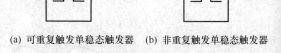

(a) 可重复触发单稳态触发器　　(b) 非重复触发单稳态触发器

图 12.8　集成单稳态触发器图形符号

表 12.2　　　　　　　　　　　　　T1123、T4123 的功能表

输　　入			输　　出	
$\overline{R_D}$	A	B	Q	$\overline{Q}$
L	×	×	L	H
×	H	×	L	H
×	×	L	L	H
H	L	↑	⊓	⊔
H	↓	H	⊓	⊔
↑	L	H	⊓	⊔

2. 集成单稳态触发器的功能

可重复触发单稳态触发器在受触发进入暂稳态后，若在暂稳态结束前的某时刻有新的触发，则触发器可以接受该新触发信号的作用，重新开始暂稳态过程，并从该时刻起重新计算暂稳态维持时间 T_W，如图 12.9 所示。由此可知，利用重触发脉冲，可以产生持续时间很长的输出脉冲。此外，还可以用复位端输入信号控制输出脉冲宽度，使 T_W 减小，如图 12.10 所示。

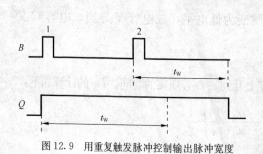

图 12.9　用重复触发脉冲控制输出脉冲宽度

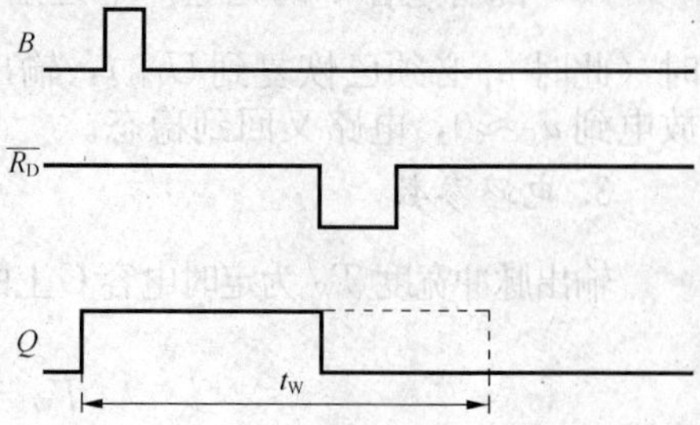

图 12.10　用复位输入控制输出脉冲宽度

12.4.3 单稳态触发器的应用

1. 用于脉冲信号的延时、定时

单稳态触发器可用于脉冲信号的延时、定时与整形。例如，在图 12.11（b）中，u_1、u_f、u_{O1} 和 u_O 分别是图 12.11（a）所示电路中触发信号、选通信号、单稳输出信号和与门输

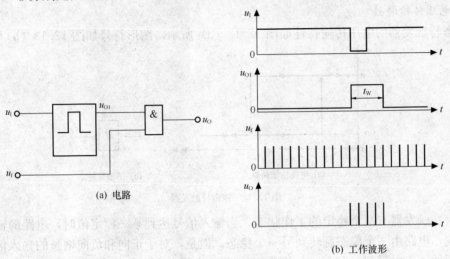

(a) 电路

(b) 工作波形

图 12.11 单稳态触发器的延时与定时选通

出信号的波形。单稳态输出信号 u_{O1} 的下降沿比触发信号 u_1 的下降沿延迟了 t_W 时间，起到了延时的作用。而 u_{O1} 又控制了与门，使高频信号 u_f 只能在 u_{O1} 的正脉冲 t_W 时间时通过与门传输到输出端 u_O，这时，单稳态触发器起到了定时选通的作用。

2. 用于脉冲信号的整形

单稳态触发器还可用于把不规则的脉冲信号整形为规则的矩形波，因为单稳态电路一经触发，由稳态进入暂稳态，输出信号就与输入信号状态无关，保持一个固定的幅度，直至经过 t_W 后回到稳态。因此，若有不规则脉冲 u_1 触发单稳态触发器，其输出是具有一定宽度（t_W）、幅度，边沿陡峭的矩形波，如图 12.12 所示。

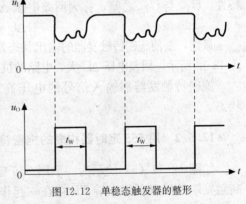

图 12.12 单稳态触发器的整形

12.5 施密特触发器

12.5.1 施密特触发器

1. 施密特触发器

施密特触发器是一种波形变换电路，它应用很广。它在性能上有如下两个重要特点。

① 输入信号从低电平上升的过程中，电路状态转换时对应的输入电平，与输入信号从

高电平下降过程中对应的输入转换电平不同。

② 在电路状态转换时，通过电路内部的正反馈过程使输出电压波形的边沿变得很陡。

利用这两个特点不仅能将边沿变化缓慢的信号波形整形为边沿陡峭的矩形波，而且可以将叠加在矩形脉冲高、低电平上的噪声有效地清除。施密特触发器常用作波形的变换、整形和鉴幅。

2. 电压传输特性

施密特触发器的电压传输特性如图 12.13 (a) 所示，图形符号如图 12.13 (b) 所示。

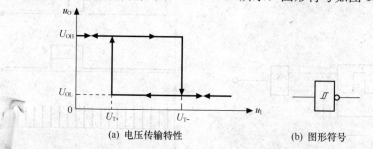

(a) 电压传输特性　　　　　　　　(b) 图形符号

图 12.13　施密特触发器

施密特触发器有两个稳定的工作状态，当输入信号达到某一额定值时，电路的输出电平发生跳变，电路由一个稳态翻转到另一个稳态。但是，对于正向和负向增长的输入信号，电路有不同的阈值电平 U_{T+} 和 U_{T-}，当输入信号 u_1 由低向高变化并大于正向阈值电压 U_{T+} 时，电路翻转到一个稳态，输出 u_O 为低电平；当输入信号 u_1 由高向低变化并小于负向阈值电压 U_{T-} 时，电路翻转到另一个稳态，输出 u_O 为高电平。这种滞后的电压传输特性，又叫回差特性。U_{T+} 与 U_{T-} 之差，称为回差电压 ΔU。

$$\Delta U = U_{T+} - U_{T-}$$

显然，要使施密特触发器的输出状态发生转换，输入电压 u_1 必须大于 U_{T+} 或小于 U_{T-}，如图 12.13 所示。回差电压 ΔU 大，电路的抗干扰能力强，但"鉴幅"和"触发灵敏度"会变差。

施密特触发器靠输入信号的电压高低来触发，也靠输入信号的幅值来维持翻转后的状态。

12.5.2　用 555 定时器构成的施密特触发器

如图 12.14 (a) 所示为一个用 555 定时器构成的施密特触发器电路。图中，定时器的高触发端 TH 和低触发端 $\overline{TR}$ 接在一起作为信号输入端。由定时器的功能表可知，这个触发器的正向阈值电压 $U_{T+} = \dfrac{2}{3}U_{DD}$，负向阈值电压 $U_{T-} = \dfrac{1}{3}U_{DD}$，回差电压 $\Delta U = \dfrac{1}{3}U_{DD}$。图 12.14 (b) 是当触发信号为正弦波时，输出信号的工作波形。

若在控制端 CO 外加电压，可以改变 U_{T+} 和 U_{T-} 和 ΔU 的值。

国产集成施密特触发器中，TTL 型的产品有 T1014、T4014、T1132、T3132、T4132、T1013、T4013 等，CMOS 型的产品有 CC4093，CC40106 等。

12.5.3　施密特触发器应用

1. 波形变换

利用施密特触发器状态转换过程中的正反馈，可以把边沿变化缓慢的周期性信号，例如

三角波或正弦波，转变为边沿很陡的矩形波，如图 12.15（a）、（b）所示。

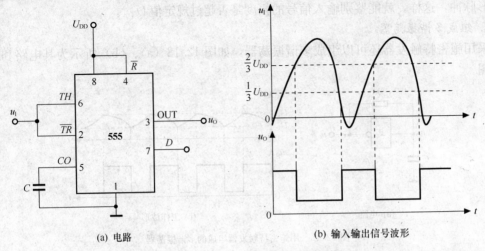

| (a) 电路 | (b) 输入输出信号波形 |

图 12.14 用 555 定时器构成施密特触发器

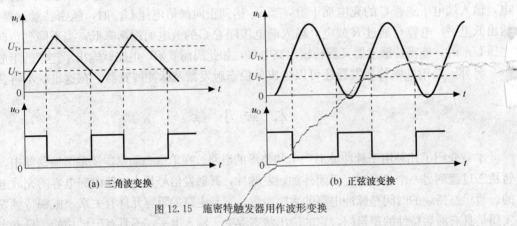

| (a) 三角波变换 | (b) 正弦波变换 |

图 12.15 施密特触发器用作波形变换

2. 波形的整形

施密特触发器可以使产生畸变的脉冲波形整形为矩形脉冲，只要施密特触发器的 U_{T+} 和 U_{T-} 设置的合适，就可以收到满意的整形效果，如图 12.16 所示。

3. 幅度的鉴别

施密特触发器可用作阈值电压探测器，对输入信号的幅度进行鉴别。如图 12.17 所示是

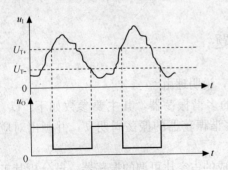

图 12.16 施密特触发器对畸变波形整形

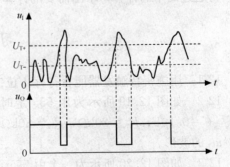

图 12.17 阈值电压探测器输入输出波形

其输入、输出电压波形，幅度超过 U_{T+} 的脉冲使施密特触发器动作，在输出端就能得到一个矩形脉冲，这样，就能鉴别输入信号的幅度是否超过规定值 U_{T+}。

4. 组成多谐振荡器

采用施密特触发器还可以组成多谐振荡器，如图 12.18（a）、（b）所示为其电路和工作波形图。

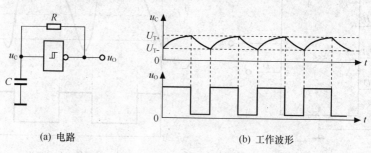

(a) 电路　　　　　　　　　　　　　　　(b) 工作波形

图 12.18　用施密特触发器组成的多谐振荡器

工作原理如下：当施密特触发器的输入端为低电平时，输出为高电平，电容 C 通过 R 充电，输入端电压随着 C 的充电而上升，当 u_C 达到正向阈值电压 U_{T+} 时，施密特触发器翻转，输出低电平，电容 C 通过 R 放电，输入端电压随着 C 的放电而逐渐降低，当下降到负向阈值电压 U_{T-} 时，施密特触发器又翻转输出高电平，如此周而复始，电路就输出了连续的矩形波。

另外，采用施密特触发器还可以组成单稳态触发器及脉冲展宽器。在这里就不再赘述。

本 章 小 结

本章介绍了几种用于脉冲波形产生和整形的电路。在单稳态触发器及多谐振荡器中，在由暂稳态过渡到另一个状态时，无须外加触发脉冲，其触发信号是由电路内部电容的充放电提供的。暂稳态持续的时间是脉冲电路的主要参数，它与电路的阻容元件有关。施密特触发器的实质是具有滞后特性的逻辑门，它的输出状态取决于输入电平，不具有记忆功能，只有当输入电平处于回差电压范围之内时，电路保持前一状态。定时器是一种应用很广泛的集成器件，多用于脉冲产生、整形及定时等，除 555 定时器外，还有双定时器 556 及四定时器 558 等。

在分析脉冲电路的过渡过程时，一般常采用的是波形分析法。这种分析方法首先根据电路的工作原理，画出过渡过程中电压或电流的波形图，然后找出波形变化的起始值和终了值，再通过简单的计算，求出需要的计算结果。

习 题

12-1　用施密特触发器能否寄存 1 位二值数据，说明理由。

12-2　如图 12.19 所示为用 555 定时器构成的多谐振荡器，其主要参数如下：$U_{DD}=10V$，$C=0.1\mu F$，$R_A=20k\Omega$，$R_B=80k\Omega$。求该多谐振荡器的振荡周期 T，并画出对应的 u_C、u_O 的波形。

12-3　如图 12.20 所示为一个由 555 定时器构成的占空比可调的振荡器，试分析其工作原理，若要求占空比为 50%，应如何选择电路中的有关元件参数？该振荡器频率如何计算？

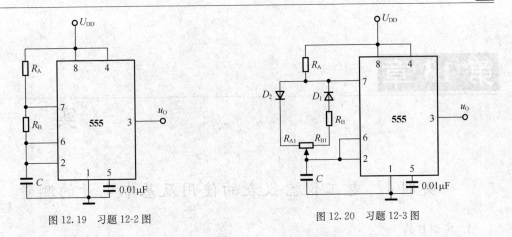

图 12.19 习题 12-2 图　　　　　图 12.20 习题 12-3 图

12-4　如图 12.21 所示为一个由 555 定时器构成的单稳态触发器，已知 $U_{DD}=10V$，$R=30k\Omega$，$C=0.1\mu F$，求输出脉冲的宽度 t_W，并画出对应的 u_I，u_O，u_C 的波形。

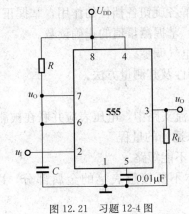

图 12.21 习题 12-4 图

12-5　如图 12.22 所示是一个用施密特触发器构成的单稳态触发器，输入 u_I 为一串方波脉冲，设输出脉冲的宽度 $t_W < T/2$，试定性画出 u_A、u_O 的波形。

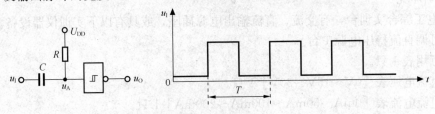

图 12.22 习题 12-5 图

12-6　如图 12.23 所示是由施密特触发器构成的脉冲延迟电路，试分别定性画出电容 C 上的电压 u_C 和输出电压 u_O 的波形，设输入 u_I 为矩形脉冲。

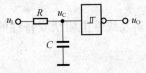

图 12.23 习题 12-6 图

第 13 章

实　训

实训 1　电工仪器仪表的使用及基本电量的测量

1. 实训目的

(1) 掌握直流电压表、直流电流表、万用表及可调直流稳压电源的使用方法。

① 学会仪器仪表与电路之间的正确连接方法。

② 熟悉仪表面板结构，了解各旋钮各档位的作用，掌握正确选择档位的方法。

③ 根据仪表档位和显示值，掌握测量值的正确读数。

④ 学会仪表的机械调零和电气调零。

(2) 了解线性电阻的伏安特性及其测量方法。

2. 注意事项

(1) 电流表应串联在被测电流支路中，电压表应并联在被测电压两端；要注意直流仪表"＋""－"端钮的接线，并选取适当的量程。

(2) 直流稳压电源的输出端不能短路。

(3) 用万用表测量时，人体不要接触表笔的金属部分，以确保人体安全和测量的准确性。

(4) 用万用表测量电流和电压时，要切断电源后换档。

(5) 切不可用万用表的电阻档和电流档去测量电压，以免烧坏表头。

3. 实训环境

具有电工综合实训台，有交流、直流输出电源插座，或具有以下实训仪器设备。

(1) 可调直流稳压电源 1 台。

(2) 万用表 1 只。

(3) 直流电压表 [0V～15V～30V] 1 只。

(4) 直流电流表 [0mA～50mA～100mA～200mA] 1 只。

(5) 可变电阻器 [200Ω，1A] 1 只。

(6) 电阻 [100Ω] 1 只。

(7) 可调电阻箱 1 台。

4. 实训内容

(1) 直流电流和直流电压的测量及线性电阻伏安特性的测定。

(2) 万用表的使用。

① 用万用表测量直流电压。

② 用万用表测量直流电流。

③ 用万用表测量电阻。

④ 用万用表测量交流电压。

5. 实训操作步骤

指针式仪表测量时应水平放置，测量前检查指针是否处于电流或电压的"0"刻度位置，若不在零位，应进行机械调零。对于有弧形反射镜面的仪表，当看到指针与镜面里的"指针"重合时，读数最准确。注意稳压电源不得短路，以免损害。

（1）直流电流和直流电压的测量及线性电阻伏安特性测定

实训电路的连接图与电路图如图 13.1（a）、（b）所示，$R=100\Omega$。

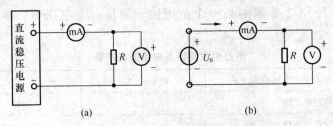

图 13.1　测定线性电阻伏安特性的实训电路

① 接线：详见图 13.1。电压表应跨接（并联）在被测电压的两端。如果是直流，必须区分电位的高低，电压表的"＋"极接高电位端，"－"极接低电位端。当仪表指针反向偏转时，应将两表笔交换位置。

电流表应与被测支路串联连接。如果是直流，应使电流从电流表的"＋"极流进，"－"极流出。同样，当仪表指针反向偏转时，应将两表笔交换位置。

② 测量档位的选定：为了提高测量电压值或电流值的准确度，希望表针的偏转角度在满偏转角度的 $\frac{2}{3}$ 以上。若指针偏转过小，应减小量程档，但应注意切勿使仪表指针超量程；若超量程，必须立刻增大量程档。如果能预测被测值的范围，应选择最接近被测值的档位，比如估计被测值为 1.8V～2.3V，应选择量程为 2.5V 档位；如果不能预测被测值的范围，应将量程开关由大到小转换，直到表针的偏转角度尽量在满偏转角度的 $\frac{2}{3}$ 以上。

调节直流稳压电源的输出电压，从 0V 开始缓慢地增加，使直流电压表测量值为表 13.1 所标示的数值，并从直流电流表读取相应的值，填写在表 13.1 中。刻度值与量程档之间有对应关系，必须注意它们的倍率关系和电量单位。

表 13.1　　　　　　　　　　　　线性电阻伏安特性数据记录表

电压 U （V）	测量值	0	5	10	15	20
	量程（档位）					
电流 I （mA）	测量值					
	量程（档位）					
计算电阻 $R=U/I$ （Ω）						

（2）万用表的使用

万用表通常可以测量多种电路参数。指针式万用表的调零、连接以及测量档位的选定，跟指针式电压表、电流表一样，在前面已作过介绍。另外要注意：①根据测量项目，转动旋钮至相应的位置区。②表盘刻度分了几部分，中间部分显示直流电压（DCV 或 $\overline{V}$）、直流电流（DCA、DCmA 或 $\overline{A}$、$m\overline{A}$）和交流电压（ACV 或 $\widetilde{V}$）；表盘最上面是电阻刻度，用符号 Ω 表示，电阻大小的排序跟电流电压的排序相反（从左至右是无穷大至零）。下面还有一部分为其他项目（如电平的分贝数）的刻度等。

① 用万用表测量直流电压

将万用表的红表笔（"＋"极）接至电源正极，黑表笔（"－"极）接至电源负极。并将万用表的转换开关置于直流电压相应的档位，调节稳压电源输出，从 0 V 开始缓慢地增加，使其电压在表 13.2 要求的某一个范围内，测量一个电压值。将测量结果记入表13.2 中。

表 13.2   用万用表测量各电量的记录表

直流电压（V）	电源输出电压范围（V）	0.4～0.5	1.5～2.3	2.0～2.5	7～10	30～35
	测量电压值（V）					
	量程（档位）					
直流电流（mA）	电流范围（mA）	1.4～2.2	2.0～2.5	18～23	20～25	200～245
	测量电流值（mA）					
	量程（档位）					
电阻	电阻档倍率	R×1	R×10	R×100	R×1k	R×10k
	测量值					
交流电压	交流电源电压（V）	220V			380V	
	直流电压值（V）					
	量程（档位）					

② 用万用表测量直流电流

按图 13.2 接线，将万用表的转换开关置于直流电流相应的档位，调节稳压电源输出，从 0 V 开始缓慢地增加，或调节可变电阻器，使其电流在表 13.2 要求的某一个范围内，测量一个电流值。将测量结果记入表 13.2 中。

③ 用万用表测量电阻

用万用表测量电阻时，要注意以下几点。

• 每换一个电阻档，在测量前必须要进行电气调零，就是将两表笔短接，转动零欧姆旋钮，使指针停在电阻刻度盘的"0"欧姆位置。

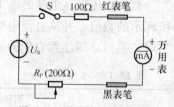

图 13.2   测量直流电流电路图

• 电阻档刻度线是一条非均匀的刻度线，越靠近满偏转（零电阻）位置，刻度间距越宽，测量电阻时也要合理选择量程，希望表针尽量指示在这一档的中心电阻附近或指针满偏转角 $\frac{1}{2}$ 以上（即表盘中央位置附近）。

• 手不要同时触及电阻器的两引出线，以免因人体分流作用而使测量值小于它的实际值。将万用表的转换开关分别置于 R×1、R×10、R×100、R×1k、R×10k 电阻档，每档测量两个电阻，将测量结果记入表 13.2 中。

④ 用万用表测量交流电压

将万用表的转换开关置于交流电压相应的档位，测量实训台上的 220V 和 380V 工频电源交流电压。对交流电的测量接线不必区分正负极。将测量数据记入表 13.2 中。

万用表使用完毕，应将转换开关置于交流电压最高档或关机位置。

6. 实训报告

（1）总结电流表、电压表及万用表测量电流和电压时，分别应当如何接线，要求画测量电路图。

（2）在测量电量时遇到仪表指针反偏、偏转过小、偏转超过满刻度，分别是什么问题，该如何处理？

（3）说明测量电压和电流应该怎样选择测量档位？

测量电阻应该怎样选择测量档位？每换一个电阻档测量电阻时，必须做什么？

（4）总结如何根据仪表显示值和相应的档位，读取被测值并填写测量记录表 13.2。

（5）根据实训内容（1）及表 13.1，说明该电阻的伏安特性及该电阻的性质。

实训 2　验证基尔霍夫定律和戴维南定律

1. 实训目的

（1）验证基尔霍夫定律和戴维南定律的正确性，加深对基尔霍夫定律和戴维南定律的理解。

（2）加深对参考方向的理解。

（3）正确选用元件和设备，强化电流表和电压表的正确使用。

2. 注意事项

（1）严禁将电压源输出端短路，严禁带电拆、接线路。

（2）正确选择仪表的量程。

（3）将仪表接入电路时，应注意其正负极性应与电路的参考方向保持一致。使用指针式仪表测量电流和电压时，如指针反偏，要及时调换表笔，并在测量值前加"—"号。

3. 实训环境

（1）直流稳压电源 1 台。

（2）直流电压表 1 只。

（3）直流毫安电流表 1 只。

（4）200Ω、100Ω、30Ω 电阻各 2 只，20Ω、51Ω、470Ω 各 1 只。

（5）实训电路板 1 套。

4. 实训内容

（1）验证基尔霍夫定律。

① 验证 KCL。

② 验证 KVL。

（2）验证戴维南定律。

5. 实训操作步骤

（1）验证基尔霍夫定律。

① 验证 KCL。

基尔霍夫电流定律（KCL）：任何时刻，在电路的任一节点上，流入节点的电流之和等于从该节点流出的电流之和。

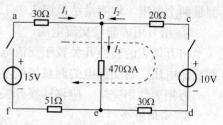

图 13.3   验证 KCL 和 KVL 的电路

按图 13.3 接线，用直流电流表分别串联在各支路中，测量各支路电流 I_1、I_2、I_3，并记录在表 13.3 中，验证 KCL，即验证 $\sum I_进 = \sum I_出$。注意图 13.3 所示的电流方向为参考方向，仪表接入电路的正负极性应与电路的参考方向保持一致，如指针反偏，要及时调换表笔，说明实际方向与参考方向相反，要在测量值前加"－"号。

表 13.3   验证 KCL 时的数据记录表

待测值	I_1（mA）	I_2（mA）	I_3（mA）	验证 $\sum I_进 = \sum I_出$
测量值				
计算值				
相对误差				

② 验证 KVL。

基尔霍夫电压定律（KVL）：任何时刻，在电路中任一闭合回路内各段电压的代数和恒等于零，即 $\sum U = 0$。回路 A 的绕行方向如图 13.3 所示，设各段电路电压的参考方向与绕行方向一致为正，反之，为负。各段电路电压的参考方向详见表 13.4 所标示的符号（参考方向设符号下角标前面的字母为高电位点）。仪表接入电路的正负极性应与电路的参考方向保持一致，如指针反偏，要及时调换表笔，说明实际方向与参考方向相反，要在测量值前加"－"号。

用电压表分别测量图 13.3 中沿回路 A 的各段电压，见表 13.4 并记录在该表中，验证 $\sum U = 0$。

表 13.4   验证 KVL 时的数据记录表

待测值	U_{ab}（V）	U_{bc}（V）	U_{cd}（V）	U_{de}（V）	U_{ef}（V）	U_{fa}（V）	验证 $\sum U = 0$
测量值							
计算值							
相对误差							

（2）验证戴维南定律。

戴维南定律：任何一个线性含源二端电阻网络，对外电路来说，总可以用一个电压源与一个电阻相串联的模型来等效替代。

验证图 13.4 的电路，对负载 R_L 来说，可以用它的戴维南等效电路（见图 13.5）来替代。首先请用戴维南定律测量出或计算出 $U_S = ?$，$R_0 = ?$（其中 $R_L = 100\Omega$）

采用戴维南等效原理，①将图 13.4 中的 a、b 两端断开，如图 13.6（a）所示，测得：$U_S = U_{oc} = 2V$。②再将电压源去掉，用导线短路替代，如图 13.6（b）所示，用万用表测得 $R_0 = R_{ab} = 200\Omega$。

通过观察两个二端网络的端口电压和电流是否相同来看它们是否等效。实训电路如图 13.7 所示。

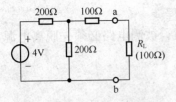

图 13.4　线性含源二端电阻网络

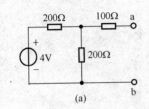

图 13.5　戴维南等效电路

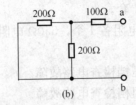

（a）　　　　（b）

图 13.6　戴维南定律测量电路

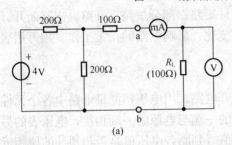

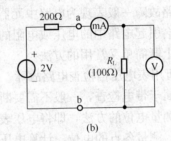

（a）　　　　　　　（b）

图 13.7　戴维南定律验证电路

表 13.5　　　　　　　　　　验证戴维南定律的数据记录表

	图 13.7（a）电路	图 13.7（b）电路
端口电流 I（mA）		
端口电压 U（V）		
验证		

6. 实训报告

（1）整理实训数据，分析实训结果，要求画出实训电路图。

根据实训测量数据验证 KCL、KVL 和戴维南定律，与理论计算值相比较，是否有误差？分析产生误差的原因。

（2）回答问题：

有时当仪表按参考方向接线测量时，指针发生反偏，说明什么问题？该如何处理？

实训 3　电阻电路的故障检查

1. 实训目的

（1）通过实训加深对参考点、电位、电压及其相互关系的理解。

（2）学习电阻电路一般故障的检查方法。

2. 注意事项

（1）直流稳压电源严禁短路。

（2）注意电表的量程，测量时要选择合适的量程。

（3）用万用表欧姆档（或欧姆表）检查电路时，被测电路必须先脱离电源，以免损坏仪表。

3. 实训环境

（1）直流稳压电源 1 台。

（2）万用表 1 只。

（3）实训线路板 1 套。

（4）1kΩ、330Ω 电阻各 1 个，550Ω 电阻 3 个。

4. 实训内容

（1）用万用表电压档检查电路故障。

（2）用万用表电阻档检查电路故障。

5. 实训操作步骤

电阻电路故障一般表现为电路中元器件短路、部分短路、开路、支路断开、电源无电压等，这些都会引起电路中的电压或电阻的变化，影响电路的正常工作。用万用表检查电路故障，是工程上既简单又常用的方法。

（1）用万用表电压档检查电路故障

该方法属于带电检查，一般不需要断开电路。用电压档测量电路中各个元件两端的电压值。也可用测量电位的方法，即将电压表的一端与电源的一端相接，电压表的另一端分别与待测点相接，测量各点的电位，计算电压值，判断各电压值是否与预计的值相近，从而判断出电路故障所在的位置。

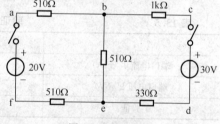

图 13.8　实训电路

按图 13.8 所示电路连接实训线路。这是一个直流电阻电路，用万用表直流电压档测量电压或电位。

选取一点如 f 点为参考点，首先将两开关合上，①测量正常电路中各点的电位和各支路的电压，将测量数据记录在表 13.6 中；②将图 13.8 所示电路中的某一支路短路（除两个电源严禁短路以外），测量故障 1 电路中各点的电位和各支路的电压，将测量数据记录在表 13.6 中；③将图 13.8 电路中的某一支路断开，测量故障 2 电路中各点的电位和各支路的电压，将测量数据记录在表 13.6 中。

根据测量出的不正常的电位或电压，找出故障部位和判断故障性质。

表 13.6　　　　　正常电路和故障电路的电位和电压的测量数据记录表

参考点 f	电位测量值（V）						支路电压测量值（V）						
	U_a	U_b	U_c	U_d	U_e	U_f	U_{ab}	U_{bc}	U_{cd}	U_{de}	U_{ef}	U_{fa}	U_{be}
正常电路													
故障 1 电路													
故障 2 电路													

（2）用万用表电阻档检查电路故障

检查前，①首先断开电源，即将两个开关均断开，或撤掉电路与电源之间的连线，以免损坏仪表；②测量每个元器件或支路的电阻时，必须将其至少一个端子撤离电路，才能正确测量出该元器件或该支路的电阻；③注意每换一个电阻档，必须进行电气调零。

先用万用表电阻档检查正常电路中的电阻支路的电阻值，再用万用表电阻档分别检查表13.6 所指的故障电路 1 和故障电路 2 的电阻支路的电阻值，将测量值分别记录在表13.7 中。

表 13.7   **正常电路和故障电路的电阻测量数据记录表**

	R_{ab} (Ω)	R_{bc} (Ω)	R_{de} (Ω)	R_{ef} (Ω)	R_{be} (Ω)
正常电路					
故障 1					
故障 2					

比较故障电路与正常电路的电阻测量数据，分析故障部位和判断故障性质。

6. 实训报告

(1) 整理和填写实训测量数据记录表。

① 根据测量出的不正常的电位或电压，找出故障部位和判断故障性质。

② 比较故障电路与正常电路的电阻测量数据，分析故障部位和判断故障性质。

(2) 回答问题：

① 采用电压表（或万用表电压档）检查电路故障时，是带电、不断线测量；采用欧姆表（或万用表电阻档）检查电路故障时，必须断电、断线测量，为什么？

② 短路故障怎样引起电位、电压、电阻的变化？断开故障怎样引起电位、电压、电阻的变化？比较故障电路与正常电路的测量数据，分析故障部位和判断故障性质。

③ 参考点的不同对各点电位有无影响？对两点之间的电压有无影响？

实训 4 常用电子仪器的使用

1. 实训目的

学习电子线路实训中常用电子仪器的使用方法。

2. 实训环境

(1) 示波器 1 台。

(2) 交流毫伏表 1 只。

(3) 信号发生器 1 台。

(4) 直流稳压电源 1 台。

(5) 万用表 1 只。

(6) 频率计 1 个。

3. 实训内容

使用常用电子仪器。

(1) 使用毫伏表：用来测量交流电压，读数为有效值。

(2) 使用信号发生器（信号源）：可输出正弦波、三角波和方波。输出波形的幅度、频率可通过旋钮来调整。

（3）使用直流稳压电源：提供连续可调的直流电压。

（4）使用万用表：用于测量直流电压、电阻等。

（5）使用频率计：用于测量输入、输出信号的频率。

（6）使用示波器：用来观察电信号的波形和读取电压的大小。示波器各旋钮（如图 13.9 所示）的作用如下。

① 电源开关。

② 电源指示灯。

③ 聚焦。用来调整波形的粗细。

④ 调整扫描基线的水平。

⑤ 亮度调节。

⑧ ⑨ CH1、CH2 接输入探头。

⑩ ⑪ 输入连接开关，仅显示交流成分时放在 AC 档，示波器内部有电容将直流隔断。

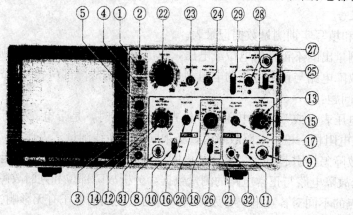

图 13.9 示波器各旋钮

DC 档没有隔直电容，信号的直流成分也将显示出来。

⑫⑬ 幅度调节。

⑭⑮ 幅度微调。当需要读取幅度的数值时，将此旋钮调到最右位置。

⑯⑰ y 轴位移。

⑱通道选择。在 CH1 位置，显示 CH1 的信号波形。在 CH2 位置，显示 CH2 的信号波形。ALT：两个通道交替显示，一般适宜输入信号频率较高时使用。CHOP：两个通道断续显示，一般适用于输入信号频率较低时。ADD：显示两路信号的叠加。

㉒ 扫描时间调节。当显示的波形过密或过稀时调节此旋钮，显示 2~3 个周期为好。

㉓ 扫描时间微调。当需要读取信号的周期时，将此旋钮调到最右端。

㉔ 轴位移。

㉕ 触发源选择。通常放在内触发 INT 位置。

㉖ 调节通道 1 或 2 光迹在屏幕上的垂直位置。

㉘ 电平调节。调节被测信号在某一电平触发扫描。当波形不稳定时调此旋钮。

㉙ 触发方式。通常放在自动（AUTO）：无信号时，屏幕上显示光迹，有信号时，与电平调节配合显示稳定波形。常态（NORM）：无信号时，屏幕上无显示，有信号时，与电平调节配合显示稳定波形。

㉛ 校准信号输出。

4. 实训操作步骤

首先，调节信号发生器，使之产生频率为 100Hz、幅值为 1V（有效值，毫伏表测量）的正弦波信号，然后用示波器和交流毫伏表测量信号参数，将测量的值填入表 13.8。

保持幅值不变，依次改变待测信号的频率，使其分别为 1kHz、10kHz 和 100kHz，重新测量各参数。

表 13.8

信号电压频率	示波器测量值		信号电压毫伏表读数 (V)	示波器测量值	
	周期（ms）	频率（Hz）		峰峰值（V）	有效值（V）
100Hz					
1kHz					
10kHz					
100kHz					

5. 实训报告

（1）整理数据，并进行分析。

（2）总结怎样用示波器读取信号的幅度和周期。

实训 5 共射极单管放大器

1. 实训目的

（1）学习静态工作点的测量和调整。

（2）研究静态工作点对输出波形的影响。

（3）研究 R_L、R_C 对放大倍数的影响。

（4）学习放大器输入电阻 r_1 输出电阻 r_O 的测量方法。

2. 实训电路

实训电路如图 13.10 所示。

3. 实训仪器与器材

（1）直流稳压电源　1 台。

（2）晶体管毫伏表　1 台。

（3）低频信号源　1 台。

（4）实训板及元件　1 套。

（5）示波器 1 台。

（6）万用表　1 块。

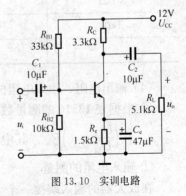

图 13.10　实训电路

4. 实训操作步骤

（1）测量静态工作点

静态工作点指输入为零时集电极电流 I_{CQ}，集-射之间的电压 U_{CEQ}。工作点的位置会对放大器输出电压有很大影响。

① 按图 13.10 连接好电路，用万用表的直流电压档测量 R_C 两端的电压 U_{RC} 和集-射之间的电压 U_{CEQ}，并根据 $I_{CQ}=\dfrac{U_{RC}}{R_C}$ 算出 I_{CQ}，填入表 13.9 内。

② 将 R_{B1} 分别取 24kΩ、47kΩ 再测工作点，填入表 13.9 内。

表 13.9

工作点	$R_{B1}=33kΩ$		$R_{B1}=24kΩ$		$R_{B1}=47kΩ$	
	$I_{CQ}=$	$U_{CEQ}=$	$I_{CQ}=$	$U_{CEQ}=$	$I_{CQ}=$	$U_{CEQ}=$
失真的波形						
工作点比较 失真的性质						

（2）观察不同的工作点对输出波形的影响

① 取 R_{B1} 为 33kΩ，将信号源的频率调到 1000Hz，幅度为零，接入放大器的输入端。将示波器接到输出端。缓慢增大信号源的电压幅度，观察示波器直到波形出现失真，记录该失真波形，填入表 13.9 内。所谓失真是指输出电压不再是标准的正弦波，如果输入是正弦波，输出出现上面缩顶或下面切峰，即是失真。

② 将 R_{B1} 换成 24kΩ、47kΩ 重复上一步骤。记录输出波形，填入表 13.9 内。如果同时出现上面缩顶，下面切峰，说明这时 R_{B1} 的取值比较合适。

（3）测量放大倍数

① 输入 $U_I=10mV$，$f=1000Hz$ 的正弦信号，用示波器观察输出电压，记录下输出电压的幅值（应为不失真情况），并换算成有效值（或用毫伏表测量），填入表 13.10 中。

② 将 R_L 换成 1kΩ，和将 R_L 开路重复做第①步。

表 13.10

R_L	U_I	U_O	放大倍数 $\dfrac{U_O}{U_I}$
5.1kΩ			
1kΩ			
∞			

（4）输出电阻、输入电阻的测量

① 根据表 13.10 的测量数据可以算出输出电阻 r_O：

$r_O=\left(\dfrac{U_{Ot}}{U_O}-1\right)R_L$。其中 U_{Ot} 是 R_L 开路时的输出电压，U_O 是和 R_L 对应的输出电压。

② 输入电阻的测量

在放大器的输入端接一个 1kΩ 的电阻，用毫伏表测量电阻前后的对地电压，如图 13.11 所示。

输入电阻按下式计算 $r_I=\dfrac{U_I}{U'_I-U_I}\times R_S$

图 13.11　输入电阻的测量

将测量得到的输入电阻和输出电阻填入表 13.11 中。

表 13.11

测 量 数 据	输入电阻计算	输出电阻计算	说　　明
$U_1 =$	$r_1 = \dfrac{U_1}{U_1' - U_1} \times R_S$	$r_O = \left(\dfrac{U_{Ot}}{U_O} - 1\right) R_L$	R_S 取 1kΩ
$U_1' =$			R_L 取 5.1kΩ
			U_{Ot} 是 R_L 开路时的输出电压
$U_{Ot} =$			U_O 是 R_L 为 5.1kΩ 时的输出电压
$U_O =$	理论值 $r_1 = R_{B1} // R_{B2} // r_{be}$	理论值 $r_O = R_C$	

5. 实训报告

(1) 整理并分析实训所得数据。

(2) 总结并回答下列问题：

① 静态工作点怎样测量？是直流还是交流？

② 静态工作点一般由哪个元件调整？

③ 静态工作点会对输出波形产生怎样的影响？

④ 放大倍数怎样测量？

实训 6　集成门电路功能测试

1. 实训目的

(1) 熟悉所使用的数字逻辑实训箱或实训台的结构、基本功能和使用方法。

(2) 掌握集成门电路逻辑功能的测试方法。

2. 实训环境

(1) 数字逻辑实训箱或实训台。应包括＋5V 直流电源、双踪示波器、连续脉冲源、单次脉冲源、逻辑电平开关、0－1 指示器及面包板等。

(2) 元器件

① 74LS08　二输入端四与门　　　　1片。

② 74LS04　六反相器　　　　　　　1片。

③ 74LS00　二输入端四与非门　　　1片。

④ 74LS32　二输入端四或门　　　　1片。

⑤ 74LS86　二输入端四异或门　　　1片。

⑥ 74LS02　二输入端四或非门　　　1片。

⑦ 连接导线若干。

3. 实训内容

测试 74LS08、74LS04、74LS00、74LS32、74LS86 及 74LS02 等集成电路的逻辑功能。

这些常用集成门电路的引脚排列如图 13.12 所示。它们的封装形式均为双列直插式。双列直插式封装的器件从正面看一端有一个半圆形的缺口，保持缺口向左，左下角第 1 个引脚号为1，引脚号按反时针方向增加。右下角的一个引脚通常是地线 GND，左上角的引脚一般是电源线 U_{cc}，其他引脚不同的门电路有不同的用途。实训采用 5V 直流工作电源。

4. 实训操作步骤

（1）测试 74LS08 的逻辑功能

74LS08 内含 4 个二输入端与门电路，其管脚排列如图 13.13 所示。

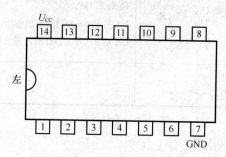

图 13.12　常用集成门电路引脚排列

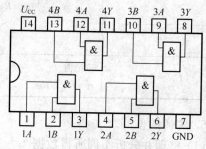

图 13.13　74LS08 四 2 输入与门

将 74LS08 芯片正确插入面包板，在 74LS08 芯片中选一个与门，如由 123 脚组成，将两输入端（1 脚和 2 脚）用导线与数字逻辑实训箱的逻辑开关相连，输出端（3 脚）接发光二极管，7 脚接地线，14 脚接＋5V 电源。当输出端为高电平时，发光二极管亮；当输出端为低电平时，发光二极管不亮。输入不同的信号组合，记录相应的输出逻辑电平，填入表 13.12。

表 13.12　74LS08 功能表

输　　入		输　　出
A	B	$Y=AB$
0	0	
0	1	
1	0	
1	1	

（2）测试 74LS04 的逻辑功能

74LS04 内含 6 个反相器，其管脚排列如图 13.14 所示。

将 74LS04 正确插入面包板，在 74LS04 中选一个非门，输入端通过逻辑开关接高、低电平，输出端接发光二极管。输入不同的信号组合，记录相应的输出逻辑电平，填入表 13.13。

表 13.13　74LS04 功能表

输　　入	输　　出
A	$Y=\overline{A}$
0	
0	
1	
1	

（3）测试 74LS00 的逻辑功能

74LS00 内含 4 个二输入端与非门，其管脚排列如图 13.15 所示。

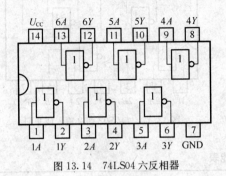

图 13.14 74LS04 六反相器

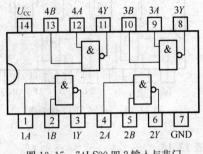

图 13.15 74LS00 四 2 输入与非门

将 74LS00 芯片正确插入面包板，在 74LS00 芯片中选一个与非门，输入端通过逻辑开关接高、低电平，输出端接发光二极管。输入不同的信号组合，记录相应的输出逻辑电平，填入表 13.14。

表 13.14   74LS00 功能表

输 入		输 出
A	B	$Y = \overline{AB}$
0	0	
0	1	
1	0	
1	1	

（4）测试 74LS32 的逻辑功能

74LS32 内含 4 个二输入端或门电路，其管脚排列如图 13.16 所示。

将 74LS32 芯片正确插入面包板，在 74LS32 芯片中选一个或门，输入端通过逻辑开关接高、低电平，输出端接发光二极管。输入不同的信号组合，记录相应的输出逻辑电平，填入表 13.15。

表 13.15   74LS32 功能表

输 入		输 出
A	B	$Y = A + B$
0	0	
0	1	
1	0	
1	1	

（5）测试 74LS02 的逻辑功能

74LS02 内含 4 个二输入端或非门电路，其管脚排列如图 13.17 所示。

将 74LS02 芯片正确插入面包板，在 74LS02 芯片中选一个或非门，输入端通过逻辑开关接高、低电平，输出端接发光二极管。输入不同的信号组合，记录相应的输出逻辑电平，填入表 13.16。

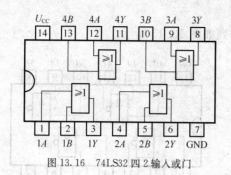
图 13.16　74LS32 四 2 输入或门

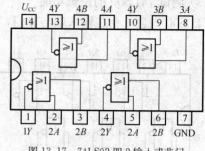
图 13.17　74LS02 四 2 输入或非门

表 13.16　　　　　　　　　　　**74LS02 功能表**

输　　入		输　　出
A	B	$Y = \overline{A + B}$
0	0	
0	1	
1	0	
1	1	

（6）测试 74LS86（二输入端四异或门）的逻辑功能

74LS86 内含 4 个二输入端异或门电路，其管脚排列如图 13.18 所示。

将 74LS86 芯片正确插入面包板，在 74LS86 芯片中选一个异或门，输入端通过逻辑开关接高、低电平，输出端接发光二极管。输入不同的信号组合，记录相应的输出逻辑电平，填入表 13.17。

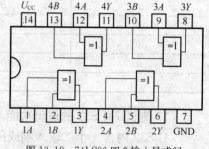
图 13.18　74LS86 四 2 输入异或门

5. 实训报告

（1）总结与门、或门、非门、与非、或非门、异或的逻辑规律。

（2）回答问题：或非门不用的输入端如何处理？

表 13.17　　　　　　　　　　　**74LS86 功能表**

输　　入		输　　出
A	B	$Y = A \oplus B$
0	0	
0	1	
1	0	
1	1	

实训 7　组合逻辑电路实训

1. 实训目的

（1）掌握组合逻辑电路的分析方法，验证全加器的逻辑功能。

（2）掌握编码器、译码器的工作原理，验证集成编码器、译码器的逻辑功能。

（3）掌握显示译码器的实现方法。

2．实训环境

（1）数字逻辑实训装置。

（2）元器件：

① 74LS08　二输入端四与门　　　　　　　　1 片。

② 74LS32　二输入端四或门　　　　　　　　1 片。

③ 74LS00　二输入端四与非门　　　　　　　1 片。

④ 74LS86　二输入端四异或门　　　　　　　1 片。

⑤ 74LS148　八线-三线优先编码器　　　　　1 片。

⑥ 74LS138　三线-八线译码器　　　　　　　1 片。

⑦ 74LS48　四线-七段显示译码器　　　　　1 片。

⑧ 共阴极七段 LED 数码管。

⑨ 连接导线若干。

3．实训内容

（1）全加器的逻辑功能测试。

（2）集成编码器的逻辑功能验证。

（3）集成译码器 74LS138 的逻辑功能验证。

（4）显示译码器的实现。

4．实训操作步骤

（1）全加器的逻辑功能测试

使用 74LS08、74LS86、74LS32 芯片按图 13.19 连成全加器电路。图中 A_i、B_i、C_{i-1} 接逻辑开关，C_i、S_i 接发光二极管。输入不同的信号组合，在表 13.18 中记录相应的输出结果。分析记录的实训结果是否符合二进制的加法规则。

表 13.18　　　　　　　　　全加器的逻辑功能测试

A_i	B_i	C_{i-1}	S_i	C_i
0	0	0		
0	0	1		
0	1	0		
0	1	1		
1	0	0		
1	0	1		
1	1	0		
1	1	1		

（2）集成编码器 74LS148 的逻辑功能验证

74LS148 的管脚排列如图 13.20 所示。将第 8 脚接地，第 16 脚接 +5V 电源，输入端

$I_0 \sim I_7$ 通过逻辑开关接高低电平，输出端 $Y_0 \sim Y_2$ 接发光二极管，EI 是使能输入端，EO 是使能输出端，GS 是扩展输出端。

① 验证使能输入端的功能。

② 验证 74LS148 的逻辑功能。

按表 13.19 的数据要求输入信号，观察并记录实训结果。

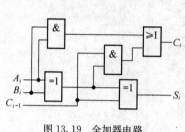

图 13.19　全加器电路

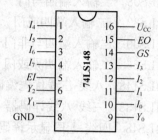

图 13.20　74LS148 管脚排列图

表 13.19　　　　　　　　　　74LS148 优先编码器的逻辑功能

			输　入								输　出		
EI	I_7	I_6	I_5	I_4	I_3	I_2	I_1	I_0	Y_2	Y_1	Y_0	GS	EO
1	×	×	×	×	×	×	×	×					
0	1	1	1	1	1	1	1	1					
0	0	×	×	×	×	×	×	×					
0	1	0	×	×	×	×	×	×					
0	1	1	0	×	×	×	×	×					
0	1	1	1	0	×	×	×	×					
0	1	1	1	1	0	×	×	×					
0	1	1	1	1	1	0	×	×					
0	1	1	1	1	1	1	0	×					
0	1	1	1	1	1	1	1	0					

（3）集成译码器 74LS138 的逻辑功能验证

74LS138 的管脚排列如图 13.21 所示。将第 8 脚接地，第 16 脚接 +5V 电源，数据输入端 A_2、A_1、A_0 和使能输入端 G_1、G_{2A}、G_{2B} 均通过逻辑开关接高低电平信号，译码输出端 $Y_0 \sim Y_7$ 接发光二极管。

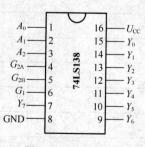

图 13.21　74LS138
管脚排列图

先验证使能输入端的逻辑功能。只有当 $G_1 = 1$，$G_{2A} + G_{2B} = 0$ 时，译码器被选通，处于工作状态，否则，译码器被禁止，所有输出端均为高电平。

保证译码器处于选通状态，然后按表 13.20 中的数据要求输入信号，观察并将实训结果记录到表 13.20 中。

表 13.20　　　　　　　　　　　**74LS138 的逻辑功能**

输　入						输　出							
G_1	G_{2A}	G_{2B}	A_2	A_1	A_0	Y_0	Y_1	Y_2	Y_3	Y_4	Y_5	Y_6	Y_7
0	×	×	×	×	×								
×	1	×	×	×	×								
×	×	1	×	×	×								
1	0	0	0	0	0								
1	0	0	0	0	1								
1	0	0	0	1	0								
1	0	0	0	1	1								
1	0	0	1	0	0								
1	0	0	1	0	1								
	0	0	1	1	0								
1	0	0	1	1	1								

（4）显示译码器的实现

将 74LS48（其逻辑功能见第 9 章表 9.7）的输入端与逻辑开关相连，输出端与 LED 数码管输入端相连，在图 13.22 上画出连接线，构成显示译码电路。

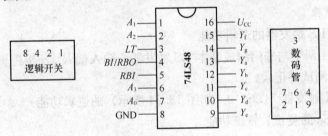

图 13.22

通过逻辑开关在 74LS48 的输入端依次输入 4 位二进制数 0000～1001，观察数码管的变化，并将观察结果填入表 13.21 记录。

表 13.21　　　　　　　　　　　**七段显示译码器**

$A_3 A_2 A_1 A_0$	0000	0001	0010	0011	0100	0101	0110	0111	1000	1001
数码管显示										

5. 实训报告

（1）整理实训数据表格。

（2）总结组合逻辑电路的分析方法，写出全加器的函数表达式。

（3）整理显示译码电路。

（4）画出用 74LS138 实现逻辑表达式 $Y = \overline{AB} + AB$ 的逻辑功能电路图。

实训 8　触发器实训

1. 实训目的

（1）掌握基本 RS、JK、D 和 T 触发器的逻辑功能。

（2）掌握集成触发器的使用方法和逻辑功能的测试方法。

（3）熟悉触发器之间相互转换的方法。

2. 实训环境

（1）+5V 直流电源 1 台。

（2）双踪示波器 1 台。

（3）连续脉冲源 1 台。

（4）单次脉冲源 1 台。

（5）逻辑电平开关 1 个。

（6）0—1 指示器 1 台。

（7）74LS112（或 CC4027）、74LS00（或 CC4011）、74LS74（或 CC4013）各 1 个。

3. 实训内容

（1）测试基本 RS 触发器的逻辑功能。

（2）测试双 JK 触发器 74LS112 逻辑功能。

（3）测试双 D 触发器 74LS74 的逻辑功能。

（4）设计一个乒乓球练习电路并进行实训。

（5）设计一个单发脉冲发生器。

4. 实训操作步骤

（1）测试基本 RS 触发器的逻辑功能

按图 13.23，用两个与非门组成基本 RS 触发器，输入端 $\overline{R}$、$\overline{S}$ 接逻辑开关的输出插口，按表 13.23 的要求测试并记录。

（2）测试双 JK 触发器 74LS112（如图 13.24 所示）的逻辑功能

① 测试 $\overline{R_D}$、$\overline{S_D}$ 的复位、置位功能

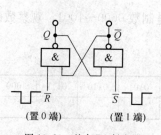

图 13.23　基本 RS 触发器

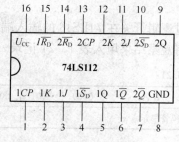

图 13.24　74LS112 的管脚图

表 13.22

$\overline{R_D}$	$\overline{S_D}$	Q	$\overline{Q}$
1	1→0		
	0→1		
1→0	1		
0→1			
0	0		

表 13.23

J	K	CP	Q^{n+1}	
			$Q^n = 0$	$Q^n = 1$
0	0	$0 \rightarrow 1$		
		$1 \rightarrow 0$		
0	1	$0 \rightarrow 1$		
		$1 \rightarrow 0$		
1	0	$0 \rightarrow 1$		
		$1 \rightarrow 0$		
1	1	$0 \rightarrow 1$		
		$1 \rightarrow 0$		

任取一只 JK 触发器，$\overline{R_D}$、$\overline{S_D}$、J、K 端接逻辑开关输出插口，CP 端接单次脉冲源，Q、$\overline{Q}$ 端接至逻辑电平显示输入插口。要求分别改变 $\overline{R_D}$、$\overline{S_D}$ 的状态（J、K、CP 处于任意状态），观察并记录 Q、$\overline{Q}$ 的状态。然后在 $\overline{R_D} = 0$（$\overline{S_D} = 1$）或 $\overline{S_D} = 0$（$\overline{R_D} = 1$）作用期间任意改变 J、K 及 CP 的状态，观察 Q、$\overline{Q}$ 状态。自拟表格并记录。

② 测试 JK 触发器的逻辑功能

按表 13.23 的要求改变 J、K、CP 状态，观察 Q、$\overline{Q}$ 状态变化，观察触发器状态更新是否发生在 CP 脉冲的下降沿（即 CP 由 $1 \rightarrow 0$）并记录。

③ 将 JK 触发器的 J、K 端连接在一起，构成 T 触发器。

在 CP 端输入 1Hz 连续脉冲，观察 Q 端的变化。

在 CP 端输入 1Hz 连续脉冲，用双踪示波器观察 CP、Q、$\overline{Q}$ 端波形，注意相位与时间的关系并记录结果。

（3）测试双 D 触发器 74LS74（如图 13.25 所示）的逻辑功能

① 测试 $\overline{R_D}$、$\overline{S_D}$ 的复位、置位功能

将 $\overline{R_D}$、$\overline{S_D}$、D 端分别接至逻辑开关输出插口，CP 端接单次脉冲源，Q、$\overline{Q}$ 端接至逻辑电平显示输入插口。要求分别改变 $\overline{R_D}$、$\overline{S_D}$ 的状态（D、CP 处于任意状态），观察并记录 Q、$\overline{Q}$ 的状态。然后在 $\overline{R_D} = 0$（$\overline{S_D} = 1$）或 $\overline{S_D} = 0$（$\overline{R_D} = 1$）作用期间任意改变 D 及 CP 的状态，观察并记录 Q，$\overline{Q}$ 的状态。请自拟表格并记录。

图 13.25 74LS74 的管脚图

② 测试 D 触发器的逻辑功能

按表 13.24 要求进行测试，并观察触发器状态更新是否发生在 CP 脉冲的上升沿（即由 $0 \rightarrow 1$）并记录。

③ 将 D 触发器的 D 端与 $\overline{Q}$ 端相连接，构成 T 触发器。

在 CP 端输入 1Hz 连续脉冲，观察 Q 端的变化。

在 CP 端输入 1Hz 连续脉冲，用双踪示波器观察 CP、Q、$\overline{Q}$ 端波形，注意相位与时间的关系，记录结果。

表 13.24

D	CP	Q^{n+1}	
		$Q^n = 0$	$Q^n = 1$
0	0→1		
	1→0		
1	0→1		
	1→0		

(4) 设计一个乒乓球练习电路并进行实训

电路功能要求：模拟两名运动员在练球时，乒乓球能往返运转（提示：采用双 D 触发器 74LS74，两个 CP 端的触发脉冲分别由两名运动员操作，触发器的输出状态用逻辑电平显示器显示）。

(5) 单发脉冲发生器

用 74LS74 型双 D 触发器，设计一个单发脉冲发生器的实训线路。

要求：将频率为 1kHz 的信号脉冲和手控触发脉冲分别作为两个触发器的 CP 脉冲输入。当手控脉冲送出一个脉冲（高电平一次或低电平一次），单发脉冲发生器就送出一个脉冲，该脉冲与手控触发脉冲的时间长短无关。

试说明实现单发脉冲输出的原理，并拟定实训观察方案。图 13.26 是用双 JK 触发器组成的单发脉冲发生器，以供设计时参考。

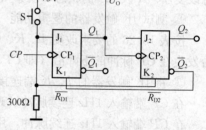

图 13.26　由双 JK 触发器组成的
单发脉冲发生器

5. 实训报告

(1) 列表整理各类触发器的逻辑功能。

(2) 总结观察到的波形，说明触发器的触发方式。

(3) 回答问题：利用普通的机械开关组成的数据开关所产生的信号是否可作为触发器的时钟脉冲信号？为什么？是否可以用作触发器的其他输入端的信号？又是为什么？

实训 9　计数器实训

1. 实训目的

(1) 学习用集成触发器构成计数器的方法。

(2) 掌握中规模集成计数器的使用方法及功能测试方法。

(3) 运用集成计数器构成 1/N 分频器。

2. 实训环境

(1) +5V 直流电源 1 台。

(2) 双踪示波器 1 台。

(3) 连续脉冲源 1 台。

(4) 单次脉冲源 1 台。

(5) 逻辑电平开关 1 个。

(6) 0—1 指示器 1 台。

(7) 译码显示器 1 台。

(8) 74LS74（或 CC4013）、CC40160、74LS00（或 CC4011）、74LS192（或 40192）、CC4510、74LS20（或 CC4012）各 1 个。

3. 实训内容

(1) 用 74LS74 或 CC4013D 触发器构成 4 位二进制异步加法计数器。

(2) 测试 74LS192 或 CC40192 同步十进制可逆计数器的逻辑功能。

(3) 用两片 74LS192 组成两位十进制加法计数器。

(4) 用两片 74LS192 组成两位十进制减法计数器。

(5) 用两片 CC4016 或两片 CC4501 组成一百进制计数器。

(6) 用两片 74LS192 组成十二进制计数器。

4. 实训操作步骤

(1) 用 74LS74 或 CC4013D 触发器构成 4 位二进制异步加法计数器。

① 按图 13.27 连接，$\overline{R_D}$ 接至逻辑开关输出插口，将低位 CP_0 端接单次脉冲源，输出端 Q_3、Q_2、Q_1、Q_0 接逻辑电平显示输入插口，各 $\overline{S_D}$ 端接高电平 +5V。

② 清零后，逐个送入单次脉冲，观察并列表记录 $Q_3 \sim Q_0$ 状态。

③ 将单次脉冲改为 1Hz 的连续脉冲，观察 $Q_3 \sim Q_0$ 的状态。

④ 将 1Hz 的连续脉冲频率改为 1kHz，用双踪示波器观察 CP、Q_3、Q_2、Q_1、Q_0 端波形，并描绘出波形。

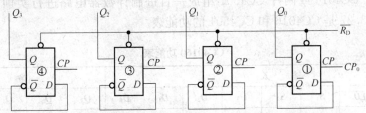

图 13.27　4 位二进制异步加法计数

⑤ 将图 13.27 电路中的低位触发器的 Q 端与高一位的 CP 端相连接，构成减法计数器，按实训内容②、③、④进行实训，观察并列表记录 $Q_3 \sim Q_0$ 的状态。

(2) 测试 74LS192 或 CC40192 同步十进制可逆计数器的逻辑功能。

计数脉冲由单次脉冲源提供，清零端 CR、置数端 $\overline{LD}$、数据输入端 D_3、D_2、D_1、D_0 分别接逻辑开关，输出端 Q_3、Q_2、Q_1、Q_0 接实训设备的一个译码显示输入的相应插口 A、B、C、D；$\overline{CO}$ 和 $\overline{BO}$ 接逻辑电平显示插口，如图 13.28 所示。按表 13.25 逐项测试并判断该集成电路的功能是否正常。

① 清零

令 $CR = 1$，其他输入为任意态，这时 $Q_3Q_2Q_1Q_0 = 0000$，译码数字显示为 0。清除功能完成后。置 $CR = 0$。

② 置数

$CR = 0$，CP_U、CP_D 任意，数据输入端输入任意一组二进制数，令 $\overline{LD} = 1$，观察计数译码显示输出，预置功能是否

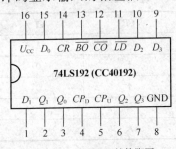

图 13.28　74LS192 的管脚图

完成。此后置 $\overline{LD}=1$。

表 13.25 　　　　　　　　　　　　　　　　　　**74LS192 逻辑功能表**

输　入								输　出			
CR	$\overline{LD}$	CP_U	CP_D	D_3	D_2	D_1	D_0	Q_3	Q_2	Q_1	Q_0
1	×	×	×	×	×	×	×	0	0	0	0
0	0	×	×	d	c	b	a	d	c	b	a
0	1	↑	1	×	×	×	×	加计数			
0	1	1	↑	×	×	×	×	减计数			

③ 加计数

$CR=0$，$\overline{LD}=CP_D=1$，CP_U 接单次脉冲源。清零后送入 10 个单次脉冲，观察输出的状态变化是否发生在 CP_U 的上升沿。

④ 减计数

$CR=0$，$\overline{LD}=CP_U=1$，CP_D 接单次脉冲源。清零后送入 10 个单次脉冲，观察输出的状态变化是否发生在 CP_D 的上升沿。

（3）用两片 74LS192 组成两位十进制加法计数器，输入 1Hz 连续计数脉冲，进行由 00～99 累加计数，记录结果。

（4）用两片 74LS192 组成两位十进制减法计数器，实现由 99～00 递减计数，记录结果。

（5）用两片 CC4016 或两片 CC4501 组成一百进制计数器电路进行实训，并记录结果。表 13.26、表 13.27 是 CC4016 和 CC4501 的功能表。

表 13.26 　　　　　　　　　　　　　　　　　　**CC40160 功能表**

输　入									输　出			
CP	$\overline{CR}$	$\overline{LD}$	S_1	S_2	D_3	D_2	D_1	D_0	Q_3	Q_2	Q_1	Q_0
×	0	×	×	×	×	×	×	×	0	0	0	0
↑	1	0	×	×	d_3	d_2	d_1	d_0	d_3	d_2	d_1	d_0
×	1	1	0	×	×	×	×	×	保　持			
×	1	1	×	0	×	×	×	×	保　持			
↑	1	1	0	1	×	×	×	×	计　数			

表 13.27 　　　　　　　　　　　　　　　　　　**CC4510 功能表 SY**

CP	$\overline{CI}$	U/D	PE	R	功　能
×	1	×	0	0	不计数
↑	0	1	0	0	加计数
↑	0	0	0	0	减计数
×	×	×	1	0	置　数
×	×	×	×	1	复　位

（6）按图 13.29 连接一个十二进制计数器，输入 1Hz 连续计数脉冲并记录结果。

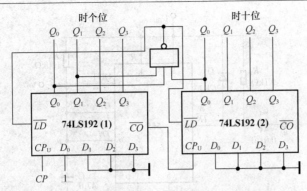

图 13.29　用两片 74LS192 组成的十二进制计数器

5. 实训报告

(1) 画出实训线路图，记录、整理实训现象及实训所得的有关波形，对实训结果进行分析。

(2) 总结使用集成计数器的体会。

实训 10　555 时基电路的应用

1. 实训目的

(1) 熟悉 555 型集成时基电路的电路结构、工作原理及其特点。

(2) 掌握 555 型集成时基电路的基本应用。

2. 实训环境

(1) +5V 直流电源 1 台。

(2) 双踪示波器 1 台。

(3) 连续脉冲源 1 台。

(4) 单次脉冲源 1 台。

(5) 音频信号源 1 台。

(6) 数字频率计 1 台。

(7) 0—1 指示器 1 台。

(8) 555、2CKI3、电位器、电阻、电容若干。

3. 实训内容

(1) 用 555 组成单稳态触发器。

(2) 用 555 组成多谐振荡器。

(3) 用 555 组成施密特触发器。

(4) 用 555 组成模拟声响电路。

4. 实训操作步骤

(1) 单稳态触发器

① 按图 13.30 连线，取 R=100kΩ，C=47μF，输出接 LED 电平指示器。输入信号 V_I 由单次脉冲源提供，用双踪示波器观测 V_I、V_C、V_O 波形。测定幅度与暂稳时间 (用手表计时)。

② 将 R 改为 1kΩ，C 改为 $0.1\mu F$，输入端加 1kHz 的连续脉冲，观测波形 V_I、V_C、V_C，测定幅度及延时时间。

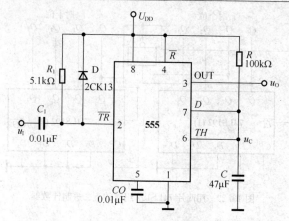

图 13.30　单稳态触发器电路

（2）多谐振荡器

① 按图 13.31 接线，用双踪示波器观测 V_C 与 V_O 的波形，测定频率。

② 按图 13.32 所示的占空比可调的多谐振荡器电路接线，组成占空比为 50％ 的方波信号发生器。观测 V_C、V_O 波形，测定波形参数。

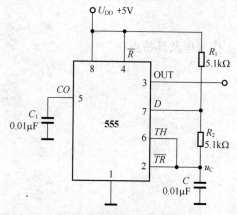

图 13.31　多谐振荡器电路

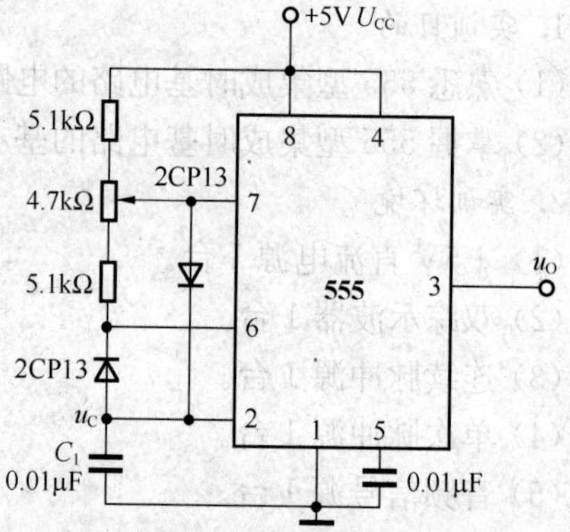

图 13.32　占空比可调的多谐振荡器

（3）施密特触发器

按图 13.33 接线，输入信号由音频信号源提供，预先调好 V_1 的频率为 1kHz，接通电源，逐渐加大 V_S 的幅度，观测输出波形，测绘电压传输特性，算出回差电压 ΔU。

（4）模拟声响电路

按图 13.34 接线，组成两个多谐振荡器，调节定时元件，使 I 输出较低频率，II 为高频振荡器，连好线，接通电源，试听音响效果。调换外接阻容元件，再试听音响效果。

5．实训报告

（1）绘出详细的实训线路图，定量绘出

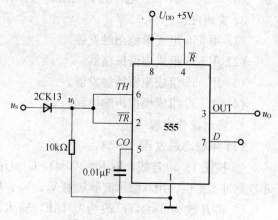

图 13.33　施密特触发器电路

观测的波形。

（2）分析、总结实训结果。

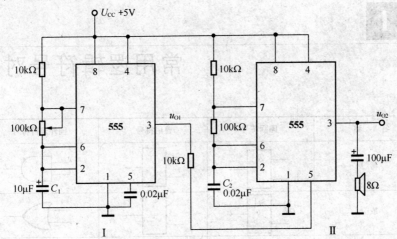

图 13.34　模拟声响电路

附 录 1

常用逻辑符号对照表

名　称	国际符号	曾用符号	国外流行符号
与门	&		
或门	≥1	+	
非门	1		
与非门	&		
或非门	≥1	+	
与或非门	&　≥1	+	
异或门	=1	⊕	
同或门	=	⊙	
集电极开路的与门	&　◇		
三态输出的非门	1　▽　EN		

续表

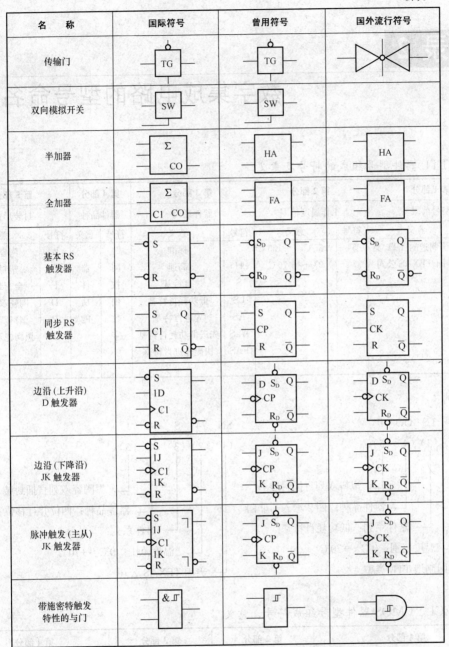

名 称	国际符号	曾用符号	国外流行符号
传输门	TG	TG	
双向模拟开关	SW	SW	
半加器	Σ CO	HA	HA
全加器	Σ C1 CO	FA	FA
基本 RS 触发器	S R	S_D Q R_D $\overline{Q}$	S_D Q R_D $\overline{Q}$
同步 RS 触发器	S Q C1 R $\overline{Q}$	S Q CP R $\overline{Q}$	S Q CK R $\overline{Q}$
边沿(上升沿) D 触发器	S 1D C1 R	D S_D Q CP R_D $\overline{Q}$	D S_D Q CK R_D $\overline{Q}$
边沿(下降沿) JK 触发器	S 1J C1 1K R	J S_D Q CP K R_D $\overline{Q}$	J S_D Q CK K R_D $\overline{Q}$
脉冲触发(主从) JK 触发器	S 1J C1 1K R	J S_D Q CP K R_D $\overline{Q}$	J S_D Q CK K R_D $\overline{Q}$
带施密特触发特性的与门	&		

附 录 2

数字集成电路的型号命名法

1. TTL 器件型号组成的符号及意义

第 1 部分		第 2 部分		第 3 部分		第 4 部分		第 5 部分	
型号前缀		工作温度范围		器件系列		器件品种		封装形式	
符号	意义	符号	意义	符号	意义	符号	意义	符号	意义
T	中国制造的 TTL 类	54	−55℃～+125℃		标准			W	陶瓷扁平
SN	美国 TEXAS 公司	74	0℃～+70℃	H	高速	阿	器	B	塑封扁平
				S	肖特基	拉	件	F	全密封扁平
				LS	低功耗肖特基	伯	功	D	陶瓷双列直插
				AS	先进肖特基	数	能	P	塑料双列直插
				ALS	先进低功耗肖特基	字		J	黑陶瓷双列直插
				FAS	快捷先进肖特基				

示例:

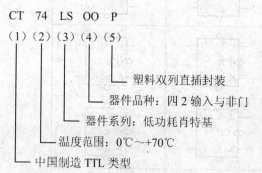

CT 74 LS 00 P
(1)(2)(3)(4)(5)

塑料双列直插封装
器件品种:四 2 输入与非门
器件系列:低功耗肖特基
温度范围:0℃～+70℃
中国制造 TTL 类型

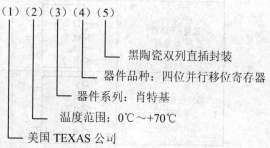

SN 74 S 195 J
(1)(2)(3)(4)(5)

黑陶瓷双列直插封装
器件品种:四位并行移位寄存器
器件系列:肖特基
温度范围:0℃～+70℃
美国 TEXAS 公司

2. ECL、CMOS 器件型号组成符号、意义

第 1 部分		第 2 部分		第 3 部分		第 4 部分	
器 件 前 缀		器 件 系 列		器 件 品 种		工作温度范围	
符号	意义	符号	意义	符号	意义	符号	意义
CC	中国制造的 CMOS 类型					C	0℃～70℃
CD	美国无线电公司产品	40		阿	器	E	−40℃～85℃
TC	日本东芝公司产品	45	系列符号	拉伯	件功	R	−55℃～85℃
CE	中国制造 ECL 类型	145		数字	能	M	−55℃～125℃

示例：

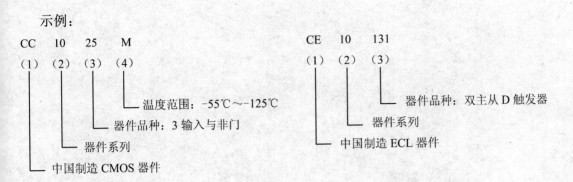

CC　　10　　25　　M
（1）　（2）　（3）　（4）

　　　　　　　　　　　　温度范围：-55℃～-125℃
　　　　　　　器件品种：3 输入与非门
　　　器件系列
中国制造 CMOS 器件

CE　　10　　131
（1）　（2）　（3）

　　　　　　　　器件品种：双主从 D 触发器
　　　器件系列
中国制造 ECL 器件